高等学校大学计算机课程系列教材

办公软件高级应用

——WPS Office

○ 主　编　何钰娟　朱　烨
○ 副主编　陈　旗　赵吉武　石远志　谯雪梅

中国教育出版传媒集团
高等教育出版社·北京

内容提要

　　本书主要参考《全国计算机等级考试二级 WPS Office 考试大纲（2022版）》的要求并结合办公实际需求进行编写。全书共 13 章，详细讲解了计算机基础知识，WPS Office 文字、表格、演示 3 个办公软件模块以及Python 在 WPS 中的应用。内容安排从浅到深、从基础到高级，循序渐进引导读者逐步深入学习。本书既适合零基础的初学者，对有经验的读者也有较高的参考价值。本书可作为高等学校非计算机专业相关课程的教材，也可作为大中专院校和各类计算机培训班的教学用书，还可作为广大计算机爱好者的自学参考书。

图书在版编目（ＣＩＰ）数据

　　办公软件高级应用：WPS Office ／ 何钰娟，朱烨主编；陈旗等副主编 . -- 北京：高等教育出版社，2023. 12

　　ISBN 978-7-04-060880-9

　　Ⅰ . ①办… 　 Ⅱ . ①何… ②朱… ③陈… 　 Ⅲ . ①办公自动化-应用软件 　 Ⅳ . ①TP317. 1

　　中国国家版本馆 CIP 数据核字（2023）第 137970 号

Bangong Ruanjian Gaoji Yingyong ——WPS Office

策划编辑	刘　娟	责任编辑	刘　娟	封面设计	张申申　易斯翔	版式设计　杨　树
责任绘图	易斯翔	责任校对	窦丽娜	责任印制	耿　轩	

出版发行	高等教育出版社	网　　址	http://www.hep.edu.cn
社　　址	北京市西城区德外大街 4 号		http://www.hep.com.cn
邮政编码	100120	网上订购	http://www.hepmall.com.cn
印　　刷	鸿博昊天科技有限公司		http://www.hepmall.com
开　　本	787 mm×1092 mm　1/16		http://www.hepmall.cn
印　　张	21. 5		
字　　数	470 千字	版　　次	2023 年 12 月第 1 版
购书热线	010-58581118	印　　次	2023 年 12 月第 1 次印刷
咨询电话	400-810-0598	定　　价	44. 00 元

办公软件高级应用
—— WPS Office

主 编　何钰娟　朱 烨
副主编　陈 旗　赵吉武
　　　　石远志　谯雪梅

1　计算机访问 https://abooks.hep.com.cn/60880，或手机扫描二维码、下载并安装 Abook 应用。

2　注册并登录，进入"我的课程"。

3　输入封底数字课程账号（20位密码，刮开涂层可见），或通过 Abook 应用扫描封底数字课程账号二维码，完成课程绑定。

4　单击"进入课程"按钮，开始本数字课程的学习。

**办公软件高级应用——
WPS Office**

主 编　何钰娟　朱 烨
副主编　陈 旗　赵吉武　石远志　谯雪梅

"办公软件高级应用——WPS Office"数字课程与纸质教材一体化设计，紧密配合。数字课程涵盖微视频、实验素材等，充分运用多种媒体资源，极大地丰富了知识的呈现形式，拓展了教材内容。在提升课程教学效果的同时，为学生学习提供思维与探索的空间。

　　课程绑定后一年为数字课程使用有效期。受硬件限制，部分内容无法在手机端显示，请按提示通过计算机访问学习。

　　如有使用问题，请发邮件至 abook@hep.com.cn。

扫描二维码
下载 Abook 应用

https://abooks.hep.com.cn/60880

前　言

对于身处当今信息化社会中的人们，掌握计算机的基本知识以及熟练应用办公软件已经成为生活、学习、工作不可或缺的一部分。办公软件所提供的丰富功能能为高效办公提供强有力的支撑，熟练应用办公软件能极大提升处理信息的效率，也是一项必要的技能。WPS Office 是金山软件有限公司自主研发出品的一款办公软件套装，可以实现日常办公中常用的文字、表格、演示等处理和制作的多种功能，是目前应用最为广泛的国产办公软件之一，受到了众多用户的喜爱。本书以 WPS Office 考试认证版为基础，参考《全国计算机等级考试二级 WPS Office 考试大纲（2022 版）》的要求，结合实际办公需求编写而成。

全书共 13 章，讲解了计算机基础知识，WPS 文字的基本操作、文档美化、表格和公式编排、长文档排版及其他高级应用，WPS 表格基础知识、公式和函数应用、数据管理、数据可视化及数据处理与分析，WPS 演示文稿制作与设计，以及 Python 在 WPS 中的应用等内容。

本书的内容设计遵循实操性软件的学习规律：从基础到进阶、从简单到复杂，层层递进；知识点既有相关概念的讲解，又有详细操作步骤，还精心设计了与知识点紧密结合的案例应用，讲解过程配有丰富的插图，让内容的呈现生动具体、浅显易懂；课后综合案例结合实际应用而设计，既有操作要求，也有视频呈现的案例制作过程，方便读者学习完相关章节后对所学知识点进行实际的综合运用；书中既有知识和技能的讲解，也有思路和方法的引导和启发。

本书第 1 章由石远志编写，第 2、3、4、11 章由何钰娟编写，第 5、6 章由赵吉武编写，第 7 章由陈旗、谯雪梅共同编写，第 8、9、10、13 章由陈旗编写，第 12 章由朱烨编写。

在本书的编写过程中，高等教育出版社给予了很多的支持，感谢有关编辑为本书的策划和编辑加工所付出的努力。也感谢编者们的付出。

本书所有的应用案例均配有实验素材，请读者根据数字说明页的引导，登录到教材配套的课程网站下载，下载地址为：http://abooks.hep.com.cn/60880。

由于编写时间仓促，编者水平有限，书中难免有疏漏和不足之处，恳请广大读者批评指正。

编　者
2023 年 5 月 4 日

目　录

第 1 章

计算机基础知识

1.1　计算机概述

　　计算机是一种能按照人们编写的程序自动、快速、高效完成数据计算及信息处理、存储的电子设备，是人类在 20 世纪最重要的科学技术发明之一。目前，计算机已遍及普通家庭、各级学校、企事业单位，以及工农业生产、设计制造、交通、物流、电子交易、商贸等各领域，成为信息社会必不可少的工具。计算机技术已渗透到社会的各个角落，彻底改变了人类的生产、工作、学习以及生活方式，带动了全球范围的各种技术进步，由此引发了深刻的社会变革。

1.1.1　计算机的发展历史 ··□

　　计算机是一种计算工具。人类使用的计算工具始终伴随着人类文明的演化进程，经历了从手指计数、结绳计数、算筹计数的简单阶段，到算盘、计算尺、机械计算机的初级阶段，再到电子计算机的高级发展阶段。

　　1946 年 2 月，世界上第一台电子计算机 ENIAC（Electronic Numerical Integrator and Computer，电子数字积分计算机）在美国宾夕法尼亚大学问世，如图 1-1 所示。这是人类发明的第一台电子计算机，其采用电子管作为主要部件，共使用了 17 840 个电子管、1 500 个继电器、10 000 个电容、7 000 个电阻，占地 170 m^2，重量为 30 t，功耗为 150 kW，每秒能完成 5 000 次加法运算，造价约为 487 000 美元。ENIAC 的问世具有划时代的意义，标志着人类电子计算机时代的到来。

　　从 1946 年至今的 70 多年里，计算机技术得到了飞速的发展，人们习惯按照构成计算机的主要零部件及工作原理的不同，把计算机的发展分为 5 个阶段。

　　1. 电子管计算机（1946—1955 年）

　　第一代计算机的主要元器件为真空电子管，主存储器采用的是水银延迟线、阴极射线示波管静电存储器、磁鼓、磁芯，外存储器采用的是纸带、卡片、磁带。使用机器语言、汇编语言编程，无操作系统。应用领域以军事和科学研究中的数值计算为主。第一代计算机体积大、功耗高、稳定工作时间短、可靠性差、速度慢（一般为每秒数千次至数万次）、价格昂贵、应用领域少。

图 1-1　人类发明的第一台电子计算机

2. 晶体管计算机（1956—1963 年）

第二代计算机的主要元器件为晶体管，主存储器采用磁芯存储器，外存采用磁盘、磁带。软件开始出现了操作系统的雏形——监控程序、高级语言（如 FORTRAN、COBOL 程序设计语言）及其编译程序。这一代计算机体积小、能耗低、可靠性高、运算速度快，每秒可实现几万次到百万次计算。应用领域以科学计算和事务处理为主，并开始进入工业自动化控制领域。

3. 集成电路计算机（1964—1971 年）

第三代计算机的主要元器件为中小规模集成电路（如 MSI（medium scale integrated circuit，中规模集成电路）；SSI（small scale integrated circuit，小规模集成电路）），主存储器仍采用磁芯半导体存储器，外存使用磁带、磁盘。集成电路可以在几平方毫米的单晶硅片上集成几十、几百、几千个电子元器件，从而使得计算机的体积极大地缩小、能耗变低、稳定性及安全性提高、造价降低、速度变快，每秒可完成数百万次至数千万次计算。软件方面出现了分时操作系统以及结构化、模块化程序设计语言（如 Pascal 语言、C 语言等）。应用领域为科学计算、数据处理、过程控制、以及文字处理和图形图像处理。计算机技术开始走向通用化、系列化和标准化。

4. 大规模集成计算机（1972 年至今）

第四代计算机的元器件采用了大规模集成电路（large-scale integrated circuit，LSI）和超大规模集成电路（very large scale integrated circuit，VLSI），随着集成电路技术的不断发展，半导体芯片的集成度越来越高，每块芯片可容纳的晶体管数量由数万、百万、千万发展到数亿个。随着大规模和超大规模集成电路的应用，计算机的存储容量、运算速度和性能得到了极大的提高，计算机开始向巨型化和微型化两个方向发展。系统结构方面，并行处理技术、分布式技术及计算机网络技术等得到进一步的发展。软件方面，操作系统呈现多样化，各种系统软件和应用软件得到了广泛开发和应用，出现了数据库管理系统、网络管理系统和面向对象程序设计语言、网络软件等。计算机应用从科学计算、事务管理、过程控制逐步走向家庭。

5. 新一代计算机

从 20 世纪 80 年代开始，世界各国开始研制新一代计算机。新一代计算机打破了传统计算机的体系架构、采用新的元器件及工作原理。相继研究产生了超导计算机、纳米计算机、光计算机、DNA 生物计算机、神经元计算机和量子计算机等。例如，中国科学技术大学在 2020 年 12 月 4 日成功构建的 76 个光子的量子计算机"九章"，如图 1-2 所示，"九章"量子计算机的运行速度比当时世界上最快的超级计算机快 100 万亿倍，比美国量子计算机"悬铃木"快 100 亿倍。在 2021 年 5 月 7 日，我国又宣布研制出了 62 比特可编程超导量子计算机"祖冲之号"，这台量子计算机为促进我国在超导量子系统上实现量子优越性奠定了关键的技术基础。

图 1-2　我国自主研发的量子计算机"九章"

新一代计算机系统是为适应未来社会信息化的要求而提出的，与前四代计算机有着质的区别。它的主要特点是把信息采集、存储、处理、通信与人工智能结合在一起构成智能计算机系统。它不仅能进行数值计算或处理一般的信息，而且能处理知识，具有形式化推理、联想、学习和解释的能力，能够帮助人们进行判断、决策、开拓未知的领域和获取新的知识。可以直接通过自然语言或图形图像交换信息，实现人机交互。

新一代计算机技术将与人工智能、知识工程以及专家系统等紧密结合，并进而与网络技术、通信技术三位一体化，广泛应用于未来社会生活的各个方面，从而对人类社会的发展产生深远的影响。

1.1.2　计算机的主要特点

1. 运算速度快

计算机能高速精确地完成各种算术运算与逻辑运算。大型或巨型计算机的运算速度可达到每秒万亿次、亿亿次，微型计算机也可达每秒亿次以上，依靠计算机的高速运算能力使大量复杂的科学计算问题得以解决。例如，天气预报，由于需要分析大量的气象资料数据，单靠手工难以在特定的时间内完成大量数据的计算，而用巨型计算机只需十几分钟就可以完成。

2. 计算精度高

计算机的计算精度能达到几十位有效数字，从理论上说随着计算机技术的不断发展，计算精度可以提高到任意精度。计算机的高精度保证了尖端科学技术需要的高度精确的计算结果，为人类进行新材料研究、工程设计与制造、深海探测、宇宙探险提供技术支撑和保障。

3. 逻辑运算能力强

计算机不仅能进行精确计算，还具有逻辑运算功能，能对信息进行比较和判断等逻辑运算。进行诸如资料分类、情报检索等具有逻辑加工性质的工作。这种逻辑判断能力是计算机处理逻辑推理问题的前提，也是计算机能实现信息处理高度智能化的重要因素。

4. 存储容量大

计算机内部的存储器具有记忆特性，可以存储大量的信息，这些信息包括文字、数值、图形、图像、声音、视频等，还可以存储处理这些信息的计算机程序、软件及软件包。目前微型计算机的内存容量已经可以达到几吉字节（GB）、几十吉字节，外存可达到几太字节（TB）。而超级计算机的内存容量可达几拍字节（PB），外存储容量达到几十拍字节，可以存储海量数据。

5. 可靠性高、通用性强

随着微电子技术和计算机技术的发展，现代电子计算机可以无故障连续运行几十万个小时以上，具有极高的可靠性。例如，安装在宇宙飞船上的计算机可以连续几年时间可靠地运行。计算机应用在工业流水线、码头装卸、信息处理与事务管理、商品流通与电子商务等领域也具有很高的可靠性。另外，计算机对于不同的应用问题，只是执行的程序不同，因而具有很强的通用性。同一台计算机能应用于不同的领域，能解决各种不同的问题。

1.1.3　计算机的分类

按计算机的综合性能指标，可将计算机分为以下 5 类。

1. 高性能计算机

高性能计算机也就是俗称的超级计算机（或巨型计算机）。目前国际上对高性能计算机最为权威的评测是世界计算机排名（即 TOP 500），参与测评的计算机通常都是世界上运算速度和处理能力均堪称一流的计算机。在 2021 年 6 月的世界计算机前十排名中，我国自主研发的"神威·太湖之光"位列第 4，如图 1-3 所示，"天河二号"位列第 7。这标志着我国高性能计算机的研究和发展取得了相当可喜的成绩。

2. 微型计算机

自 1981 年美国 IBM 公司推出第一代微型计算机 IBM-PC 以来，微型机以其轻便小巧、价格低、处理速度快、性价比高等特点迅速进入社会各个领域，广泛应用于办公、学习、娱乐等社会生活的方方面面，是发展最快、应用最为普及的计算机，如图 1-4 所示。目前，微型计算机技术还在不断发展更新、产品快速换代。微型计算机已从单纯的计算工具发展成为能够处理数字、文字、图形、图像、音频、视频、自然语言等多种信息的强大多媒体工具。如今的微型计算机无论从运算速度、多媒体功能、软硬件支持还是易用性等方面都比早期产品有了质的飞跃。

图 1-3　我国自主研发的高性能计算机"神威·太湖之光"

3. 工作站

工作站是一种高档微型计算机，如图 1-5 所示。通常配有高分辨率显示器及大容量的内存储器和外部存储器，主要面向专业应用领域，具备强大的数据运算、信息检索、数据库管理与图形图像处理能力。工作站主要是为满足信息管理、金融服务、工程设计、动画制作、科学研究、软件开发、模拟仿真等专业领域而设计开发的高性能微型计算机。

图 1-4　台式个人计算机　　　　　　　　图 1-5　工作站

4. 服务器

服务器是指在网络环境下为网上多个用户提供共享信息资源和各种服务的一种高性能计算机，如图 1-6 所示，在服务器上需要安装网络操作系统、网络协议和各种网络服务应用软件。服务器主要为网络用户提供远程文件存储、数据库管理和信息查询、各种应用及通信方面的服务。按网络规模来划分，服务器分为工作组级服务器、部门级服务器、企业级服务器。按用途来划分，服务器分为通用型服务器与专用型服务器。按外观划分，服务器分为台式服务器（或塔式服务器）和机架式服务器。

图1-6　服务器

5. 嵌入式计算机

嵌入式计算机是指嵌入到非计算机对象体系中，实现对象体系智能化控制的专用计算机系统。嵌入式计算机以计算机技术为基础、以应用为核心、软硬件可裁剪与搭配，适用于应用系统对功能、可靠性、成本、体积、功耗等有严格要求的专用计算机系统。它一般由嵌入式微处理器、外围硬件设备、嵌入式操作系统以及用户的应用程序等4个部分组成。嵌入式计算机系统用于实现对其他设备的控制、监视或管理等功能。例如，人们日常生活中使用的手机、电视、冰箱、全自动洗衣机、空调、电饭煲、各种数码产品、自动柜员机、自动售货机、各种医疗检测设备、汽车等都采用了嵌入式计算机技术，如图1-7所示。

图1-7　嵌入式计算机

1.1.4　计算机的应用

计算机的应用分为数值计算和非数值应用两大领域。非数值应用又包括数据处理、知识处理等，例如，信息系统、工业自动化、办公自动化、家庭自动化、专家系统、模式识别、机器翻译等领域。计算机的主要应用领域如下。

1. 科学计算

计算机的发明源于科学计算的需要。因此，科学计算仍然是计算机应用的一个重要领域。计算机在需要高性能运算的领域承担着基础性的、不可或缺的计算任务，如高能物理、工程设计、新材料与新药物研发、地震预测、油气勘探、气象预报、太空探测等，如图 1-8 所示。计算机技术还与其他学科实现了广泛的交叉与融合，出现了计算数学、计算力学、计算物理、计算化学、计算医学、生物控制论等新学科。

图 1-8　中国空间站

2. 信息管理

信息管理是计算机应用最广泛的一个领域，有数据显示 70% 以上的计算机主要用于此。信息管理一般不涉及复杂的数学计算，更多的是对大量数据进行综合分析和处理，有时效性和及时性的要求。具体是指用计算机对信息进行收集、分类、计算、加工、存储和传递等工作，其目的是为有各种需求的人们提供有价值的信息。如学校教学教务管理、图书管理、企业财务管理、个人理财、办公自动化、网络订票、电子商务、信息检索等诸多领域，如图 1-9 所示。目前大量的企业及机构均建有自己的管理信息系统（management information system，MIS），生产企业也开始采用物资需求规划（material requirements planning，MRP）软件，商业流通领域则逐步使用电子数据交换（electronic data interchange，EDI）系统，即实现无纸贸易。

信息管理已经从文件系统为手段、数据库技术为工具发展到现在以数据库、模型库和方法库为基础，为管理者提供决策依据的决策支持系统阶段。

图 1-9　常见的信息系统

3. 过程控制

计算机过程控制系统是以计算机为基础并辅以各种传感技术、通信技术与被控对象相联系，以达到一定控制目的而构成的系统，如图 1-10 所示。在过程控制中计算机能收集各种数据、按一定的计算模型进行计算，再根据计算结果对控制对象发出控制信号，从而实现对控制对象的实时自动控制。过程控制广泛应用在军事国防及石油、化工、冶金、电力、轻工和建材等工业自动化生产中。

图 1-10　计算机过程控制

过程控制的发展方向是综合化、智能化，即计算机集成制造系统（computer integrated manufacturing system，CIMS）：以智能控制理论为基础，以计算机及网络为主要手段，对企业的生产、经营、计划、调度、质量控制和管理全面综合，实现从原料进库到产品出厂的自动化、整个生产系统的信息管理最优化。

4. 辅助系统

计算机辅助系统是利用计算机辅助完成不同类别任务的系统的总称。计算机辅助系统包括：计算机辅助教学（computer assisted instruction，CAI）、计算机辅助设计（computer aided desgin，CAD；如图 1-11 所示）、计算机辅助工程（computer aided engineering，CAE）、计算机辅助制造（computer aided manufacturing，CAM）、计算机辅助测试（computer aided testing，CAT）、计算机辅助翻译（computer-aided translation，CAT）、计算机集成制造（computer-integrated manufacturing，CIM）等系统。计算机辅助技术已经广泛应用于教育、工业、农业、商务等领域。

5. 人工智能

人工智能（artificial intelligence，AI）是研究、开发用于模拟、延伸和扩展人的智能的理论、方法、技术及应用系统的一门新技术学科，如图 1-12 所示。

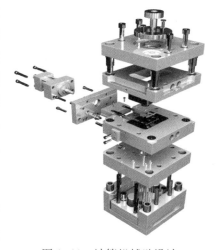

图 1-11　计算机辅助设计

人工智能涉及计算机技术、信息论、控制论、自动化、仿生学、生物学、心理学、数学、语言学、医学和哲学等众多学科。人工智能研究的主要内容包括：知识表示、自动推理和搜索方法、机器学习和知识获取、知识处理系统、自然语言理解、计算机视觉、智能机器人、自动程序设计等方面。通俗地说人工智能就是利用计算机模拟人类的智能活动，如思维判断、逻辑推理、理解学习、图像识别、问题求解等。使计算机具有自学习适应和逻辑推理的功能，从而帮助人们学习和完成某些推理工作，以及管理、设计、生产、科研等任务。

图 1-12　机器人

6. 娱乐、移动支付等

计算机用于娱乐与游戏是普通家用电脑的重要用途之一，通过计算机能方便地连入互联网进行联机游戏，也可在网络中获取需要的各种娱乐资源。随着高清视频及高清显示器的普及，计算机已经慢慢发展成为家庭的影音媒体中心，现已衍生出 HTPC（home theater personal computer，家庭影院电脑），HTPC 是一种功能强大、效果好、性价比高的家用电脑。

计算技术的应用模式日新月异，随着大数据、移动互联、云计算、电子商务、数字货币、移动支付等技术的发展，人们可以通过计算机或智能手机方便快捷地完成远程缴费、远程订票、网上购物等交易行为，并远程完成支付，如图 1-13所示。

图 1-13　移动支付

1.1.5　计算机的发展趋势

1. 巨型化

巨型化是指计算机的规模庞大、运算速度更高、存储容量更大、功能更强。要为全社会提供计算与信息咨询服务，进行新材料、新药物研究，航空航天，系统仿真，大数据处理与存储等，需要进行大量的计算和海量数据的存储，都需要研制功能更加强大的巨型计算机。

2. 微型化

计算机发展的另一趋势是微型化。微型计算机已进入仪器、仪表、汽车、家用电器、智能穿戴设备、智能家居、工业控制等产品和场景中。随着微电子技术的进一步发展和人们应用的需要，要求计算机体积更小、更轻便、更易携带，功能更全面。笔记本型、掌上型、手机型等微型计算机必将以更优的性价比受到人们的欢迎。

3. 网络化

计算机的另一个主要发展趋势是网络化。计算机网络是现代通信技术与计算机技术相结合的产物。将分散在不同地理位置的计算机通过专用的电缆、通信线路或无线通信互相连接，并安装相应的网络通信协议与软件就构成了计算机网络。计算机网络可以便捷地实现实时通信及各种资源的共享，使计算机的实际效用大大提高。计算机网络已在现代企业的管理中发挥着越来越重要的作用，如银行系统、商业系统、交通运输系统等。

4. 智能化

智能化是使计算机具有模拟人的智能活动、感觉和思维过程的能力，使计算机成为智能计算机。这也是新一代计算机要实现的目标之一。因此，智能化是计算机发展的一个重要方向，新一代计算机将可以模拟人的感觉行为和思维过程，进行"看""听""说""想""做"，具有逻辑推理、学习与证明的能力。

1.2　计算机系统的组成

计算机系统由硬件系统和软件系统两大部分组成。硬件系统是构成计算机系统各功能部件的集合，是由电子、机械和光电元件组成的各种计算机部件和设备的总称。软件系统是指与计算机操作有关的各种程序以及所有与之相关的文档和数据的集合，其中程序是用程序设计语言描述的控制计算机执行某种操作的语句指令序列。硬件系统是计算机的物质基础，而软件系统则是计算机的灵魂，计算机的稳定运行及性能发挥依赖于计算机所使用的软件。硬件与软件两者相互依存、缺一不可，它们共同构成一个完整的计算机系统。

1.2.1　计算机硬件系统 ··□

1. 计算机工作原理

美籍匈牙利科学家、计算机之父冯·诺依曼关于计算机有3条重要思想：

① 计算机硬件由五大基本部分组成：运算器、控制器、存储器、输入设备和输出设备；

② 计算机内部采用二进制表示信息；

③ 程序和数据一样存放在存储器中。

冯·诺依曼体系结构的计算机工作原理是：存储程序和程序控制，即预先需要把控制计算机进行操作的指令序列（称为程序）和原始数据通过输入设备输送并存储到计算机的内存中，每一条指令明确规定了计算机从哪个地址取数据，进行什么操作，然后送到什么地址去等步骤。在运行时先从内存中取出第一条指令，通过控制器的译码，按指令的要求，从存储器中取出数据进行指定的运算和逻辑操作，然后再按地址把结果送到内存中去存储；接下来，再依次取出第二条指令，在控制器的指挥下完成规定操作；依此进行下去，直至遇到停止指令。

计算机的五大组成部件及相互关系如图 1-14 所示。

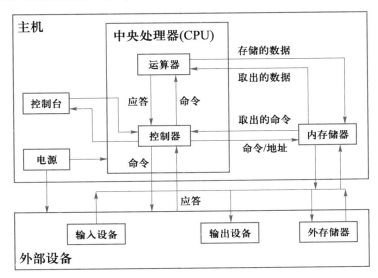

图 1-14　计算机的五大组成部件及相互关系

2. 计算机硬件组成

在计算机中通常会把计算机的控制器、运算器和寄存器集成制造到一块芯片上，形成中央处理器 CPU（central processing unit）。CPU 是计算机系统的核心设备，计算机以 CPU 为中心，输入和输出设备与存储器之间的数据传输和处理都通过 CPU 来控制。微型计算机的中央处理器又称为微处理器（MPU）。构成计算机的五个部件通过总线（BUS）进行连接，总线是一组为系统部件之间进行数据传送的公用信号线。总线可分为控制总线（CB）、地址总线（AB）和数据总线（DB），如图 1-15 所示。

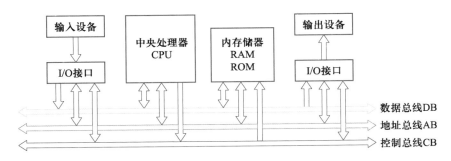

图 1-15　计算机的总线

（1）控制器

控制器是计算机的指挥系统，它根据指令统一控制计算机的各个部件协同完成一定的任务。控制器一般由指令寄存器、状态寄存器、指令译码器、时序电路和控制电路组成。它的基本功能是从内存取指令和执行指令。指令是指示计算机如何工作的操作命令，由操作码（操作方法）及操作数（操作对象）两部分组成。控制器通过地址访问存储器，逐条取出指令、分析指令，并根据指令产生的控制信号作用于其他各部件来完成指令要求的工作。上述工作周而复始地进行，从而保证了计算机能自动连续地工作。

（2）运算器

运算器又称为算术逻辑单元 ALU（arithmetic logic unit）。运算器的主要任务是实现各种算术运算和逻辑运算。算术运算是指各种数值运算，如加、减、乘、除等。逻辑运算是进行逻辑判断的非数值运算，如与、或、非、比较、移位等。计算机所完成的全部运算都是在运算器中进行的，根据指令规定的寻址方式，运算器从存储器或寄存器中取得操作数，进行计算后，送回到指令所指定的寄存器中。运算器的核心部件是加法器和若干个寄存器，加法器用于运算、寄存器用于存储参加运算的各种数据以及运算后的结果。

（3）存储器

存储器是计算机的记忆装置，它的主要功能是存放程序和数据。根据存储器与 CPU 联系的密切程度可分为：高速缓冲存储器 cache、内存储器（主存储器）和外存储器（辅助存储器）三类，如图 1-16 所示。

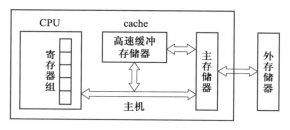

图 1-16 计算机存储器

➢ 高速缓冲存储器 cache

由于计算机主存储器存取速度比中央处理器操作速度慢很多，为了解决中央处理器和主存储器之间速度不匹配的矛盾，充分发挥中央处理器的高速处理能力，使整个计算机系统的工作效率不受到影响，在计算机的存储层次上采用了高速缓冲存储器技术。高速缓冲存储器是存在于主存与 CPU 之间的一级存储器，由静态随机存取存储器（SRAM）组成，容量较小但速度比主存快很多，接近于 CPU 的速度。在计算机存储系统的层次结构中，是介于中央处理器和主存储器之间的高速小容量存储器。它和主存储器一起构成一级存储器。很多大型机、中型机、小型机和微型机都采用了高速缓冲存储器。

➢ 内存储器

内存储器简称内存。内存在计算机主机内，一般由半导体器件构成，它直接与运算器、控制器交换信息，容量小、存取速度快、价格高，一般只存放那些正在运行的程序和待处理的数据。内存储器可分为三大类：随机存取存储器 RAM、只读存储器 ROM、特殊存储器。

RAM 是随机存取存储器（random access memory），其特点是可以读写，存取任一单元所需的时间相同，通电时存储器内的内容可以保持，断电后存储的内容立即消失。RAM 可分为动态（dynamic RAM）和静态（Static RAM）两大类。动态存储器中又以 SDRAM（synchronous dynamic random access memory，同步动态随机存取存储器）和 DDR SDRAM（double data rate SDRAM，双倍速率同步动态随机存取存储器）应用最为广泛。

ROM 是只读存储器（read-only memory），它只能读出原有的内容，不能由用户再写入新内容。原来存储的内容由厂家一次性写入，并永久保存下来。由于 ROM 具有断电后信息不丢失的特性，因而可用于计算机启动用的 BIOS（基本输入输出系统）芯片。BIOS 的主要作用是完成对系统的加电自检、系统中各功能模块的初始化以及引导操作系统。

在 ROM 存储器中还有一类特殊存储器，包括可编程 ROM（programmable ROM，PROM）、可擦除可编程 ROM（erasable Programmable ROM EPROM）、电擦除可编程 ROM（electrically-erasable Programmable ROM EEPROM）。例如，EPROM 存储的内容可以通过紫外光照射来擦除，这使得存储在其中的内容可以被反复更改。特殊固态存储器包括电荷耦合存储器、磁泡存储器、电子束存储器等，它们多用于特殊领域内的信息存储。

➤ 外存储器

由于内存储器 RAM 的容量小，且其以电为基础存储信息，即掉电后信息随即消失，为了扩大内存储器的容量，也为了能永久保存信息，计算机系统引入了外存储器（也称为辅助存储器，简称外存）。外存作为内存的补充和延伸，间接和 CPU 联系，用来存放一些系统必须使用，但又不急于使用的程序和数据，以及大量的用户程序及数据。外存中存储的程序必须调入内存方可执行，在计算机的工作过程中内存和外存之间常常频繁地交换信息。外存的主要特点是存取速度慢、存储容量大、价格低廉，可以长时间地保存大量信息。外存一般也可作为输入输出设备来使用。

外存通常不依赖于电来保存信息，而是使用磁性介质或光介质存储信息。常见的外存有磁盘存储器、光盘存储器、磁带存储器等。磁盘有软磁盘（简称软盘）和硬磁盘（简称硬盘）两种，但软盘已经被淘汰了，硬盘是由表面涂有磁性材料的若干个铝合金圆盘片组成。光盘采用了光存储技术，即使用激光在某种介质上写入信息，然后再利用激光读出信息。光盘存储器可分为：CD-ROM、CD-R、CD-RW 和 DVD-ROM 等。磁带存储器也被称为顺序存取存储器，它的存储容量很大，但查找速度很慢，一般仅用作数据后备存储。计算机系统中使用的磁带机有 3 种类型：盘式磁带机、数据流磁带机及螺旋扫描磁带机。

日常生活中人们还大量使用便携式移动存储设备存储信息，这些设备包括：移动硬盘、优盘、闪存卡，等等，如图 1-17 所示。

（4）输入设备

输入设备是从计算机外部向计算机内部传送信息的装置，其功能是将数据、程序及

图 1-17　常见的外部存储器

其他信息转换为计算机能够识别和处理的形式输入到计算机内部，即将它们转变为二进制信息存入内存中。常用的输入设备有键盘、鼠标、光笔、扫描仪、数字化仪、条形码阅读器等。

（5）输出设备

输出设备是将计算机的处理结果传送到计算机外部供用户使用的装置，其功能是将计算机存储器中以二进制形式表示的信息转换成人们所熟悉的形式显示或打印出来。常用的输出设备有显示器、打印机、绘图仪等。

通常我们将输入设备和输出设备统称为 I/O 设备（input/output device，输入输出设备），它们均属于计算机的外部设备。

1.2.2　计算机软件系统

计算机软件系统（computer software system）是指与计算机系统运行及操作有关的计算机程序，以及程序处理的数据、程序功能的描述和相关的文档。软件是计算机硬件与用户之间的应用接口，计算机必须配备一定的软件才能发挥其功能和作用。软件一般由系统软件、应用软件和支撑软件 3 部分组成，如图 1-18 所示。

1. 系统软件

系统软件（system software）是指控制和协调计算机及外部设备、支持应用软件开发和运行的系统，是用户无须干预的各种程序的集合。主要功能是调度、监控和维护计算机系统，负责管理计算机系统中各种独立的硬件，使得它们能协调工作。常见的系统软件主要包括操作系统、计算机语言处理程序、数据库管理系统等。除此之外，还包括计算机系统的各种服务性

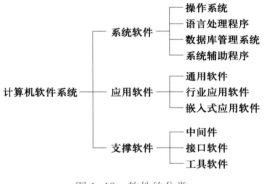

图 1-18　软件的分类

程序，如操作系统的补丁程序、硬件驱动程序、诊断程序、排错程序，等等。

操作系统（operating system，OS）是管理计算机硬件与软件资源的程序，是计算机软件系统的内核与基石。操作系统负责诸如管理与配置内存、决定系统资源供需的优先次序、控制输入输出设备、操作网络与管理文件系统等基本事务。同时，操作系统也为用户提供一个让使用者与计算机系统交互的操作接口。

语言处理程序（language processor）是指把高级程序设计语言编写的源程序翻译成与之等价的、计算机能识别的低级语言程序的软件。一般由汇编程序、编译程序、解释程序和相应的操作程序等组成。它是为用户设计的编程服务软件。

数据库管理系统（database management system，DBMS）是指一种操纵和管理数据库的大型软件，用于建立、使用和维护数据库。它对数据库进行统一的管理和控制，以保证数据库的一致性、安全性和完整性。用户通过 DBMS 访问数据库中的数据，数据库管理员也

通过 DBMS 进行数据库的维护工作。它可使多个应用程序和用户用不同的方法随时建立、修改、访问和维护数据库。目前常见的数据库管理系统有：Sybase、DB2、Oracle、MySQL、Access、Visual FoxPro、SQL Server、Informix 等。

2. 应用软件

应用软件（application software）是指为满足用户不同领域、不同问题的应用需求而设计或提供的计算机程序。应用软件按规模大小可分为用户程序和应用软件包两类：用户程序是指根据用户特定需求，为解决某一具体应用问题而编制的程序，这些程序通常规模小、功能单一；应用软件包是指为解决某类问题而开发的功能强、规模大、通用性好的大型应用程序，供多用户使用。应用软件包按应用场合分为通用软件、行业应用软件和嵌入式应用软件。例如，办公软件（如微软 Office、永中 Office、金山 WPS、苹果 iWork、Google Docs 等）、图像处理软件（如 Adobe 的 Photoshop、Fireworks、Dreamweaver，Google 的 Picasa，Autodesk 的 AutoCAD，Corel 的 Painter，Ulead 的 Ulead GIF Animator 等）、媒体播放器软件（如 PowerDVD XP、RealPlayer、WindowsMediaPlayer 等）、金融与财务软件（如用友、金蝶等）、统计分析软件（如 SAS、SPSS 等），等等。

3. 支撑软件

支撑软件（support software）是指支撑各种软件的开发与维护的软件，又称为软件开发环境。它主要包括中间件、各种接口软件和工具软件。著名的软件开发环境有 IBM 公司的 WebSphere，微软公司的 Studio. NET 等。

中间件（middleware）是一种独立的系统软件或服务程序，分布式应用软件借助这种软件在不同的技术之间共享资源。中间件位于客户机/服务器的操作系统之上，管理计算机资源和网络通信，是连接两个独立应用程序或独立系统的软件。通过中间件，应用程序可以工作于多平台或操作系统环境。

接口软件（interface software）。由于软件系统日益庞大，在一个系统内存在多个小系统，因此它们之间往往需要接口，如 ODBC 接口、ADO 接口、网络接口等。

工具软件（Tool Software）是指在软件运行中监督、管理软件正常运行，在软件出现故障时辅助测试、诊断和修复的软件。

1.3　计算机中的信息表示

1.3.1　二进制在计算机中的应用

计算机要处理的信息多种多样，包括数值、文字、符号、图形、图像、音频及视频，等等。但是计算机无法直接表示这些信息，因此必须对这些信息进行数字化编码才能送到计算机中进行存储、加工、运算和传输。计算机中表示信息采用的是二进制编码，计算机中使用二进制有以下 5 个原因。

1. 数字容易表示

二进制只有两个数字 0 和 1，要表示 0 和 1 在技术上很容易实现，因为电子元器件大多具有两种稳定状态。例如，晶体管的导通和截止、电压的高和低、开关的开和关、磁性的有和无、电路中的有信号和无信号，等等，我们就可以利用电子元器件不同的状态表示 0 和 1。而如果用十进制就需要找到一个具有十种稳定状态的电子元器件，这是非常困难的。

2. 可靠性高

二进制只使用 0 和 1 两个数字，各类信息在存储、传输和处理时都以 0、1 代码串的形式出现，因此在整个处理过程中不易出错，从而使得计算机具有很高的可靠性。

3. 运算规则简单

与十进制数相比，二进制数的运算规则少且简单，这不仅可以使运算器的结构得到简化、运算效率得到提升，从而有利于大大提高计算机的运算速度。

4. 易于实现逻辑运算

二进制数 0 和 1 正好与逻辑值"假"和"真"两种状态相对应，因此用二进制数表示逻辑值显得十分自然。也很容易通过二进制实现逻辑非、逻辑与、逻辑或、逻辑异或等运算。

5. 可编码任意信息

如果不限制信息的编码长度，用 0 和 1 两个数字完全可以编码表示数值、文字、符号、图形、图像、音频及视频等任意信息。

1.3.2　计算机的信息单位

在评估计算机存储的各类文件大小及存储器存储能力的时候，经常会用到一些存储计量单位，存储容量的大小通常以字节（Byte）为单位来度量。另外，还使用 KB（千字节）、MB（兆字节）、GB（吉字节）、TB（太字节）和 PB（拍字节）等来表示。它们之间的关系如下。

$1\,B = 8\,b$

$1\,KB = 2^{10}\,B = 1\,024\,B$

$1\,MB = 2^{20}\,B = 1\,024\,KB = 1\,048\,576\,B$

$1\,GB = 2^{30}\,B = 1\,024\,MB = 1\,073\,741\,824\,B$

$1\,TB = 2^{40}\,B = 1\,024\,GB = 1\,099\,511\,627\,776\,B$

$1\,PB = 2^{50}\,B = 1\,024\,TB = 1\,125\,899\,906\,842\,624\,B$

1. 位

位（bit），也称为二进制位，是计算机存储数据的最小单位，用符号 b 表示。机器字中一个单独的符号"0"或"1"被称为一个二进制位，它可存放一位二进制数，即一个 0 或 1。一位二进制数可表示 $2^{1} = 2$ 个信息，例如，是或否、有或无、正或负、真或假等；两位二进制数（取值为 00、01、10、11）则可以表示 $2^{2} = 4$ 个信息；以此类推，二进制数每增加一位，可表示的信息数量就增加一倍。

2. 字节

字节（Byte）是计算机中的基本信息单位，用符号 B 表示，由 8 个二进制位（b）组合构成，可以代表一个数字、一个字母或一个特殊符号。一个字节共 8 位，因此可以表示 $2^8 = 256$ 种不同信息。例如，当从键盘输入"A"时，计算机将从键盘上接收的信息编码为二进制后放入内存的 1 个字节中，其字节的值为 01000001。因此，在计算机中一般用字节数表示存储器的存储容量。一个字节被称为存储器的一个存储单元。

3. 字和字长

字（word）是计算机进行数据处理时一次存取、加工和传输的固定长度的二进制位组。字通常由一个或多个字节组成，字中包含的二进制位数称为字长。字长是衡量计算机性能的一个重要指标，不同档次的计算机有不同的字长。例如，8 位机的一个字由 1 个字节构成，字长为 8 位；16 位机的一个字由 2 个字节构成，字长为 16 位；32 位机的一个字由 4 个字节构成，字长为 32 位；64 位机的一个字由 8 个字节构成，字长为 64 位。理论上讲，字长越大，计算机的性能就越好。

由于计算机使用的信息有指令、数据及地址等，所以计算机中的字可以代表指令（称为指令字），也可以代表数据（称为数据字），还可以代表地址（称为地址字）。

1.3.3　数字编码 ···▫

在计算机信息系统中，各种类型的数据都要转换为二进制代码形式才能被计算机处理。人们习惯使用的十进制数，在计算机上输入输出时仍采用十进制数，但在计算机内部存储时则必须按某种编码方式转换为二进制，常用的编码方式有 BCD 码等。BCD 码规定用 4 位二进制数表示一位十进制数字，这种用于表示十进制数的二进制代码称为二进制编码的十进制（binary coded decimal），简称 BCD 码。BCD 码虽然是二进制数，但它又具有十进制数的特点，BCD 编码简单明了，计算机可对这种形式的数直接进行运算。常见的 BCD 码有以下几种。

1. 8421 码

8421 码是一种广泛使用的 BCD 码，该编码是一种有权码，其各位的权从最高位开始到最低位分别是 8、4、2、1，故得名 8421 码。在使用 8421 码时一定要注意其有效的编码仅有 10 个，即 0000～1001。

2. 5421 码与 2421 码

在 BCD 码中还有 5421 码和 2421 码两种有权码，它们从高位到低位的权值分别为 5、4、2、1 和 2、4、2、1。在这两种有权 BCD 码中，少数十进制数字存在两种加权方法，例如，5421 码中的十进制数字 5，既可以用 1000 表示，也可以用 0101 表示；2421 码中的十进制数字 6，既可以用 1100 表示，也可以用 0110 表示。这说明 5421 码和 2421 码的编码方式都不唯一。在实际信息系统中 5421 码与 2421 码用得不是特别多。表 1-1 所示是十进制数字 0～9 常见的 BCD 编码。

表 1-1　十进制数字 0~9 常见的 BCD 码

十 进 制 数	8421 码	5421 码	2421 码
0	0000	0000	0000
1	0001	0001	0001
2	0010	0010	0010
3	0011	0011	0011
4	0100	0100	0100
5	0101	1000	1011
6	0110	1001	1100
7	0111	1010	1101
8	1000	1011	1110
9	1001	1100	1111

在计算机中输入 35，如果采用 8421 码，其编码为：0011 0101；采用 5421 码，其编码为 0011 1000；采用 2421 码则编码为 0011 1011。

1.3.4　字符编码

在计算机里，西文字符编码使用的是 ASCII（American Standard Code for Information Interchange，美国信息交换标准码）。在 ASCII 码中每一个字符均由一组 7 位或 8 位的二进制数序列进行编码。7 位二进制 ASCII 码是标准的单字节字符编码方案，可表示 128（2^7）种字符及状态；8 位码是扩展 ASCII 编码方案，允许将第 8 位二进制位用于确定附加的 128 个外来语字母、特殊字符及图形符号，可表示 256（2^8）种可能的字符和状态。7 位 ASCII 码表如表 1-2 所示。

表 1-2　7 位 ASCII 码表

$b_3b_2b_1b_0$	$b_6b_5b_4$							
	000	001	010	011	100	101	110	111
0000	NUL	DLE	SP	0	@	P	`	p
0001	SOH	DC1	!	1	A	Q	a	q
0010	STX	DC2	"	2	B	R	b	r
0011	ETX	DC3	#	3	C	S	c	s
0100	EOT	DC4	$	4	D	T	d	t
0101	ENQ	NAK	%	5	E	U	e	u
0110	ACK	SYN	&	6	F	V	f	v
0111	BEL	ETB	'	7	G	W	g	w

续表

b₃b₂b₁b₀	b₆b₅b₄							
	000	001	010	011	100	101	110	111
1000	BS	CAN	(	8	H	X	h	x
1001	TAB	EM	)	9	I	Y	i	y
1010	LF	SUB	*	:	J	Z	j	z
1011	VT	ESC	+	;	K	[	k	{
1100	FF	FS	,	<	L	\	l	|
1101	CR	GS	–	=	M	]	m	}
1110	SO	RS	.	>	N	^	n	~
1111	SI	US	/	?	O	_	o	Del

在计算机中用一个字节表示一个字符编码时，存储的是字符的 ASCII 码编码值。而且，其最高位一般被用作奇偶校验位。所谓奇偶校验，是指在代码传输过程中用来检验是否出现错误的一种方法，一般分为奇校验和偶校验两种。奇校验规定：正确的代码一个字节中 1 的个数必须是奇数，若非奇数，则在最高位 b7（校验位）添 1；偶校验规定：正确的代码一个字节中 1 的个数必须是偶数，若非偶数，则在最高位 b7 添 1。使用奇偶校验的字节编码结构如图 1-19 所示。

b7	b6	b5	b4	b3	b2	b1	b0

校验位

图 1-19 奇偶校验的字节编码

例如，采用 1 个字节存储字母"a"（假设不进行奇偶校验）。在 ASCII 码表中可查到字母"a"的二进制编码如图 1-20 所示。

0	1	1	0	0	0	0	1

图 1-20 字母"a"的编码

例如，如果需要在计算机中存储"Office"，其二进制编码依次为：
01001111　01100110　01100110　01101001　01100011　01100101

1.3.5 汉字编码

西文是拼音文字，基本符号比较少，编码比较容易。在计算机信息系统中，西文字符的输入、存储、处理和输出都使用 ASCII 码这一种编码。而汉字是象形文字且数量众多，它们的"意"都寓于它们的"形"和"音"，因此对汉字进行编码比对西文文字编码要困难得多。而且在一个汉字处理系统中，汉字的输入、存储、处理及输出对汉字编码的要求不尽相同，所以采用的编码方式也不尽相同，汉字的编码是一个编码体系。计算机在处理汉字时，需要经过"输入码→国标码→机内码→字形码"的转换过程。

1. 输入码

在计算机中输入西文时，可直接按键盘上的按键就行。但是汉字则不同，因为汉字是象形文字且数量众多，故不能直接用键盘按键来单独表示一个汉字。汉字的输入码（也称为外码）是以英文键盘上字母符号的不同组合来编码汉字，以便进行汉字输入的一种编码。常用的输入码有拼音码、五笔字型码、区位码、电报码、自然码、表形码、认知码等。在输入汉字时选用的输入法不同，同一个汉字的编码也不相同，如"中"字，用全拼时输入码为"zhong"，用区位码时输入码为"5448"，用五笔字型则为"khk"。

2. 国标码

在计算机中输入汉字时，由于选用不同的输入法，使得同一个汉字的输入码不同，这给在计算机内表示与存储汉字带来了麻烦，所以计算机内部处理汉字时必须有一个统一的标准编码。1981 年 5 月我国颁布了《信息交换用汉字编码字符集　基本集》（GB 2312—80），其中对 6 763 个汉字和 682 个图形字符，总计 7 445 个字符进行了编码。其编码原则是：汉字用两个字节表示，每个字节用低 7 位表示汉字编码，第 8 位即最高位为 0；国家标准将汉字和图形符号排列在一个 94 行×94 列的二维代码表中，每两个字节分别用两位十进制编码，前字节的编码称为区码（表示行），后字节的编码称为位码（表示列），此即区位码。如"中"字在区位码表中处于 54 区第 48 位，区位码即为"5448"。

1995 年 12 月我国颁布汉字编码国家标准 GBK（汉字内码扩展规范），是对 GB2312—80 的扩展，共收录了约 2.1 万个汉字。GBK 支持国际标准 ISO10646 中的全部中、日、韩汉字及 BIG5 编码中的所有繁体字。2001 年我国又颁布了 GBK 的升级编码标准 GB18030，GB18030 的编码空间约为 160 万码位，目前已经纳入编码的汉字约为 2.6 万个。

3. 机内码

在国标码中每个汉字的两字节编码最高位都为 0，如果按单字节来看，汉字的编码就很容易与单字节的 ASCII 码发生冲突。如"中"字，国标码为 56H 和 50H，而西文字符"V"和"P"的 ASCII 码也为 56H 和 50H，假设现在内存中有两个字节为 56H 和 50H，这究竟是表示一个汉字"中"，还是两个西文字符"V"和"P"呢？因此，在计算机内部不能直接采用国标码来表示汉字的编码。为了把汉字的编码与西文字符的编码加以区分，人们将国标码的每个字节都加上 128，即将两个字节的最高位由 0 改为 1，其余 7 位保持不变用来表示汉字的机内码。如"中"字的国标码为 5650H，前字节为 01010110 B，后字节为 01010000B，高位改为 1 后分别为 11010110B 和 11010000B，故"中"字的机内码就是 D6D0H。

4. 字形码

汉字内容在计算机内处理完成后，必须被显示或打印出来人们才能看到。在计算机中用来显示或打印汉字的编码即为汉字的字形码（又称为汉字字模）。汉字字形码有两种表示方法：点阵表示法和矢量表示法。

用点阵表示字形时，汉字字形码指的是这个汉字字形点阵信息的代码。根据输出汉字的要求不同，点阵的多少也不同。简易型汉字为 16×16 点阵，提高型汉字为 24×24 点阵、32×32 点阵、48×48 点阵，等等。点阵规模越大，字形越清晰美观，所占存储空间也越大。一个 16×16 点阵的汉字占用 32 个字节（如图 1-21 所示），24×24 点阵的汉字占用 72 个字节，而 48×48 点阵的汉字占用 288 个字节。

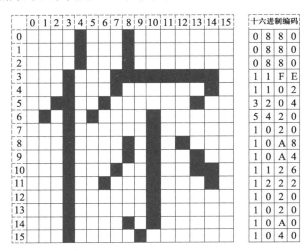

图 1-21　16×16 点阵汉字图

汉字的矢量表示法是将汉字看作由笔画组成的图形，在构造汉字的字形信息时提取每个笔画的坐标值，这些坐标值决定了每一笔画的位置，将每一个汉字的所有坐标值信息组合起来就是该汉字字形的矢量信息。显然，汉字的字形不同其矢量信息也就不同，矢量信息所占的内存大小也不一样。同样，将所有汉字的矢量信息集中在一起就构成了矢量汉字库。在显示和打印的时候，再根据汉字字形描述，按特定的计算公式进行计算并画出这些线条，从而还原所需大小和形状的汉字。汉字的矢量表示法可实现汉字大小的自由缩放而不失真。矢量字库有很多种，区别在于它们采用不同的数学模型来描述组成汉字笔画的线条。常见的矢量字库有 Type1 字库和 TrueType 字库。

5. 交换码

汉字交换码是指具有汉字处理功能的不同计算机系统之间交换汉字信息时所使用的编码标准。自从国家标准 GB2312—80 颁布以来，我国一直沿用该标准所规定的国标码作为统一的汉字信息交换码，如图 1-22 所示。

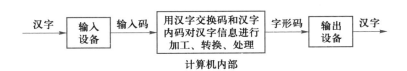

图 1-22　汉字的编码

1.3.6　Unicode 编码

Unicode 编码是 1994 年正式发布的一种国际标准编码，它是为解决传统字符编码方案的局限而产生的一种编码方案（Unicode 编码也称为统一码、万国码、单一码），它为世界上各种文字的每一个字符指定唯一编码，该编码能使计算机实现跨语言、跨平台的文本转换及处理。Unicode 编码系统分为编码方式和实现方式两个层次。Unicode 编码共有 3 种：UTF-8、UTF-16、UTF-32，其中 UTF-8 占用 1~4 个字节，UTF-16 占用 2 个或 4 个字节，UTF-32 占用 4 个字节。UTF-8 对全世界所有国家需要用到的字符进行了编码，用一个字节表示英语字符（兼容 ASCII 码），用 3 个字节表示中文，还有些语言（如俄语和希腊语）的符号使用 2 个字节或 4 个字节。在不同的编码标准下，字符的编码格式相差很大，同一个字母采用不同的编码意味着不同的表示和存储形式，在写入文件时，写入的内容也可能不同，在理解其内容时必须了解编码规则并进行正确的解码。如果解码规则和方法不正确就无法还原信息，从这个角度来讲，字符串编码也具有加密的效果。

1.4　办公软件概述

1.4.1　办公软件概述

办公软件是日常办公常用的软件工具集合，利用办公软件可以进行文字文档编辑处理、电子表格数据计算及分析、幻灯片制作与演示、图形图像处理、简单数据库处理、电子邮件收发等方面的工作。办公软件的应用范围很广，不仅在日常办公中使用，生活中也无处不在。它改变了人们的生活、学习和工作方式，使日常事务的处理变得高效和便捷。在当今社会，熟练使用办公软件是所有从业人员都应该具备的基本素养和基本能力。

1. 办公软件的发展历程

在个人计算机出现以前，并不存在通用的办公软件，当时的字处理系统都依赖于特定硬件。直到 1977 年，个人计算机上的第一款通用字处理软件 WordStar 诞生。全世界大多数办公室的文秘人员借助 WordStar 跨进了 OA（Office automation，办公自动化）的门槛。

1982 年，莲花公司开发了一款称作 Lotus 1-2-3 的电子表格软件。在 Lotus 1-2-3 软件中，1 是指电子表、2 是指数据库、3 是指商业绘图。Lotus 1-2-3 能把商业数据用数据库的形式加以管理，制成的电子表格又可用条形图、饼图的形式直观输出显示，它开创了办公软件的先河。

1987 年 10 月，微软公司推出了 Windows 版的 Excel 软件。接着，又推出了组合软件 Works，它包括了电子表格、数据库、文字处理和通信四大模块，Works 最显著的特点是容易使用，并有联机学习功能。

1989 年，微软公司首次提出了 Office 这个名字。1990 年 11 月 19 日，微软公司首次发布了被后人称为"办公三件套"的 Office 三大软件的 Windows 版本：文档处理 Word、表格处理 Excel 和演示文稿 PowerPoint。继 1990 年的 Office 1.0 套件的发布，在其后的 30 年中，微软公司陆续推出了 Office 2.0、Office 3.0、Office 4.0、Office 95、Office 97、Office 2000 等十多个版本，随着版本的更新，套件中也增加了很多新的功能组件，目前最新的版本是 Office 2019。

我国的第一套文字处理软件 WPS 1.0 于 1988 年由金山软件股份有限公司发布。至 1994 年，WPS 中文文字处理软件的市场占有率为 90%。从 WPS 1.0 开始，金山公司陆续推出了 WPS 97、WPS 2000、WPS Office 2001、WPS Office 2002 等版本，目前最新的版本是 WPS Office 2021。WPS Office 已成为国内使用最为广泛的具有独立自主知识产权的国产办公套装软件。

2002 年，无锡永中科技有限公司在北京正式推出永中 Office 个人版集成办公软件 V1.0 正式版，其被视为国产办公软件的一颗"新星"，为国产办公软件注入了新鲜血液。截至目前，最新官方版为永中 Office 2021，它全面支持文字处理、电子表格处理和简报制作等办公应用。

此外，我国的办公软件还有红旗中文 Office 2000（Red Office）、上海中标软件有限公司的中标普华 Office 等。

2. 办公软件的发展现状

经过几十年的发展，当前办公软件的门类和形态众多。按产品形态分，可以分为三大类：PC 办公软件、移动办公软件（适合于各种移动终端）、云办公软件；按操作系统分，可以分为 Windows 版、iOS 版、Linux 版、安卓版。

（1）移动办公

随着移动互联网的飞速发展，以及手机和平板等智能终端功能和性能的强化，手机和平板等移动设备被人们广泛使用，人们在工作、学习、生活中越来越依赖移动设备，人们的出行、消费和购物习惯被迅速改变。同时，人们对移动办公的需求也越来越强烈。

移动办公也可以称为 3A 办公，是指办公人员可以不受任何时间（anytime）、任何地点（anywhere）的限制，处理和业务相关的任何事情（anything）。这种新的办公模式，通过在手机、平板上安装信息化软件，使得移动设备也具备了和计算机一样的办公功能。它不仅使办公变得随心、轻松，而且借助移动设备通信的便利性，使得用户无论身处何地，只要在有手机信号的地方，随时都能高效地开展工作。

目前国内常用的除了 WPS Office 移动版和 Microsoft Office Mobile 两大主流手机软件外，还有很多的手机软件，例如，OfficeSuite Pro、极速 Office、永中手机 Office，等等。

（2）云办公

随着云端时代的到来，Office 也步入云中。与传统办公软件相比，云办公具有巨大的优势：

① 用户不再需要安装客户端软件，使用浏览器即可轻松运行强大的云办公应用。此外，利用 SaaS（software as a service，软件即服务）模式，使用云办公应用时，用户可以

按需付费，无须全部购买，从而达到降低办公成本的目的。

②用户可以随时记录与修改文档内容，并同步至云存储空间，让用户无论使用何种终端设备，都可以使用相同的办公环境，访问相同的数据内容。

③云办公应用支持多人在线协同办公，可大大提高团队工作效率。

Google Docs 是云办公应用的先行者，谷歌公司于 2006 年推出该产品，提供在线文档、电子表格、演示文稿三类支持。2011 年 6 月 28 日 Office 365 正式诞生，它提供了基于云平台的订阅式跨平台办公服务，各种联机服务都集成于时刻更新的云平台。2020 年 4 月，Office 365 已更名为 Microsoft 365。

我国领先的云端 Office 办公软件石墨文档于 2014 年创立于武汉，是我国第一款支持实时协作的云端 Office 办公软件，目前拥有文档、表格、幻灯片、表单、专业文档、思维导图、白板、团队空间等多条产品线。此外，金山 WPS 云文档、腾讯文档等都是国内主流的云办公软件。

1.4.2　WPS Office 简介

WPS Office 是由北京金山办公软件股份有限公司研发的一款集文字处理、电子表格、演示文档制作、PDF 阅读、电子邮件、网页制作、云办公等多种功能为一体的国产办公软件套装。WPS Office 软件开放、高效、安全、运行速度快、占用内存少，全面兼容微软 Office 格式文档、拥有强大插件平台支持、提供在线存储空间及文档模板、云功能多，覆盖 Windows、Linux、Android、iOS 等多种操作系统，是符合现代办公需求的桌面和移动办公平台。WPS Office 作为国内具有独立自主知识产权、高质量的品牌办公软件，已成为上至国家部委下至全国若干大多数省市机关的标准办公平台，同时也是各大中型企业、各类学校以及个人首选的国产办公软件。每个月全球有超过 3 亿用户使用金山办公软件，每天有超过 5 亿个文件在 WPS Office 平台上被创建、编辑和分享。WPS Office 移动版通过 Google Play 平台，已覆盖超过 50 多个国家和地区。金山公司的 WPS Office、金山文档、稻壳儿、金山词霸等办公软件产品和服务，为全球 220 多个国家和地区的用户提供办公服务。

1. WPS Office 的功能

（1）文字处理

WPS Office 可新建、编辑及保存 Word 文档，支持打开 txt、doc、docx、dot、dotx、wps、wpt 等格式的文档；支持对文档进行编辑、查找、替换、修订、字数统计、拼写检查等常规操作；在编辑模式下支持文档编辑，实现带圈字符、合并字符、艺术字、立体效果功能，方便设置文字、段落、对象等属性，支持插入编辑图片、页眉、页脚、页码、目录、文档排版等功能；在阅读模式下支持文档页面放大、缩小，以及页面背景更换、文档页边距显示、翻页方式改变、字体大小调整，屏幕亮度调节等功能；支持批注、公式、水印、OLE 对象的显示；支持手动顺序双面打印、手动逆序双面打印、拼页打印、反片打印应用，等等。

（2）电子表格

WPS Office 可新建、编辑及保存 Excel 文档，支持打开 xls、xlsx、xlt、xltx、csv、et、ett 等格式的文档；拥有强大的表格计算能力，支持 300 多种函数和 30 多种图表模式，用户可通过专用公式输入编辑器，快速录入公式以实现数据计算、数据分析与数据可视化。支持电子表切换、表内行列筛选、显示隐藏的电子表或行与列；支持数据的有效性检测，可设置和取消保护工作表；在查看表格时，支持高亮显示活动单元格所在行列；在电子表中自由调整行高列宽，完整显示表格内容；支持在表格中查看批注，批注框中可显示作者等信息；支持电子表智能收缩、表格操作的即时效果预览和智能提示、全新的度量单位控件，等等。

（3）演示文档

WPS Office 可新建、编辑及保存演示文档，支持 ppt、pptx、pot、potx、pps、dps、dpt 等格式的文档的打开和播放；全面支持演示文档中各种动画效果以及声音和视频的播放，在设计演示文档时可选择添加 34 种动画方案与 30 种自定义动画效果，使得演示文档生动漂亮；在编辑模式下支持文档编辑，文字、段落、对象属性设置，插入设置图片等常规功能；在阅读模式下支持文档页面的放大或缩小，可随意调节屏幕亮度，实现文字的字号增减等操作；在共享播放时可与其他设备连接，同步播放当前演示文档；支持 AirPlay、DLNA 播放演示文档。

（4）其他功能

WPS Office 支持文档漫游，开启漫游后无须数据线就能将打开过的文档自动同步到用户登录的设备上；可通过一个账号，随时随地阅读、编辑和保存文档，还可将文档共享给工作伙伴。通过围绕文档存储、文档权限管理、在线文档处理的全平台文档管理系统，帮助企业实现文档云端统一管理，确保系统的稳定与信息的安全。支持百度网盘、金山快盘、Dropbox、Box、GoogleDrive、SkyDrive、WebDAV 等多种主流网盘；具备 WiFi 传输功能，可实现计算机与平板电脑、智能手机等设备之间文档的相互传输；另外，还支持文件管理，如新建文件夹，以及复制、移动、删除、重命名、另存文档等。

2. WPS Office 的主要版本

（1）个人版

WPS Office 个人版是一款供个人用户使用的永久免费办公软件，其包括四大组件："WPS 文字""WPS 表格""WPS 演示"以及"轻办公"，该软件完全兼容 Microsoft Office 格式的文档，用户可轻易地实现办公软件环境的迁移与切换。个人版的特点如下。

➢ 软件体积小、简单易用

在拥有办公软件完整功能的同时，与同类软件相比，WPS Office 的体积较小，下载、安装及运行占用空间较少，运行速度较快。在设计软件的操作时，从中国人的思维和操作习惯出发，使得无论是文字处理，还是电子表格和演示文档制作都简单易用。

➢ 互联网化与文档漫游

为了很好地满足用户在计算机、平板电脑与智能手机上的线上、线下办公需求，将办公事务与互联网结合起来，通过网络平台提供大量的精美模板、在线图片素材、在线字体等资源，方便用户轻松打造优秀文档。同时软件还提供了文档漫游功能，通过文档漫游，在任何设备上打开过的文档会自动上传到云端，方便用户在不同的平台和设备中快速访问同一文档。同时，用户还可以追溯同一文档的不同历史版本。

　➤ "轻办公"

为了满足工作组成员协同办公的需求，软件可让用户以私有、公共等群主模式协同办公，同时在云端实时同步数据，以满足不同协同办公的需要，使团队合作办公更高效、轻松。

（2）校园版

WPS Office 校园版在融合 "WPS 文字" "WPS 表格" 和 "WPS 演示" 三大基础组件之外，新增了 PDF 组件、协作文档、协作表格、云服务等功能。针对各类教育用户的使用需求，提供更多免费云字体、版权素材、文档模板、精品课程等内容资源。新增了基于云存储的团队功能，LaTeX 公式、几何图、思维导图等专业绘图工具，论文查重、超级简历、文档翻译、文档校对、OCR、PDF 转换等 AI 智能快捷工具。为教育界用户提供了一款年轻、个性、富有创造性的办公软件。校园版的特点如下：

　➤ 素材库和知识库

校园版提供了丰富的素材库，可实现字体、动画、图表、图片、图标及模板等资源的持续更新。利用绘图工具，支持绘制多结构、多样式的思维导图，以及绘制各种几何图形、LaTeX 公式图，满足学科电脑制图需求。除此之外，还提供了强大的知识库，可进行考试辅导、个人提升、职场技能、商业管理和名师课程学习等。

　➤ 智能工具

智能工具的功能多种多样，例如，在校对文档时实现智能校对，通过大数据智能发现和更正文章中的字词错误。在进行文档翻译时支持对多种语言分词与取词。对演示文档支持一键美化，实现自动识别文档结构，快速匹配模板。通过金山 OCR 识别技术支持一键将图片中的文字转换为文本，或抓取文档内容并整理形成新文档。新增 PDF 组件，提供了 PDF 转换工具集：支持 PDF 与 Word、Excel、PPT 之间的格式互转，支持各种格式文档输出为图片，支持多个 PDF 文件内容合并、或将一个 PDF 文件内容拆分为多个等。

　➤ 云文档及云协作服务

WPS 云文档支持团队创建，用户可按照班级与学习小组创建团队，方便课件、资料、作业等文档的存储与共享，设置、管理与控制成员的操作权限。而云协作服务则支持表格、文字、演示组件的多人、多设备、多平台之间的实时协作，便捷进行文件的分发、流转、回收、统计与汇总，支持云端备份、文档加密、历史版本追溯、安全管理与使用云文档。

　➤ 校园工具

用户可使用手机智能控制演示文档的播放，控制演讲进程。通过会议功能可实现远程课堂演示，并支持多人多端多屏同步播放，随时随地学习、讨论和分享。通过演讲实录可记录课堂讲演的每一分钟，课程整理、分享与传播。通过论文查重可实现多查重平台的选择，计算文字的重复率，并定位到重复段落，提供参考性替换内容。通过答辩助手可选择答辩的框架与模板，提升答辩的质量。通过简历助手实现多平台选择简历模板库，一次填写简历内容，一键投递简历。

（3）专业版

WPS Office 专业版是金山公司针对企业用户提供的一款兼容、开放、高效、安全并极具中文本土化优势的办公软件，完全符合现代企业中文办公的要求。专业版包括"WPS文字""WPS 表格"和"WPS 演示"三大模块及二次开发包，该产品对内和对外的接口都按照通用的 API 定义和实现，符合国家办公软件二次开发接口标准，实现了与主流中间件、应用系统的无缝集成，方便现有 OA 系统、电子政务系统等平滑过渡到集成 WPS Office 的应用。专业版的特点如下：

➢ 高兼容性

专业版的 WPS Office 不仅在操作界面上与 Microsoft Office 兼容，还支持直接打开和保存为 Microsoft Office 格式的文档。同时，WPS Office 成熟的二次开发平台保证了与Microsoft Office 一致的二次开发接口、API 接口和对象模型，兼容的 VBA 环境支持 COM 加载插件等机制，可实现现有的电子政务平台和应用系统的平滑迁移。

➢ 支持主流办公文档标准

专业版支持办公文档领域现有的主要的 3 个标准：我国自主制定的中文办公软件文档格式规范——UOF，微软公司的 OOXML 标准，OPEN OFFICE 主导的 ODF 标准。统一的标准让政府和企业办公中的数据交换与数据检索更方便高效。

➢ 丰富的界面切换

WPS Office 提供了多套风格不同的界面，用户可以无障碍地在经典界面与新界面之间进行切换。操作简单流畅，用户无须再学习即能适应和接受这些风格不同的界面。

（4）移动版和移动专业版

WPS Office 移动版是运行于 Android、iOS 平台上的个人版永久免费办公软件，该软件体积小、速度快，通过文档漫游功能可实现在手机上办公。目前移动版的全球用户数已超过 3 亿，与同类产品相比，其用户好评率长期在排行榜上保持第一。

WPS Office 移动专业版则是基于 Android、iOS 等主流移动操作系统平台的办公软件，移动专业版功能强大、使用方便，同时实现了与计算机的 Windows、Linux 操作系统平台上的 WPS Office 互联互通，用户使用智能手机办公与使用计算机或平板电脑办公体验一致，都能方便快捷地完成办公任务。

同时，WPS Office 移动办公解决方案，通过成熟的 SDK 接口技术兼容 OA、ERP、财务等系统的移动端应用，并通过应用认证、通信加密、传输加密等，保证了文档在生成、协同编辑、同步分享的过程中以及和其他应用系统的通信过程中的安全，真正实现了安全无忧的移动办公。

1.5 WPS 综合应用基础

WPS Office 办公软件的构成主要有三大组件——"WPS 文字""WPS 表格"和"WPS 演示",在完成软件的安装之后,用户就可以启动软件来进行文字、表格和演示文档的处理。下面简单介绍"WPS Office 考试认证版"的启动、文档的保存及退出系统的方法,并了解 WPS 文字窗口的组成、文档视图的使用与切换方法,为 WPS 的综合应用做好准备。

1.5.1 启动、保存与退出 ···▫

1. 启动

在安装好"WPS Office 考试认证版"后,用户可通过以下 4 种途径启动软件,开始文档的编辑与处理。

方法 1:以快捷方式启动

"WPS Office 考试认证版"安装成功后,系统会在桌面自动创建软件的快捷启动方式,用户可在桌面双击"WPS Office 考试认证版"快捷启动图标启动软件,如图 1-23 所示。

方法 2:在"开始"菜单中启动

单击操作系统的"开始"图标,打开"开始"菜单,选择"所有程序"→"WPS Office"→"WPS Office 考试认证版"选项,启动软件,如图 1-24 所示。

图 1-23 "WPS Office 考试认证版"快捷启动图标   图 1-24 通过"开始"菜单启动软件

方法 3:以新建文字文档启动

在桌面或其他位置的空白处单击鼠标右键,在弹出的快捷菜单中选择"新建"→"DOC 文档"或"DOCX 文档"选项,然后双击新建的文档即可启动软件,如图 1-25 所示。

方法 4:以打开存在的文档启动

双击已经存在的 WPS 文字文档,可以启动软件并打开该文档供用户浏览或编辑处理。

2. 保存

在文档处理过程中或处理完成后,用户应及时保存文档,避免因误操作或系统故障等原因导致文档已编辑内容的丢失。保存文档的方法如下。

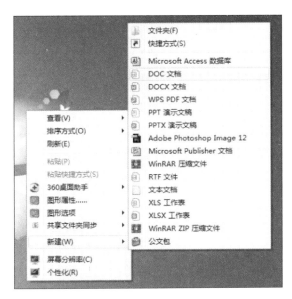

图 1-25　新建文字文档

方法 1：单击"文件"选项卡的"保存"或"另存为"命令

在文档第一次保存时，"保存"和"另存为"两个命令的功能相同，系统都会提示选择文档保存的位置、对新文档命名、选择保存类型。当文档已经保存过，用户再次编辑完成需重新保存时，只需单击"保存"命令即可。若用户需将文档保存到其他位置或需要重命名保存时，则需要单击"另存为"命令，然后根据提示选择保存的位置或指定新的文件名称。

方法 2：单击工具栏的保存图标或使用快捷键 Ctrl+S

如果文档是第一次保存，则需要根据系统提示选择保存位置、指定文件名称与保存类型，否则文档会按照系统默认的文件名将文件保存在原有位置。

3. 退出

当文档处理完成后，用户可通过单击"文件"选项卡中的"退出"命令或者使用快捷键 Ctrl+F4 退出正在编辑的文档。

当单击文档窗口右上角的关闭按钮时，可退出 WPS 软件。

需要注意的是：在退出 WPS 时，如果文档没有保存，系统则会提示保存或放弃保存文档。若单击"是"则保存文档，并需要根据提示选择文档保存的位置、对新文档命名、选择保存类型；若单击"否"则不保存文档，直接退出；若单击"取消"，则忽略本次退出操作，不退出 WPS 软件。

1.5.2　WPS 文字窗口

当启动"WPS Office 考试认证版"后，单击首页上的"新建"选项卡，可以选择新建文字、新建表格、新建演示、新建 PDF、在线文档等选项。若选择单击新建文字中的"新建空白文字"选项，则出现如图 1-26 所示的 WPS 文字窗口。

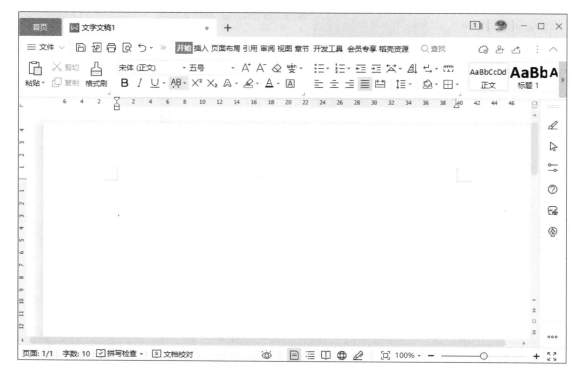

图 1-26   WPS 文字窗口

该窗口是编辑文字文档时最常用的窗口（默认设置为页面视图模式），主要由以下 6个部分组成：

➤ 标题栏

在页面的顶部，用来显示正在编辑或处于打开状态的文档名称，当新建文档没有进行保存时，文档名称自动命名为"文字文稿 1""文字文稿 2"等。文档名称被高亮显示的是用户当前正在编辑的文档，用户在需要时可单击文档名称切换需要处理的文档。

➤ 选项卡

选项卡是 WPS 文字对各种文档处理命令进行组合后的呈现方式。常用的文档处理选项卡包括："文件""开始""插入""页面布局""引用""审阅""视图""章节"和"开发工具"等，如图 1-27 所示。每一个选项卡分别包含相应的功能组和命令。

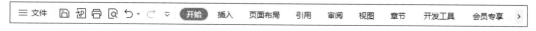

图 1-27   WPS 文字窗口的选项卡

➤ 工具栏

选项卡的下方即是工具栏，工具栏用来实现当前选项卡的所有子操作命令，这些命令以按钮的形式呈现，当鼠标停留在某个按钮上时系统会自动显示该按钮的功能。图 1-28所示是"开始"选项卡对应的工具栏。

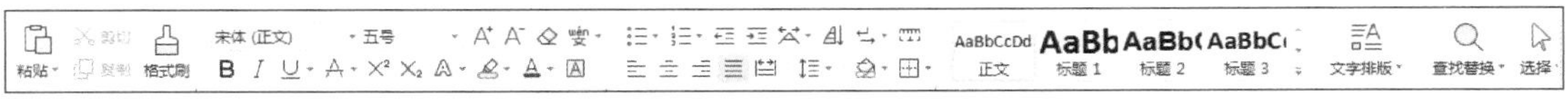

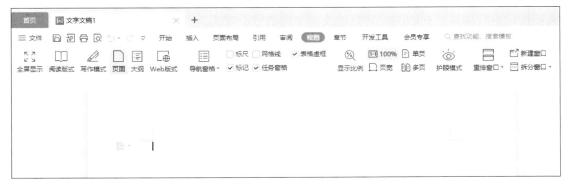

图 1-28 "开始"选项卡对应的工具栏

➢ 文档编辑区

WPS 文字窗口的中间即是文档编辑区，是用户处理文档的主要工作区域。

➢ 其他功能区

文档编辑区的左右两侧是其他功能区，用来实现一些常用的辅助功能。

➢ 状态栏

状态栏位于文档编辑区的下方，用来显示当前编辑文档的一些基本信息及功能。如文档页面数、文档字数、拼写检查和文档校对等。

1.5.3 文档视图

视图是文档在 WPS 文字组件上的展现方式，视图方式不同则文档的展现方式也不同。WPS 文字组件提供了多种视图模式，以满足用户对文档不同的处理要求。在如图 1-29 所示的"视图"选项卡中可看见所有的视图模式。

图 1-29 "视图"选项卡

1. WPS 的视图

➢"页面"视图

"页面"视图是用来显示文档所有内容在整个页面的分布情况和整个文档在每一页中的位置，并可对其进行编辑操作的视图。"页面"视图是新建文档时默认的视图模式，也是文档操作最常用的视图，它采用了"所见即所得"的方式来展现文档内容，即用户打印或转换文档为其他格式所得最终文档样式与文档在屏幕上显示的样式完全一致。"页面"视图集中了处理文档时使用最多和最常用的功能和命令，在该视图下工具栏的所有工具都会展示出来。

➢"全屏显示"视图

在"全屏显示"视图下，整个屏幕都用来显示文档内容，文档内容以外的部分及选项卡、按钮、工具栏、其他功能区等都被隐藏起来，方便用户集中注意力处理文档内容。

➢ "阅读版式" 视图

"阅读版式" 视图是专门为方便用户阅读而设计的视图方式。在这种视图模式下，文档内容会像书本一样被一道线分成左右显示，阅读的界面更大、阅读也更加方便，但在阅读的同时不能编辑文档。在该模式下，选项卡、按钮、工具栏等会被隐藏起来。

➢ "写作模式" 视图

"写作模式" 视图是为了方便用户进行写作而设计的模式，此模式用得比较少。

➢ "大纲" 视图

"大纲" 视图使用缩略方式显示文档的级别，可让用户迅速了解文档的结构和内容梗概。在这种视图模式下，可方便地查看文档、调整文档的层次结构、创建标题、设置标题的大纲级别、使用大纲编辑按钮移动整个段落等。

➢ "Web 版式" 视图

"Web 版式" 视图以网页的形式显示文档，是专门为浏览编辑网页类型的文档而设计的视图，在此模式下可以直接看到网页文档在浏览器中显示的样子。这种视图方式适用于创建网页和发送电子邮件。

2. 视图间的切换

当用户需要切换不同的视图时，先单击 "视图" 选项卡，然后在选项卡中单击需要的视图按钮进行切换。视图的切换只是改变文档的显示方式，不会改变文档的内容。

第 2 章
WPS 文字文档基本制作

WPS 文字是 WPS Office 中的一个应用组件，使用该组件可以方便、高效地创建日常学习、工作和生活中最常用的文字文档，例如，撰写文章、制作表格、编排文档、书写简历等。万丈高楼平地起，本章将从最基本的内容开始介绍，通过学习本章内容，读者可以掌握最基本、最常用的操作，可以独立制作基本的文字文档。

2.1　认识 WPS 文字的工作界面

在桌面上双击或在"开始"菜单中单击 WPS Office 启动程序，依次单击 WPS 首页左侧导航栏中或窗口上方的"新建"按钮→"新建文字"选项，然后单击"新建空白文字"即可进入 WPS 文字工作界面，同时系统自动新建一个名为"文字文稿 1"的空白文档，工作界面如图 2-1 所示，其各部分功能具体如下：

1. WPS 首页

WPS 首页用于管理 WPS 文档，包括新建文档、打开文档、查看最近使用过的文档等。

2. 快速访问工具栏

快速访问工具栏用于放置高频使用的命令，例如，"保存""撤销"和"恢复"等。单击快速访问工具栏右侧的按钮，打开下拉菜单，可将常用命令添加到快速访问工具栏，也可删除工具栏中已有的命令。例如，要添加"新建"命令，只需单击勾选该命令；如要删除该命令，只需再次单击该命令，取消勾选。如果要添加的命令没有显示在下拉菜单中，可单击下拉菜单中的"其他命令"选项，打开"Word 选项"对话框中的"快速访问工具栏"选项卡进行添加和删除。

3. 文件名标签

用于显示当前新建或打开的 WPS 文档的名称。单击某个文件标签，即可切换到相应的文档编辑窗口。如图 2-1 所示，首次新建一个 WPS 文字文档，文档默认名称为"文字文稿 1"。

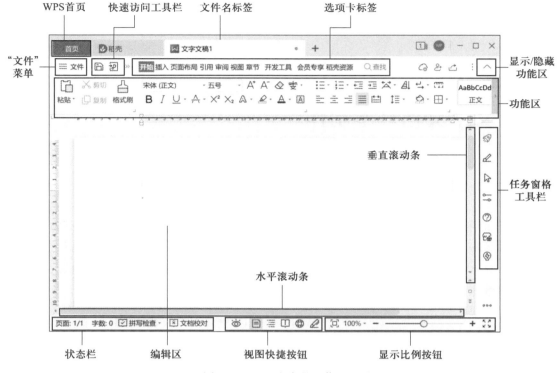

图 2-1　WPS 文字的工作界面

4. 选项卡标签

选项卡标签将编辑文档所使用的命令以选项卡的形式集合在一起，不同的选项卡包含不同的命令。

5. 显示/隐藏功能区

如果需要更大的文档编辑区域，只需单击该按钮隐藏功能区命令，仅显示选项卡；如果要恢复隐藏的功能区命令，只需再次单击该按钮。

6. 功能区

功能区用于显示每个选项卡中包含的命令，这些命令被分成若干组，某些组的右下角有一个按钮，单击该按钮，可打开相应的对话框设置相关参数。

功能区的外观会根据屏幕的大小而改变。WPS 通过更改控件的排列来压缩功能区，以便适应较小的屏幕。

7. "文件"菜单

单击该菜单可查看对文件进行操作的命令，如"保存""另存为""打开""退出"和"新建"等。

8. 状态栏

状态栏用于显示正在编辑的文档的相关信息，例如，节、页码、字数统计等。用户还可以对状态栏进行个性化定制。方法是：将鼠标光标置于状态栏上，单击鼠标右键，在弹出的快捷菜单中，根据需要勾选或取消勾选相应的选项，有勾选标记的选项会显示在状态栏上。

9. 编辑区

编辑区用来显示正在编辑的文档内容，用户在 WPS 中的工作均在该区域中进行。

10. 视图快捷按钮

视图快捷按钮用于更改正在编辑的文档的显示方式。从左到右分别是：护眼模式、页面视图、大纲视图、阅读版式、Web 版式、写作模式。

11. 显示比例按钮

显示比例按钮用于更改正在编辑的文档的显示比例。直接拖动缩放滑块或单击缩小按钮"−"、放大按钮"+"可更改文档的显示比例。也可以单击最左侧的显示比例（默认是100%），打开"显示比例"列表进行设置。单击最右侧的"全屏显示"按钮可全屏显示文档，按 Esc 键可取消全屏显示。

12. 垂直滚动条和水平滚动条

滚动条分为垂直滚动条和水平滚动条，垂直滚动条用于更改文档在垂直方向的显示位置。

当窗口在水平方向无法完整显示文档内容时，水平滚动条才会出现。水平滚动条可在水平方向更改正在编辑的文档的显示位置。

13. 任务窗格工具栏

任务窗格是用来提供高级编辑的辅助面板，单击任务窗格工具栏中的按钮可显示或隐藏相应的任务窗格，在任务窗格中可使用合适的命令对参数进行详细设置。

2.2　WPS 文字的基本操作

2.2.1　新建文档

使用 WPS 文字编辑文档前，先要创建一个新文档，才能输入和编辑文档内容。新建文档的方式有两种：新建空白文档和使用模板创建新文档。

1. 新建空白文档

空白文档是不包含任何内容的文档，用户可自定义文档的格式和内容。新建空白文档的方法通常有以下 3 种：

（1）启动 WPS Office，依次单击 WPS 首页左侧导航栏中或窗口上方的"新建"按钮→"新建文字"选项，然后单击"新建空白文字"命令进入 WPS 文字工作界面，即可创建默认文件名为"文字文稿 1""文字文稿 2"等形式的空白文档。

（2）如果已经打开如图 2-1 所示的 WPS 文字编辑窗口，依次单击"文件"菜单→"新建"命令→"新建文字"选项→"新建空白文字"命令，即可新建空白文档。

（3）如果已经打开如图 2-1 所示的 WPS 文字编辑窗口，单击快速访问工具栏右侧的

"自定义快速访问工具栏"按钮▽，将"新建"命令添加到快速访问工具栏中，单击该命令即可新建空白文档。或按快捷键 Ctrl+N 也可新建空白文档。

2. 利用模板创建新文档

模板是一个带有格式和基本内容的文档，用户使用模板可以快速创建出外观精美、格式专业的文档，WPS 文字为用户提供了很多不同种类、不同风格的模板样式以满足不同的具体需求。利用模板创建新文档的方法如下：

启动 WPS Office 并依次单击 WPS 首页左侧导航栏中的"新建"按钮→"新建文字"选项后，在如图 2-2 所示的窗口右侧选择需要的模板，然后单击"立即下载"按钮下载模板，最后根据模板文档中的提示填写相关内容，即可快速高效地制作出一份专业文档。如果现有模板中没有所需的模板，可在如图 2-2 所示的窗口上方的"搜索"框中输入模板名称，单击搜索框右侧的"搜索"按钮搜索出指定模板创建文档。

图 2-2　新建文档

2.2.2　保存文档

在使用 WPS 制作文字文档时，为了减少因计算机死机、断电等突发状况造成文档内容的丢失，在编辑过程中一定要经常进行保存文档的操作，不能只在文档编辑结束后才进行保存。

1. 手动保存新文档

手动保存新文档是指对于新建的、从未保存过的文档所做的保存操作。操作步骤如下：

步骤 1：依次单击"文件"菜单→"保存"或"另存为"命令，打开如图 2-3 所示"另存文件"对话框。

图 2-3　"另存文件"对话框

步骤 2：在"另存文件"对话框中选择文档所要保存的位置，输入文件名并选择文件类型，默认类型为"Microsoft Word 文件（＊.docx）"，最后单击"保存"按钮即可。

提示

（1）使用快捷键 Ctrl+S 也可进行保存操作。

（2）对于已经保存过的文档，如果对文档内容进行了修改，只需单击"保存"命令，即可保存修改内容，此时不会再弹出"另存文件"对话框。

（3）文件默认的保存类型可在"选项"对话框中进行设置。依次单击"文件"菜单→"选项"命令，打开"选项"对话框，单击左侧的"常规与保存"选项卡，在右侧"保存"区域中即可设置默认文件格式。

2. 将现有文档保存为新文档

有时候用户对文档进行修改后，既想保存修改过的文档内容，又想保持原来的文档内容不被改变，此时可使用"另存为"命令创建新的文件来保存修改过的文档内容，同时也可保持原文档内容不变。

3. 自动备份文档

定期手动保存文档是保护用户工作成果的最可靠方式，但有时在用户保存文档之前，程序会意外关闭。例如，发生了断电情况，程序出现了问题等。为了在程序意外关闭时保护用户所做的工作，将损失降到最小，可以设置文档自动备份。WPS 自动备份分为本地备份和云端备份两种方式：如果文档没有包含机密的内容，可选择云端备份实现在多个终端中使用文档；如果文档包含机密内容，则可选择本地自动备份。本地自动备份分为智能模式备份、定时备份和增量备份。智能模式备份是指当软件崩溃或异常退出关闭时进行自动备份，但如果计算机或 WPS 软件没有发生异常就不会备份；定时备份是无论计算机或软件是否发生异常都会按照用户设置的时间间隔定时进行自动备份；增量备份将记录用户对文件的操作步骤，读取备份时，这些步骤在原文件上快速重现，从而达到备份文件的目的。

设置本地自动备份的操作步骤为：

步骤 1：依次单击"文件"菜单→"选项"命令，打开"选项"对话框；

步骤 2：单击左下方的"备份中心"选项，打开如图 2-4 所示的"备份中心"对话框，可设置本地自动备份或云端备份；

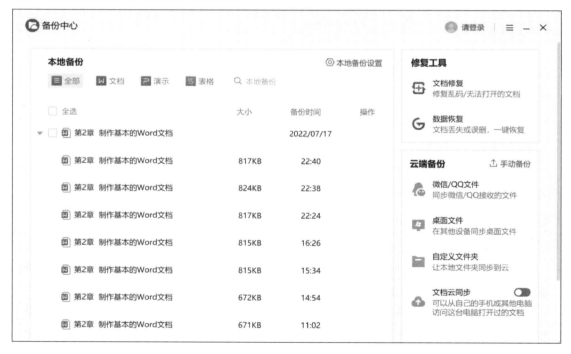

图 2-4 "备份中心"对话框

步骤 3：单击"备份中心"对话框中的"本地备份设置"命令，打开如图 2-5 所示的"本地备份配置"对话框，可设置备份方式和备份存放的磁盘；

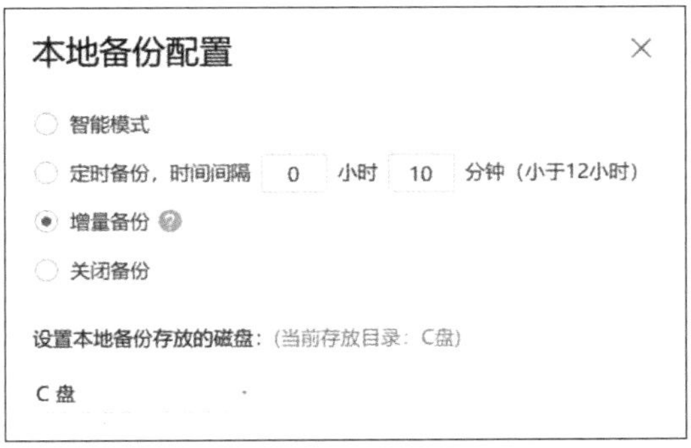

图 2-5　"本地备份配置"对话框

步骤 4：配置完成后关闭"本地备份配置"对话框，返回到"备份中心"对话框；

步骤 5：关闭"备份中心"对话框。

2.2.3　打开和关闭文档 ···□

1. 打开文档

若要查看或编辑已保存过的文档内容，必须先打开文档。方法为：依次单击"文件"菜单→"打开"命令，或按快捷键 Ctrl+O，打开如图 2-6 所示的"打开文件"对话框，找到要打开的文档，单击"打开"命令或者双击文档即可打开文档。

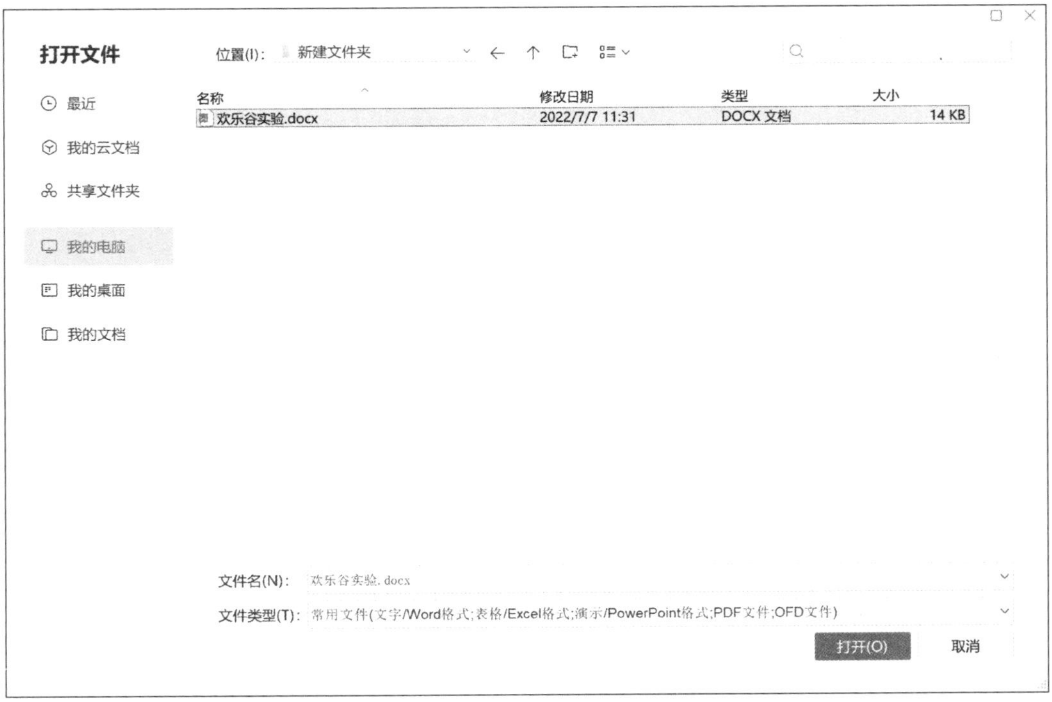

图 2-6　"打开文件"对话框

2. 关闭文档

如果已完成对文档的操作，可及时将其关闭，以免对文档进行误操作。关闭文档的操作只关闭当前文档，不会影响其他文档，也不会退出应用程序。将鼠标光标移至文件标签右侧⊗处，⊗变为 ⊗，单击该按钮即可关闭文档。

2.3 输入与编辑文本内容

新建 WPS 文字文档后，接下来可在文档中输入汉字、英文、数字、日期时间、特殊符号等内容，并对文本内容进行编辑。

2.3.1 输入文本内容 ···□

1. 输入文本

输入文本之前，首先将光标指针移至文本插入点，单击鼠标左键，当光标在插入点处闪烁时，选择合适的输入法，通过键盘即可直接输入汉字、英文、数字等文本内容。当输入的文本满一行，但本段落文本还未结束时，文本将会自动换行。如果一个段落结束，需要开始一个新段落时，可按键盘上的 Enter 键，此时可看到段落末尾会出现一个段落标记 ↵，这个标记又称为硬回车符，其作用是结束当前段落并使光标移到下一行开头。

在一个段落中如果文本还未满一行就需要换行显示，可按快捷键 Shift+Enter 在需要换行的地方插入软回车↓手动换行，此时文本换行但不分段。

2. 输入日期和时间

在文档中如果需要输入当前的日期和时间，除了可以使用键盘直接输入，还可以依次单击“插入”选项卡→“日期”按钮，打开如图 2-7 所示的“日期和时间”对话框，根据需要选择语言、格式等，单击“确定”按钮即可插入当前日期和时间。

3. 输入特殊符号

在输入文档内容时，经常需要输入一些键盘上没有的特殊符号，如数学运算符、货币符号、几何图形、箭头，等等。此时可以使用插入符号功能在文档中插入特殊符号。方法为：依次单击“插入”选项卡→“符号”按钮的上半部分，打开如图 2-8 所示的“符号”对话

图 2-7 “日期和时间”对话框

框，选择所需的符号，单击“插入”按钮即可插入选定的符号。如果单击“符号”按钮的下拉箭头，将出现如图 2-9 所示的符号列表，列表显示近期使用过的符号、自定义符号

等，单击所需符号即可将其插入文档。若单击列表中的"其他符号"命令，也可打开如图 2-8 所示的"符号"对话框。

图 2-8 "符号"对话框

图 2-9 符号列表

2.3.2 选择文本

用户对文本进行操作之前，需要先选择文本。熟练掌握选择文本的方法，有助于提高工作效率。默认情况下，WPS 文字文档中的文本以白底黑字的状态显示，而被选择的文本则以灰色底纹显示。选择文本的方法有多种，具体如下。

微视频 2-1
选择文本

（1）拖动鼠标选择文本：这是最常用、最灵活的一种方法。用户只需将鼠标光标移动到所要选定内容的开始位置，按住鼠标左键不放拖动鼠标，直到选定所需内容，松开鼠标左键即可。

（2）选择一个单词：将鼠标光标移到希望选定的字或词上，双击该字或词。

（3）选择一行：移动鼠标光标至页面左侧空白处，当光标形状变为 ⁄ 并指向待选定文字行首时，单击鼠标左键。

（4）选择一个段落：移动鼠标光标至页面左侧空白处，光标形状变为 ⁄ 并指向待选定段落时，双击鼠标左键。

（5）选择不相邻的多段文本：按住 Ctrl 键不放，移动鼠标选择文本，选择完毕后，再放开 Ctrl 键。

（6）选择连续的文本块：将光标插入点置于所要选择的文本的开始位置，按住 Shift

键不放，单击文本块的结束位置，待选择完毕后，再放开 Shift 键。

（7）选择整个文档：移动鼠标光标至页面左侧空白处，光标形状变为 ⏹ 时，三击鼠标左键，或按住 Ctrl 键并单击鼠标左键，这两种方法都可选中整个文档。此外，也可以按快捷键 Ctrl+A 选中整个文档。

2.3.3 复制与粘贴文本 ···□

在编辑文档时，经常会使用相同的内容，此时不需要从键盘再重复输入，可以使用 WPS 文字中的复制功能复制指定的内容，然后将其粘贴到目标位置。使用复制功能，可以有效避免因重复输入所导致的浪费时间与精力以及可能出现的错误。复制与粘贴文本的方法有多种，具体如下。

1. 使用命令进行复制和粘贴

选中要复制的文本，依次单击"开始"选项卡→"复制"按钮，然后将鼠标指针移动到目标位置，单击"粘贴"按钮。

2. 使用鼠标拖动复制文本

先选中要复制的文本，然后将鼠标指针移至被选中的文本上，同时按住 Ctrl 键和鼠标左键不放，移动鼠标指针将黑色竖线段（即光标插入点）移至目标位置，松开鼠标左键和 Ctrl 键即可完成文本的复制。在鼠标移动时，鼠标指针下方会出现一个"+"符号。

3. 使用快捷键复制文本

复制的快捷组合键为 Ctrl+C，粘贴的快捷键为 Ctrl+V。方法为：先选中要复制的文本，按快捷键 Ctrl+C 进行复制，然后将光标移至目标位置，按快捷键 Ctrl+V 将选中的文本粘贴到目标位置。

4. 选择性粘贴

选择性粘贴提供了更多的粘贴选项，通过使用选择性粘贴，用户可以将复制的内容粘贴为不同于内容源的格式。例如，在进行文档编辑过程中，我们经常需要到网络上查找一些资料，然后从网页上把资料复制到 WPS 文字文档中。但是这样粘贴过来的文字往往都带有 HTML 格式，这在文档中并不好编辑。最好的办法就是在粘贴的时候把格式去掉，只粘贴内容，不粘贴格式，这时候就可以使用"选择性粘贴"中的"无格式文本"选项。有时候为了防止某些固定的内容遭破坏，或者是为了某种特殊需要，也可以使用"选择性粘贴"将文字和表格等粘贴为图片。

使用"选择性粘贴"的方法为：复制文本，依次单击"开始"选项卡→"粘贴"按钮的下拉箭头，打开如图 2-10 所示的"粘贴选项"列表，根据需要单击相应的选项进行粘贴。若单击列表中的"选择性粘贴"命令，打开如图 2-11 所示的"选择性粘贴"对话框，在对话框中选择粘贴的形式，最后单击"确定"按钮即可进行粘贴。如果选择了"粘贴链接"选项，则所复制的内容将会随着源文件的变化而自动更新。

图 2-10　粘贴选项

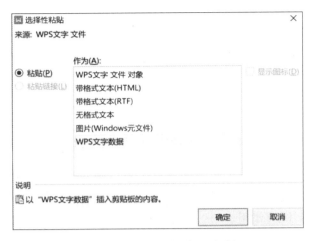

图 2-11　"选择性粘贴" 对话框

2.3.4　删除与移动文本

1. 删除文本

在编辑文档时, 如果需要删除单个字符, 可以使用键盘上的 Backspace 键或者 Delete 键, 按一次 Backspace 键将删除光标左侧的一个字符, 而按一次 Delete 键将删除光标右侧的一个字符。如果要删除大段的文本, 可先选中要删除的文本, 然后再按 Backspace 键或者 Delete 键。

2. 移动文本

在编辑文档时, 可以将选中的文本从一个位置移动到另一个位置。具体方法有如下 3 种:

(1) 先选中要移动的文本, 依次单击"开始"选项卡→"剪切"按钮, 然后将光标定位在目标位置, 单击"粘贴"按钮即可移动文本。

(2) 先选中要移动的文本, 按住鼠标左键不放拖动鼠标至目标位置, 松开鼠标左键即可移动文本。

(3) 先选中要移动的文本, 按快捷键 Ctrl+X 进行剪切, 然后将光标移至目标位置, 按快捷键 Ctrl+V 进行粘贴, 即可移动文本。

2.3.5　撤销与恢复操作

"撤销"和"恢复"是快速访问工具栏中的两个命令, 如图 2-12 所示。对于编辑过程中的误操作可用"撤销"命令来挽回。单击"撤销"按钮 ↻ 右侧的下拉箭头, 可打开下拉列表, 列表里记录了各次编辑操作, 最上面的一次操作是最近的操作, 单击一次"撤销"按钮可以撤销一次操作。如果选择"撤销"列表框中的某次操作, 那么这次操作之前的所有操作也同时撤销。对于撤销的操作可以通过单击"恢复"按钮 ↻ 恢复已撤销的操作。也可按快捷键 Ctrl+Z 撤销, 按 Ctrl+Y 恢复。

图 2-12 "撤销"和"恢复"按钮

2.3.6　拼写检查 ···□

在编辑文档时，很难保证输入内容的拼写完全正确。使用 WPS 文字中的拼写检查功能，可对文档中字句的拼写进行检查，WPS 会在其认为有错误的字句下面自动加上红色波浪线进行标记，起到提醒作用。

如果开启了 WPS 文字的拼写检查功能，程序会在用户输入内容时自动检查并标记可能存在的拼写错误。若已关闭拼写的自动检查功能，可以手动进行拼写检查，方法为：依次单击"审阅"选项卡→"拼写检查"按钮的上半部分，对文档进行检查，检查完毕后出现如图 2-13 所示的"拼写检查"对话框，根据检查的结果和文档的实际情况选择合适的命令即可。如果要设置拼写检查的语言，单击"拼写检查"按钮的下拉箭头，打开下拉列表，单击列表中的"设置拼写检查语言"选项，打开如图 2-14 所示的"设置拼写检查语言"对话框，选择拼写检查语言，完成后单击"设为默认"按钮即可。

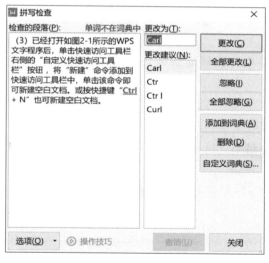

图 2-13 "拼写检查"对话框

图 2-14 "设置拼写检查语言"对话框

开启拼写检查功能的方法为：依次单击"文件"菜单→"选项"命令，打开"选项"对话框。单击左侧的"拼写检查"选项卡，如图 2-15 所示。在右侧的"拼写检查"选项区域中，勾选"输入时拼写检查"复选框，即可开启该功能，取消勾选复选框则关闭该功能。

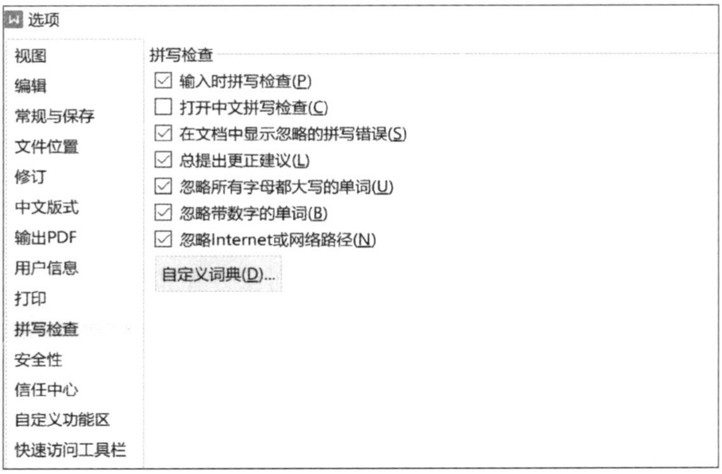

图 2-15　设置拼写检查

2.4　保护个人隐私

2.4.1　为文档设置密码保护

在日常工作中，为了保护文档的安全，防止文档被随意打开或修改，WPS 提供了多种文档保护方式，其中使用密码对文档加密是最常用的一种方法。

微视频 2-2
设置文档密码

1. 为文档设置保护密码

为文档设置保护密码的步骤如下：

步骤 1：打开要设置密码的文档，依次单击"文件"菜单→"文档加密"选项→"密码加密"命令，打开如图 2-16 所示的"密码加密"对话框。

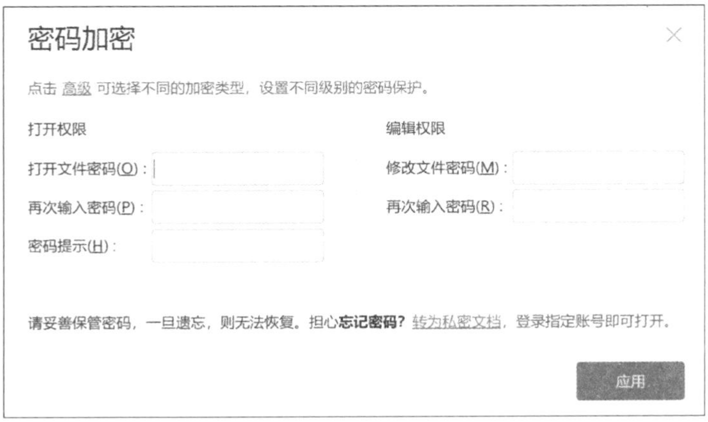

图 2-16　"密码加密"对话框

步骤 2：在"打开权限"区域或"编辑权限"区域中按要求输入文件密码和密码提示信息，单击"应用"按钮。

步骤 3：单击快速访问工具栏中的"保存"按钮，或"文件"菜单→"保存"命令，或按快捷键 Ctrl+S，保存对文档的密码设置。如果不保存，则密码设置无效。

如果为文件设置"打开文件密码"，则在打开文件时会出现如图 2-17 所示的"文档已加密"对话框，输入正确的密码，单击"确定"按钮，才能打开文件、查看和修改文件内容。如果为文件设置的是"修改文件密码"，则在打开文件时会出现如图 2-18 所示的"文档已设置编辑密码"对话框，输入正确的密码，单击"解锁编辑"按钮后，可打开文件、查看和修改文件内容；也可以直接单击"只读打开"按钮，以只读方式打开文件，此时只能查看文件内容但不能编辑修改。

图 2-17　"文档已加密"对话框　　　　图 2-18　"文档已设置编辑密码"对话框

在设置密码时应设置自己容易记住而其他人很难猜到的密码，密码越复杂就越不容易被别人猜到，从而为文档提供更好的安全性。但需要注意的是如果丢失或忘记了密码，则无法找回密码。

2. 删除与修改文档密码

对文档设置密码保护后，也可以修改该密码，甚至删除密码。修改密码方法为：输入密码打开文档，然后依次单击"文件"菜单→"文档加密"选项→"密码加密"命令，打开"密码加密"对话框，输入新密码，单击"应用"按钮，然后保存文档。

删除密码的方法与修改密码类似，首先打开"密码加密"对话框，删除对话框中的密码，单击"确定"按钮，然后保存文档。

2.4.2　删除文件属性中的个人信息 ···□

在工作中，如果用户计划与其他人共享文档，最好先检查一下该文档是否包含不希望公开共享的个人信息，这些信息可能存储在文档属性中，因此在与其他人共享文档之前可以先删除这些隐藏信息。方法为：依次单击"文件"菜单→"选项"命令，打开"选项"对话框，单击左侧的"安全性"选项，如图 2-19 所示，在"隐私选项"区域中勾选"保存时从文件属性中删除个人信息"复选框，单击"确定"按钮。完成以上设置后，保存文件时程序会删除属性中的个人信息。

微视频 2-3
修改和删除密码

图 2-19　删除个人信息

2.5　打　印　文　档

在日常办公中，用打印机打印文档是一项很常见、很重要的工作。为了确保打印效果，避免打印以后出现问题再重新打印的情况发生，在打印文档前，可以通过"打印预览"功能查看文档的打印效果是否符合要求，确认无误后才开始打印。

2.5.1　打印预览 ···□

依次单击"文件"菜单→"打印"选项→"打印预览"命令，或单击快速访问工具栏上的"打印预览"按钮，打开如图 2-20 所示的"打印预览"窗口，在该窗口中可以设置打印参数、页面参数、显示比例等。

（1）设置打印参数：可以设置打印机类型、打印方式、打印份数、打印顺序等。若单击"直接打印"按钮则使用默认的打印设置直接打印文档。

（2）设置页面参数：可以选择纸张类型、设置纸张方向、页边距。

（3）显示比例：可以设置文档页面的显示比例进行预览。其中："单页"是指针对当前窗口大小，自动调整预览效果，在窗口中仅显示一页；"多页"是指通过调整显示比例在窗口中显示多个页面；单击"显示比例"下拉箭头，可以在下拉列表中选择合适的预设显示比例，也可以在"显示比例"编辑框中手动输入显示比例。

图 2-20 "打印预览"窗口

（4）关闭：单击该按钮，可关闭打印预览视图，返回文档编辑模式。

（5）返回：单击该按钮，可关闭打印预览视图，返回文档编辑模式。

2.5.2 打印文档

对要打印的文档确认无误后，即可开始打印文档。打印方法有以下两种：

（1）单击快速访问工具栏上的"直接打印"按钮，以默认的方式快速打印当前文档。如果快速访问工具栏中没有该命令，则需要手动添加。

（2）依次单击"文件"菜单→"打印"选项→"打印"命令，或单击快速访问工具栏上的"打印"按钮，打开如图 2-21 所示的"打印"对话框，设置好打印参数后，单击"确定"按钮即可打印当前文档。

下面对"打印"对话框中的"打印机""页码范围""副本"和"并打顺序与缩放"4 个选项区域的部分打印参数进行说明。

（1）"打印机"选项区域：在"名称"下拉列表框中可以选择计算机所连接的打印机；可查看打印机的状态、类型和位置等信息；可设置打印机的相关属性、打印方式和纸张来源。其中，打印方式有反片打印、打印到文件、双面打印。反片打印是 WPS Office 提供的一种独特的打印输出方式，它以"镜像"方式显示文档，可满足特殊排版印刷的需求，反片打印通常应用在印刷行业，例如，学校将试卷反片打印在蜡纸上，再通过油印方式印刷出多份试卷；打印到文件主要应用于一些不需要纸质文档，只需要以计算机文件形式保存的文件，具有一定的防篡改作用；双面打印可以将文档打印成双面，节省资源，降低消耗。纸张来源一般会采用打印机的默认设置，其中，纸盒可由打印机自动分配，也可由用户自定义。

图 2-21　"打印"对话框

（2）"页码范围"选项区域：WPS 默认打印整个文档，用户也可选择只打印当前页面或部分页面，例如，要选择只打印第 2-4 页和第 9 页，则在"页码范围"文本框中输入"2-4,9"；若单击"打印"右侧的下拉箭头，则弹出下拉列表，在列表中提供了"范围中所有页面""奇数页"和"偶数页"3 个选项供选择。

（3）"副本"选项区域：可设置份数和逐份打印。用户可以在"份数"后的文本框中设置打印多份文件，默认份数为 1。若打印文档需要按份输出，则需要勾选"逐份打印"复选框，保证文档输出的连续性，即打印完 1 份文档的所有页后再打印下一份；如果不勾选"逐份打印"复选框，则在打印 N 份文档时，会先打印 N 份第 1 页，再打印 N 份第 2页，以此类推。

（4）"并打和缩放"选项区域：系统默认每页的版数是 1 版，即每张纸上打印一页文档内容，用户若要调整每页的版数，将多页文档内容打印在一张纸上，则可在"每页的版数"列表框中根据需求进行选择，例如，选择"4 版"，则打印时每张纸上会打印 4 页文档内容。如果选择的每页版数大于 1 版，在左侧"并打顺序"处可以选择并打顺序。"按纸型缩放"选项的作用是可以将其他纸型上的文件打印到指定纸型上，在"按纸型缩放"列表框中可选择想要缩放的纸型。

2.5.3　打印文档的附加信息

在打印文档时，如果发现文档中的一些内容打印不出来，例如，文档的背景颜色和背景图片、文档中创建的图形等，此时可依次单击"文件"菜单→"选项"命令，打开"选项"对话框，单击左侧的"打印"选项卡，在"打印文档的附加信息"区域中勾选相应的选项。

2.5.4　逆序打印

使用 WPS 文字的逆序打印功能，打印时会从最后一页开始打印，打印完成后，文档的第一页刚好在最上面，最后一页在最下面，这样就节约了打印完后还需手动调整文档页面顺序的时间。逆序打印的设置方法为：依次单击"文件"菜单→"选项"命令，打开"选项"对话框，单击左侧的"打印"选项卡，勾选"打印选项"区域中的"逆序页打印"选项。

2.5.5　套打隐藏文字

对于一些包含有隐藏文本的特殊文档，在打印文档时可以选择是否打印这些隐藏内容。依次单击"文件"菜单→"选项"命令，打开"选项"对话框，单击左侧的"打印"选项卡，在"隐藏文字"下拉列表中有"不打印隐藏文字""打印隐藏文字"和"套打隐藏文字"3 个选项，其中"不打印隐藏文字"是指打印文档时不打印隐藏的文字，同时也不保留这些隐藏文字的位置；"套打隐藏文字"可以在打印时不显示隐藏文本，但可以保留隐藏文本的位置，避免打印后的文档版式发生错位等情况。

除了在"选项"对话框中对隐藏文字的打印进行设置外，也可以单击如图 2-21 所示的"打印"对话框左下角的"选项"按钮，在弹出的对话框中进行设置。

第 3 章
WPS 文字文档美化

　　基本的文档在工作中往往不能满足需要，在实际应用中，创建了基本的文档后，还需要对文档进行字体、段落等多种格式设置。此外，还可以在文档中插入适当的图片、形状、图表等对象，以增强文档的表现力。通过对文档的美化和修饰，可以将一个单调乏味的文档变得图文并茂。

3.1　页面设置

　　在日常工作中，经常需要用到不同规格的文件。文件规格不同，则纸张的大小、方向、页边距等页面参数也各异。在进行文档编辑前，第一步就要进行页面参数的设置，这样才能确保后面的排版不用返工。在 WPS 文字中，可在"页面布局"选项卡中进行页面设置。

3.1.1　设置纸张大小 ···□

　　为了满足实际工作中的不同需求，WPS 文字为用户预定义了多种不同规格的纸张大小，用户既可以使用预定义的纸张大小，也可以自己设定纸张的大小。

　　设置纸张大小的操作步骤如下：

　　步骤 1：依次单击"页面布局"选项卡→"纸张大小"按钮，打开如图 3-1 所示的下拉列表。

　　步骤 2：在下拉列表中，选择预定义的纸张型号即可设定纸张大小。或者单击下拉列表中的"其他页面大小"，打开如图 3-2 所示的"页面设置"对话框中的"纸张"选项卡。

　　步骤 3：在"纸张大小"选项区域中，单击下拉箭头▾打开下拉列表，在列表中可选择预定义的纸张型号。如果没有符合要求的纸张型号，也可选择"自定义大小"选项，然后在"高度"和"宽度"微调框中输入所要设置的纸张尺寸。

步骤4：在"应用于"下拉列表中可指定所设置的纸张大小的应用范围。"整篇文档"是指将对当前纸张大小的设置应用于整个文档的所有页面；"插入点之后"是指将对当前纸张大小的设置应用于光标插入点之后的页面，此时可在同一个文档中设置不同纸张大小的页面。

步骤5：单击"确定"按钮即可完成纸张大小的设置。

图 3-1　快速设置纸张大小　　　　图 3-2　"页面设置"对话框中的"纸张"选项卡

3.1.2　设置纸张方向 ···□

纸张方向有"纵向"和"横向"两种。设置纸张方向的方法如下：

依次单击"页面布局"选项卡→"纸张方向"按钮，在下拉列表中选择"纵向"或"横向"选项。

如果要将文档中的页面设置成不同的纸张方向，例如，有的页面是纵向，有的页面是横向，可单击如图 3-3 所示右下角的对话框启动器按钮↵，打开"页面设置"对话框，选择"页边距"选项卡，如图 3-4 所示，在"方向"选项区域中选择"纵向"或"横向"选项，在"应用于"下拉列表中选择当前纸张方向的应用范围。

图 3-3　单击对话框启动器按钮打开"页面设置"对话框

图 3-4　"页面设置"对话框中的"页边距"选项卡

3.1.3　设置页边距

　　页边距是指文档内容区域（又称为版心）边缘与纸张边缘之间的距离，如图 3-5 所示。页边距分为上边距、下边距、左边距、右边距，页边距决定了文档内容区域在纸张中的位置和大小。设置页边距的操作步骤如下：

　　依次单击"页面布局"选项卡→"页边距"按钮，打开如图 3-6 所示的下拉列表。在下拉列表中，选择预定义的页边距可快速设定页面边距。如果要自定义页边距，可单击列表中的"自定义页边距"命令，打开如图 3-4 所示的"页面设置"对话框"页边距"选项卡，在对话框中输入上、下、左、右页边距数值，并根据需要设置其他参数。

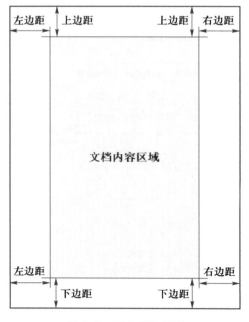

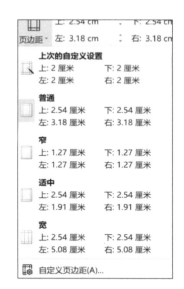

图 3-5　页边距示意图　　　　　　　图 3-6　快速设置页边距

3.1.4　设置文档网格

通过设置文档网格，可以轻松控制文档中每页文字的排列方向，以及每页中的行数和每行中的字符数。设置文档网格的方法如下：

使用前述方法打开"页面设置"对话框，选择"文档网格"选项卡，在该选项卡中可以指定网格的类型、每页的行数、每行的字符数、文字的排列方向和应用范围等。

如果想要显示网格线，可单击对话框左下角的"绘图网格"按钮，打开"绘图网格"对话框，在对话框中根据需要设置参数。在"视图"选项卡中勾选"网格线"复选框也可显示网格线。

3.1.5　设置文字方向

WPS 文字文档中默认的文字方向是水平方向，但有时需要调整文字方向，实现一些特别的效果。设置文字方向的方法为：

依次单击"页面布局"选项卡→"文字方向"按钮，打开如图 3-7 所示的下拉列表，列表中提供了 6 种预定义的文字方向，直接在列表中选择预设方案可快速设置整篇文档的文字方向。也可单击列表下方的"文字方向选项"命令，打开如图 3-8 所示的"文字方向"对话框设置文字方向。

图 3-7　文字方向下拉列表

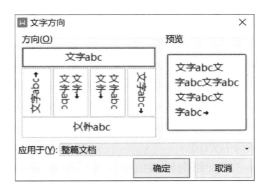

图 3-8　"文字方向"对话框

3.2　设置字体格式

在 WPS 文字文档中输入内容时，WPS 文字默认的字体、字号都是相同的，这样的文档会让阅读者读起来很吃力，因此需要对文档进行字体格式的设置，使文档内容看起来清晰美观。设置字体格式主要是指设置文字的字体、字形、字号、文字的颜色、加下画线、加着重号和改变文字间距等。对于要设置格式的文字，首先要先选中文本，再进行格式设置。设置字体格式有两种方法，一是在"开始"选项卡中选择相应的命令按钮进行设置，二是在"字体"对话框中设置。

3.2.1　使用命令按钮设置字体格式 ···□

单击"开始"选项卡，即可看到如图 3-9 所示的"字体"格式命令按钮。使用这些命令按钮可以快速设置字体格式。下面按图 3-9 中所示的数字顺序对各按钮的功能进行介绍。

1. 字体

WPS 文字提供了多种中文和西文字体，单击"字体"列表框右侧的下拉箭头，打开"字体"列表，选择需要的字体即可为选中的文本设置字体。注意：西文字体对中文不起作用。

2. 字号

图 3-9　"字体"格式命令按钮

单击"字号"列表框的下拉箭头，在列表中选择合适的字号即可设置文字的大小。此外，还可以在"字号"编辑框内输入列表中没有的数字，然后按 Enter 键，即可设置任意大小的文字。例如，在"字号"编辑框中输入 90，则可设置文字的字号为 90 磅。

3. 增大和减小字号

选中要放大或减小的文本，单击"增大字号"按钮A可增大字号，如果反复单击该按钮，则选中的文字会不断增大；单击"减小字号"按钮A可减小字号，如果反复单击该按钮，则选中的文字会不断缩小。

4. 清除格式

使用"清除格式"按钮✍可清除所选文本的所有格式（例如，加粗、下画线、斜体、颜色、上标、下标等），将文本恢复为无格式文本，即将文本格式恢复为默认格式。

5. 拼音指南、更改大小写、带圈字符、字符边框

（1）拼音指南

单击"拼音指南"按钮✍，可在所选文字上方添加拼音。例如，要为唐诗《春晓》添加拼音。操作步骤如下：

步骤 1：选中要添加拼音的文字，单击"拼音指南"按钮✍，打开如图 3-10 所示的"拼音指南"对话框；

步骤 2：在对话框中可设置对齐方式、字号、字体等参数，在"预览"框中可预览设置效果；

步骤 3：单击"确定"按钮，完成设置。

添加了拼音的文字效果如图 3-11 所示。

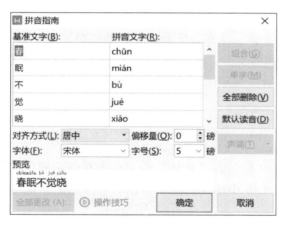

春眠不觉晓，处处闻啼鸟。
夜来风雨声，花落知多少。

图 3-10 "拼音指南"对话框　　　图 3-11 添加拼音后的文字效果

（2）更改大小写

单击"拼音指南"按钮✍的下拉箭头，弹出如图 3-12 所示的下拉列表，单击"更改大小写"命令，打开如图 3-13 所示的"更改大小写"对话框，根据需要选择相应的选项即可更改选中文本的大小写方式（该命令对中文不起作用）。

（3）带圈字符

使用"带圈字符"可在字符周围放置圆圈或者边框加以强调。设置带圈字符的方法如下：

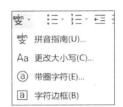

图 3-12　"拼音指南"下拉列表　　　图 3-13　"更改大小写"对话框

先选中要加圈的字符，单击"拼音指南"按钮 ᵉᵛ 的下拉箭头，打开如图 3-12 所示的下拉列表。单击"带圈字符"命令，打开如图 3-14 所示的"带圈字符"对话框，在对话框中选择样式和圈号，单击"确定"按钮即可。如图 3-15 所示是汉字、数字和符号添加圈号后的效果。

图 3-14　"带圈字符"对话框　　　图 3-15　带圈字符效果

（4）字符边框

使用"字符边框"命令可在一组字符或句子周围添加边框。设置字符边框的方法为：

先选中要添加边框的文本，单击"拼音指南"按钮 ᵉᵛ 的下拉箭头，打开如图 3-12 所示的下拉列表，单击"字符边框"命令即可为所选字符添加边框。

6. 字形

为了使文本在显示上更为突出，可以对所选文本的字形进行设置。字形有两种形式，分别是加粗、倾斜，单击对应的按钮即可设置字形。

7. 添加下画线

使用"下画线"按钮 ⊔ 可为所选文本添加下画线，如果直接单击"下画线"按钮 ⊔，默认添加的下画线为黑色实线，也可以单击"下画线"按钮 ⊔ 的下拉箭头，打开如图 3-16 所示的下拉列表，可以直接选择列表中的下画线类型，或者单击"其他下画线"命令，打开如图 3-17 所示的"字体"对话框，在对话框中有更多的下画线类型可供选择。单击下拉列表中的"下画线颜色"选项，可设置下画线颜色，也可在"字体"对话框的"字体"选项卡中设置下画线颜色。

图 3-16 下画线列表　　　　　　　　　　　图 3-17 "字体"对话框

8. 添加删除线和着重号

直接单击按钮 A· 可为选中的文本设置删除线。单击按钮 A· 的下拉箭头，在弹出的下拉列表中选择"删除线"命令，可为选中的文本添加删除线；选择"着重号"命令，可为选中的文本添加着重号。

9. 上标和下标

在编辑一些科技类文稿时，常常会遇到输入上标或下标字符的情况，例如，m^2、x_1等。要输入 m^2，可先输入 m，然后单击"上标"按钮 x^2，再输入 2，最后单击"上标"按钮 x^2 恢复正常输入状态。也可先输入 m，按上标快捷键 Ctrl+Shift+=，再输入 2，再按上标快捷键 Ctrl+Shift+= 恢复正常输入状态。下标快捷键是 Ctrl+=。

10. 文字效果

在编辑文档时，可以通过更改填充、轮廓、阴影、发光等效果来更改文本或艺术字的外观，为文本增添效果。添加文字效果的方法如下：

首先选中要设置文字效果的文本，单击"文字效果"按钮 A·，打开"文字效果"下拉列表，再单击"艺术字"选项，出现如图 3-18 所示的"预设样式"的艺术字面板，可以选用面板中的预设样式为文字添加效果，也可以自定义文字效果。

如果要删除文字效果，首先要选中文本，依次单击"开始"选项卡→"清除格式"按钮 ◇。

11. 突出显示

突出显示的功能是给文字加上颜色底纹以突显文字内容。设置突出显示的方法如下：

选中文本后，单击"突出显示"按钮 ✐，将使用默认颜色突出显示文本。也可单击
"突出显示"按钮 ✐ 的下拉箭头，打开如图 3-19 所示的颜色面板，在面板中选择合适的
颜色，即可用选中的颜色突出显示文本。

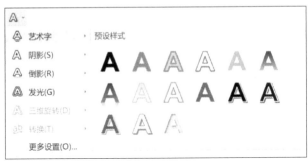

图 3-18　"文字效果"列表

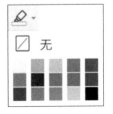

图 3-19　"突出显示"颜色面板

如果要删除文档中的突出显示，先选中要删除突出显示的文本，单击"突出显示"按
钮 ✐ 的下拉箭头，打开如图 3-19 所示的颜色面板，选择"无"选项。

12. 字体颜色

添加字体颜色的方法如下：

选中要设置字体颜色的文本，单击"字体颜色"按钮 A，将使用默认颜色设置文本。
单击"字体颜色"按钮 A 的下拉箭头，打开如图 3-20 所示的"字体颜色"面板，在面板
中可选择字体颜色。当把鼠标指针置于某种颜色上时，将会显示该种颜色的名称。如果面
板中的颜色不能满足用户的个性需求，也可以在面板中单击"其他字体颜色"命令，打开
如图 3-21 所示的"颜色"对话框，从中可选择合适的颜色。

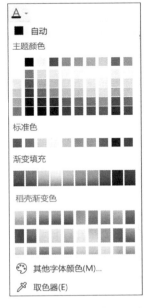

图 3-20　"字体颜色"面板

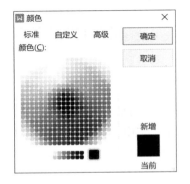

图 3-21　"颜色"对话框

13. 字符底纹

单击"字符底纹"按钮 Ａ 可为所选文本添加灰色底纹。

3.2.2 使用对话框设置字体格式 ···

除了使用功能区中的命令按钮设置字体格式，也可单击功能区中"字体"格式命令组右下角的按钮┙，打开如图 3-22 所示的"字体"对话框。在"字体"选项卡中，可设置字体、字形、字号、字体颜色，添加下画线和着重号，设置效果等，在预览框中可预览设置后的效果。单击"字符间距"选项卡，打开如图 3-23 所示的对话框，在其中可设置字符的宽度、字符的间距、字符的高度位置。其中"缩放"用来改变文字宽度和高度的比例；"间距"用来设置字符与字符之间的距离；"位置"用来设置字符相对于基准线在垂直方向上的位置。

图 3-22 "字体"对话框"字体"选项卡　　　图 3-23 "字体"对话框"字符间距"选项卡

3.3 设置段落格式

一篇文章是否简洁、醒目和美观，除了文字格式的合理设置外，段落的恰当编排也很重要。在 WPS 文字中，段落指以段落标记↵作为结束符的一段文字。每按一次 Enter 键，就插入一个段落标记，因此，输入文本时，只有在需要开始一个新的段落时才按 Enter 键。如果将某个段落标记删除，那么该段落标记前后的两个段落将被合并为一个新段落。

进行格式设置前，必须先选中段落，选中段落的方法为：将光标插入点移到某段落的任意位置表示该段落被选中，也可用选中文本的方法选中段落。设置段落格式有以下 3 种方法。

（1）使用"开始"选项卡中的"段落"命令按钮进行段落格式的设置，各命令按钮的功能如图 3-24 所示。

（2）单击"开始"选项卡中"段落"格式命令按钮右下角的按钮↲，打开如图 3-25 所示的"段落"对话框，在对话框中可进行段落格式的设置。

（3）通过标尺设置段落格式。

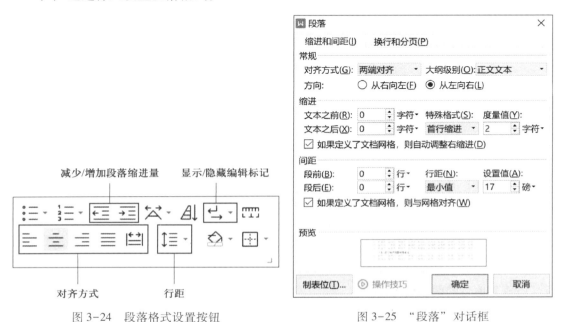

图 3-24 段落格式设置按钮

图 3-25 "段落"对话框

3.3.1 显示/隐藏编辑标记 ···□

编辑标记是一种格式标记，如空格、段落标记、制表符等都是编辑标记，这些符号可以在文档中显示，但不能被打印出来。在进行文档排版时，显示出文档中所有的编辑标记，有助于用户快速发现异常的文档格式。为了与文档内容相区别，这些编辑标记呈灰色显示。设置显示/隐藏编辑标记的方法如下。

依次单击"开始"选项卡→"显示/隐藏编辑标记"按钮↲，可显示如图 3-26 所示的下拉列表。在列表中勾选或取消相应的选项，即可设置显示或隐藏段落标记和段落布局按钮。

图 3-26 显示/隐藏
编辑标记

在文档中如果只想显示部分编辑标记，可依次单击"文件"菜单→"选项"命令，打开"选项"对话框，然后单击对话框左侧的"视图"选项卡，如图 3-27 所示。在"格式标记"选项区域中，勾选的编辑标记会显示在文档中，未勾选的编辑标记不会显示。

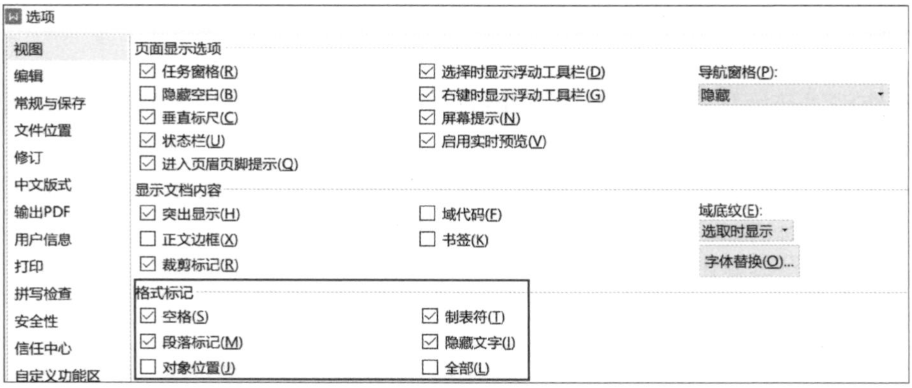

图 3-27 “选项”对话框“视图”选项卡

3.3.2 段落对齐方式

WPS 文字提供了 5 种段落对齐方式——左对齐、居中对齐、右对齐、两端对齐和分散对齐。5 种对齐方式的含义如下：

- 左对齐：将内容与页面左边距对齐。
- 居中对齐：使内容在页面上居中对齐。
- 右对齐：将内容与页面右边距对齐。
- 两端对齐：根据需要增加字间距，使段落文字左右两端同时对齐。
- 分散对齐：如果一个段落的最后一行较短，通过在文字之间添加额外的空格，使该行与段落其他行的两端对齐。

5 种对齐方式的显示效果如图 3-28 所示。设置段落对齐方式的方法为：选中要设置对齐方式的段落，单击“开始”选项卡中的“对齐方式”按钮（如图 3-24 所示）可以快速设置段落的对齐方式，也可以打开如图 3-25 所示的“段落”对话框，选择“缩进和间距”选项卡，在“常规”区域中的“对齐方式”列表中选择对齐方式。

左对齐：将内容与页面左边距对齐。

居　中：使内容在页面上居中对齐。

右对齐：将内容与页面右边距对齐。通常用于页眉或页脚中的内容。

两端对齐：一篇文章是否简洁、醒目和美观，除了文字格式的合理设置外，段落的恰当编排也很重要。在 Word 中，段落指以段落标记“↵”作为结束符的一段文字。每按一次 Enter 键，就插入一个段落标记，因此，输入文本时，只有在需要开始一个新的段落时才按 Enter 键。

分散对齐：如果一个段落的最后一行较短，通过在字符与单词之间添加额外的空格，使该行与段落宽度匹配。

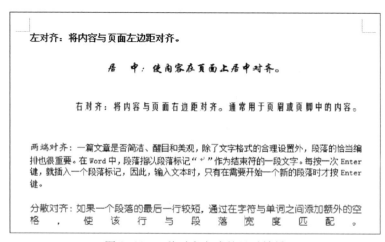

图 3-28 5 种对齐方式的显示效果

3.3.3 段落缩进 ·· □

段落缩进一共有 4 种类型——文本之前、文本之后、首行缩进和悬挂缩进。4 种缩进方式的含义如下：

➤ 文本之前：段落左侧边缘向右缩进一定的距离。

➤ 文本之后：段落右侧边缘向左缩进一定的距离。

➤ 首行缩进：指一个段落中第一行起始位置向右缩进一定的距离，其余各行起始位置不变。中文段落一般采用首行缩进两个字符的格式。

➤ 悬挂缩进：指段落的首行起始位置不变，其余各行起始位置均向右缩进一定的距离，这种缩进方式一般用于如词汇表、项目列表等内容。

设置段落缩进的方法有两种，单击如图 3-24 所示的"增加缩进量"按钮 ▦ 或"减少缩进量"按钮 ▦，可以快速调整段落向右缩进的距离；也可以在如图 3-25 所示的"段落"对话框的"缩进和间距"选项卡的"缩进"区域中进行相应设置。

3.3.4 段落行距 ·· □

段落中各行之间的距离称为行间距。在通常情况下，对段落内的行距，WPS 文字会根据用户设置的字体大小自动调整行高。有时，输入的文档不满一页，为了使页面显得饱满、美观，可以适当增加字间距和行距；有时，输入的内容稍稍超过了一页（如超出了一、二行），为了节省纸张，可以适当减小行距。

行距有 6 种类型——单倍行距、1.5 倍行距、2 倍行距、最小值、固定值、多倍行距。各行距选项的含义如下：

➤ 单倍行距：此选项将行距设置为该行最大字体的高度加上一小段额外间距。额外间距的大小取决于所用的字体。单倍行距是 WPS 文字默认的行距。

➤ 1.5 倍行距：为单倍行距的 1.5 倍。

➤ 2 倍行距：为单倍行距的两倍。

➤ 最小值：设置适应一行中最大字体或图形所需的最小行距，如果所设置的行距值偏小，无法容纳一行中的最大字体或图形，WPS 文字程序会自动调节行距，以能容纳一行中的最大字体或图形，保证内容显示的完整性。

➤ 固定值：根据设置值将行距设置成固定的间距，WPS 文字不会调节行距。也就是说，当文字过大，行距偏小时，文字将无法完整显示。

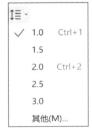

图 3-29 "行距"
下拉列表

➤ 多倍行距：此选项是可以用大于 1 的数字表示的行距。例如，将行距设置为 1.15 会使行间距增加 15%，将行距设置为 3 会使行间距增加 300%（3 倍行距）。

单击如图 3-24 所示的"行距"按钮 ▦，打开如图 3-29 所示的下拉列表，选择列表中的预设行距可快速进行设置，也可单击"其他"选项，打开"段落"对话框，选择"缩进和间距"选项卡，在"间距"区域中设置行距。

3.3.5 段落间距 ···□

段落之间的垂直间隔称为段落间距（段间距）。打开如图 3-30 所示的"段落"对话框，选择"缩进和间距"选项卡，在"间距"选项区域中可以设置"段前"和"段后"间距。

图 3-30　选择度量单位

在"段落"对话框中设置段落缩进、段落行距、段落间距时，在微调框中除了使用默认的度量单位，如行、字符等，也可以单击度量单位右侧的下拉箭头，在弹出的下拉列表中选择合适的单位，如磅、厘米等，如图 3-30 所示。

3.3.6 使用标尺设置段落格式 ·······································□

除了使用上述命令按钮和对话框设置段落格式，也可以通过拖动如图 3-31 所示的水平标尺上相应的滑块对选中段落快速进行缩进设置，各滑块的功能如图 3-31 所示。

图 3-31　水平标尺及滑块

3.4　查找与替换

当用户想要查找、替换或删除文档中的某个字、词、句子或符号时，如果使用人工的方法逐行查找和替换，不仅费时费力，还容易遗漏和出错。WPS 文字提供了强大的查找和替换功能，使用查找和替换功能不仅可以查找和替换文档中一些普通的文字和符号，还可以查找和替换带格式的文本（如字体、段落、样式等）及特殊符号（如空格、段落标记、制表符等）。

3.4.1　"查找"功能

1. 简单查找

简单查找的方法如下：

依次单击"开始"选项卡→"查找替换"按钮的上半部分，打开如图 3-32 所示的"查找和替换"对话框。选择"查找"选项卡，在"查找内容"编辑框中输入要查找的文本，或者单击列表框右侧的下拉箭头，下拉列表中会列出最近查找过的文本供选择。单击"查找上一处"或"查找下一处"按钮，则会在文档中逐个查找匹配的文本。若单击"在以下范围中查找"按钮并打开列表，在列表中选定查找范围后，WPS 文字将会查找出该范围中所有匹配的文本，查找统计结果会显示在对话框中。若需要将查找到的文本突出显示，则需单击"突出显示查找内容"按钮，并在打开的列表中选择"全部突出显示"选项；若要清除突出显示，可单击列表中的"清除突出显示"选项。

图 3-32　简单查找

2. 高级查找

高级查找的方法如下：

单击如图 3-32 所示"查找和替换"对话框中的"高级搜索"按钮，打开如图 3-33 所示的对话框。在对话框中可以设置各种详细的查找条件，"查找和替换"对话框部分选项功能如下：

➤ 搜索：在"搜索"列表框中有"全部""向上"和"向下"3 个选项。"全部"选项表示从光标点开始向文档末尾查找，然后再从文档开头查找到光标点；"向下"选项表示从光标点查找到文档末尾；"向上"选项表示从光标点开始向文档开始处查找。

➤ 区分大小写和全字匹配：主要用于高效查找英文单词。

➤ 使用通配符：可在要查找的文本中输入通配符实现模糊查找。

➤ 区分全/半角：可区分全角或半角的英文字符和数字；如果不勾选该选项，则不区分。

➤ "特殊格式"按钮：如要查找特殊字符，可单击该按钮打开"特殊格式"列表，从中选择所需的特殊字符。

➤ "格式"按钮：单击该按钮，在弹出的下拉列表中根据需要选择合适的选项并设置所要查找的格式。

图 3-33　高级查找

3.4.2　"替换"功能 ··

使用"查找"功能可以在文档中迅速找到指定内容的位置，而要替换指定内容，则需要使用 WPS 文字提供的"替换"功能。

1. 简单替换

简单替换的方法如下：

依次单击"开始"选项卡→"查找替换"按钮的下拉箭头，打开下拉列表，选择"替换"命令，打开如图 3-34 所示的"查找和替换"对话框的"替换"选项卡，即可进行查找和替换。例如，要将文档中的"文件"替换成"文本"，在"查找内容"文本框中输入"文件"，在"替换为"文本框中输入"文本"，单击"全部替换"按钮后，文档中所有的"文件"会被替换为"文本"，单击"查找下一处"按钮和"替换"按钮则会逐个查找，逐个确认后再替换。

图 3-34　"查找和替换"对话框"替换"选项卡

如果要删除文档中的某个字或词，例如，要删除"文件"这个词，只需要在"查找内容"文本框中输入"文件"，在"替换为"文本框中不输入内容，单击"替换"按钮或"全部替换"按钮即可删除文档中的"文件"一词。

2. 高级替换

除了可以进行简单的文本替换，也可以进行格式替换、特殊字符替换、使用通配符替换，等等。例如，将文档中"行星"一词的字体格式从"红色、加粗"替换为"绿色、倾斜"。

操作步骤如下：

步骤 1：依次单击"开始"选项卡→"查找替换"按钮的下拉箭头，在打开的下拉列表中选择"替换"命令，打开如图 3-34 所示的"查找和替换"对话框中的"替换"选项卡。

步骤 2：在"查找内容"文本框中输入"行星"，单击"格式"按钮，再选择下拉列表中的"字体"命令，打开"查找字体"对话框，在"字体"选项卡中选择字体格式为"红色、加粗"。

步骤 3：在"替换为"文本框中输入"行星"，单击"格式"按钮，再选择下拉列表中的"字体"命令，打开"替换字体"对话框，在"字体"选项卡中选择字体格式为"绿色、倾斜"。

步骤 4：单击"替换"或"全部替换"按钮。

如果要设置更多的搜索选项，单击图 3-34 所示对话框中的"高级搜索"按钮，对话框将显示更多选项，如图 3-35 所示。

图 3-35　高级替换

3.5　首字下沉

　　首字下沉就是将某个段落的第一行第一个字的字体变大，并且下沉一定的距离。有时候出于某些需求，在文档中需要设置首字下沉来达到醒目美观的目的。如图 3-36 所示是首字下沉的效果。

　　设置首字下沉的方法如下：

　　选中要设置首字下沉的段落，依次单击"插入"选项卡→"首字下沉"按钮A≡首字下沉，打开如图 3-37 所示的"首字下沉"对话框，在对话框中可设置字体格式、下沉行数等参数。

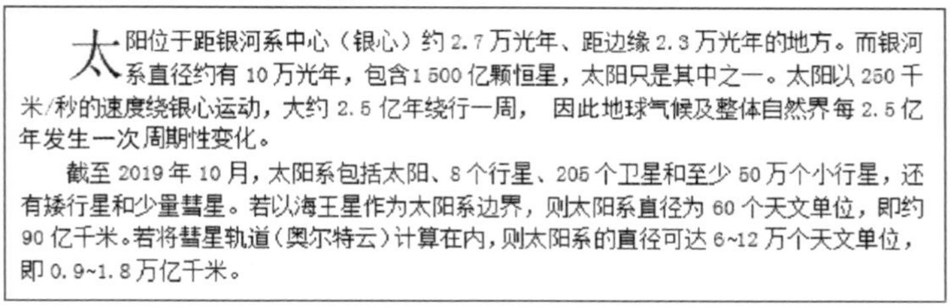

太阳位于距银河系中心（银心）约 2.7 万光年、距边缘 2.3 万光年的地方。而银河系直径约有 10 万光年，包含 1 500 亿颗恒星，太阳只是其中之一。太阳以 250 千米/秒的速度绕银心运动，大约 2.5 亿年绕行一周，因此地球气候及整体自然界每 2.5 亿年发生一次周期性变化。

　　截至 2019 年 10 月，太阳系包括太阳、8 个行星、205 个卫星和至少 50 万个小行星，还有矮行星和少量彗星。若以海王星作为太阳系边界，则太阳系直径为 60 个天文单位，即约 90 亿千米。若将彗星轨道（奥尔特云）计算在内，则太阳系的直径可达 6~12 万个天文单位，即 0.9~1.8 万亿千米。

图 3-36　首字下沉的效果

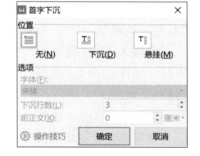

图 3-37　"首字下沉"对话框

3.6　设置边框和底纹

给文本添加边框和底纹可以突出文档中的内容，使文档更漂亮和美观。WPS 可以单独为文字、段落添加边框和底纹，还可以给整个页面添加边框。

3.6.1　文字的边框和底纹

1. 为文字或段落添加边框

选中要添加边框的文本，依次单击"开始"选项卡→"边框"按钮⊞的下拉箭头，打开如图 3-38 所示的下拉列表，选择列表中的预定义边框可以快速添加边框，也可以单击"边框和底纹"命令，打开如图 3-39 所示的"边框和底纹"对话框的"边框"选项卡，在"设置""线型""颜色"和"宽度"等列表框中选择合适的边框参数，在"应用于"列表框中选择"文字"或"段落"，即可给文字或段落添加边框。

微视频 3-1
为文字和段落
设置边框

图 3-38　"边框"下拉列表　　　　图 3-39　"边框"选项卡

2. 为文字或段落添加底纹

选中要添加底纹的文本，打开如图 3-39 所示的"边框和底纹"对话框，选择"底纹"选项卡，对话框如图 3-40 所示。根据需要，在"填充"下拉列表里选择合适的底纹颜色，在"图案"下拉列表中选择合适的图案，在"应用于"列表框中选择"文字"或"段落"，即可为每行文字或每个段落添加底纹。在预览框中查看效果，满意后单击"确定"按钮即可。

微视频 3-2
为文字和段落
添加底纹

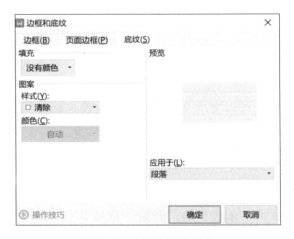

图 3-40 "底纹"选项卡

3.6.2 页面的边框

除了给段落和每行文字添加边框和底纹，也可以给整个页面添加边框。方法如下：

打开如图 3-41 所示的"边框和底纹"对话框"页面边框"选项卡。在对话框中可以通过设置边框的类型、框线的线型、颜色和宽度来自定义边框；也可以在"艺术型"下拉列表中选择预设的特定格式的边框，即"艺术型"边框。

微视频 3-3
添加页面边框

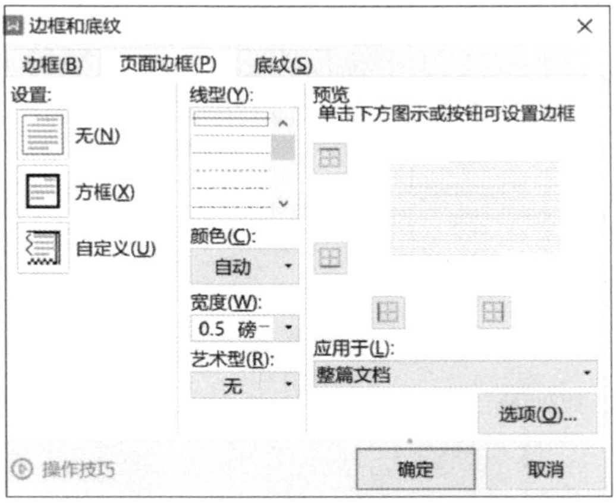

图 3-41 "页面边框"选项卡

3.7 文档分栏

分栏是将文档全部页面或选中的段落内容设置为多栏，是文档排版中常见的排版形

式，作用是使版面更整齐、活泼、便于阅读。分栏设置在"页面视图"下才有效。分栏的
方法如下：

先选中要分栏的文本，依次单击"页面布局"选项卡→"分栏"按钮，打开如图 3-42
所示的下拉列表。可以选择列表中预设的分栏样式进行快速分栏；也可以单击"更多分栏"
命令，打开如图 3-43 所示的"分栏"对话框，设置好分栏参数后，单击"确定"按钮。

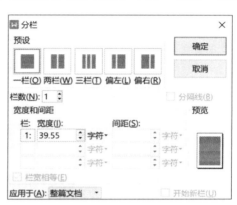

图 3-42　"分栏"下拉列表　　　　　　　图 3-43　"分栏"对话框

3.8　在文档中插入对象

为了增强文档的视觉效果，往往需要在文档中插入图片、图表、形状、智能图形、文
本框、艺术字等内容丰富文档，形成图文并茂的文档。

3.8.1　插入和编辑图片

1. 插入图片

在 WPS 文字文档中插入的图片主要分为 3 种，分别是本地计算机中的图片、来自外
部的图片、利用 WPS 文字所捕获和制作的屏幕截图。

（1）插入本地计算机中的图片

插入计算机中的图片是指在文档中插入计算机中已存储的图片文件。方法如下：

将鼠标光标定位在要插入图片的位置；依次单击"插入"选项卡→"图片"按钮的
上半部分，打开"插入图片"对话框，选择要插入的图片文件，最后单击"打开"按钮，
即可将图片插入到光标所在位置。

（2）插入来自网络的图片

插入来自网络的图片是指通过网络搜索所需图片并将搜索到的图片插入到文档中。方
法如下：

将鼠标光标定位在要插入图片的位置；依次单击"插入"选项卡→"图片"按钮的

下拉箭头，打开如图 3-44 所示的对话框。在"搜索"框中输入要查找的内容，例如，要搜索"花瓶"，则需要在"搜索"框中输入关键词"花瓶"，搜索出相关图片后单击图片即可将其插入文档中。

图 3-44　插入来自网络的图片

（3）通过手机传图插入图片

在 WPS 文字中，如果手机处于联网状态，可以直接将手机内的图片插入文档中。操作步骤如下：

步骤 1：将鼠标光标定位在要插入图片的位置；依次单击"插入"选项卡→"图片"按钮的下拉箭头，打开如图 3-44 所示的对话框，单击"手机传图"选项，打开如图 3-45 所示的"插入手机图片"对话框。

步骤 2：打开手机微信"扫一扫"扫描该二维码后，手机即可自动登录 WPS 小程序。

步骤 3：点击手机屏幕上的"选择图片"按钮，可选择上传手机相册内的图片或上传使用手机拍照功能拍摄的图片。

步骤 4：手机图片上传完成后。在"插入手机图片"对话框中可以看到上传后的图片，双击该图片即可将其插入文档中。

（4）插入屏幕截图

屏幕截图用于截取已在计算机上打开的程序窗口的屏幕画面，用户使用该功能可以快

图 3-45　插入手机图片

速轻松地将屏幕截图插入到文档中。WPS 内置的截屏功能可以按照选中的范围以及设定的图形进行截图。操作步骤如下：

步骤 1：将鼠标光标定位在要插入屏幕截图的位置；依次单击"插入"选项卡→"截屏"按钮，如果功能区中没有显示"截屏"按钮，则依次单击"插入"选项卡→"更多"按钮→"截屏"命令，打开如图 3-46 所示的列表。

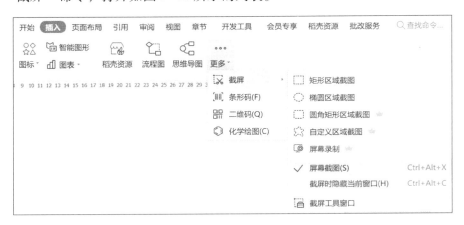

图 3-46　截屏下拉列表

步骤 2：选择截图区域的形状，或直接选择"屏幕截图"选项，此时鼠标光标变成彩虹三角形状。

步骤 3：将鼠标光标移至需要截图的区域，按住鼠标左键不放拖动鼠标选择截图区域，截图完成后，松开鼠标左键，此时截图区域下方会出现如图3-47所示的浮动工具栏。

步骤4：单击浮动工具栏上的按钮✓完成，即可将截取的图片插入到文档中。

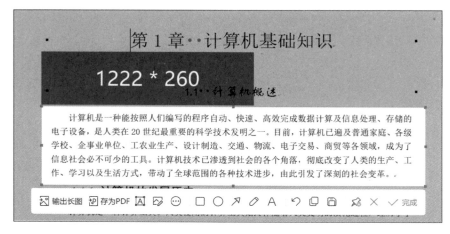

图3-47　截屏后的浮动工具栏

2. 设置图片样式

选中要进行设置的图片后，会出现如图3-48所示的"图片工具"选项卡，单击相应的命令按钮可对图片的色彩、效果、边框、背景等样式进行设置。

图3-48　"图片工具"选项卡

（1）删除图片背景

WPS文字提供抠除背景和设置透明色两种删除图片背景的方式。例如，要将如图3-49所示的图片背景用"抠除背景"的方式删除，获得如图3-50所示的图片。操作步骤如下：

步骤1：选中文档中的图片，打开"图片工具"选项卡。

步骤2：单击"抠除背景"按钮，打开如图3-51所示的"智能抠图"对话框。在对话框中提供了"手动抠图"和"自动抠图"两种方式。"手动抠图"需要用户使用鼠标手动标记图片中要删除的部分；"自动抠图"由程序自动识别和抠除图片背景，本例中选择"自动抠图"方式。

步骤3：如图3-51所示，对话框的左侧是原图，右侧为自动抠图后的图片。抠除背景后，还可以单击右上方的"换背景"按钮，为图片更换新的背景。

步骤4：抠图完成后，单击"完成抠图"按钮，即可删除图片背景。被删除背景后的图片如图3-50所示。

图 3-49　有背景的图片

图 3-50　删除背景后的图片

图 3-51　"智能抠图"对话框

除了可以用"抠除背景"的方式删除图片背景，也可以将图片的背景设置成透明。例如，要将图 3-52 所示的图片背景设置成如图 3-53 所示的透明背景。方法如下：

选中文档中的图片，依次单击"图片工具"选项卡→"设置透明色"按钮，或依次单击"图片工具"选项卡→"抠除背景"按钮的下拉箭头→"设置透明色"命令，此时鼠标形状变成类似取色器 的形状。将鼠标光标移至图片背景处，单击鼠标左键，图片背景随即被设置为透明色，如图 3-53 所示。

（2）调整图片色彩

选中图片后，依次单击"图片工具"选项卡→"色彩"按钮，打开如图 3-54 所示的

"色彩"下拉列表，下拉列表中提供了 4 种色彩方案，默认为"自动"选项，用户可以根据需要进行选择。如图 3-55 所示是原图，如图 3-56 所示是设置了"灰度"的效果。

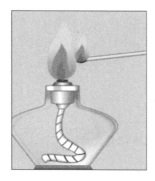  

图 3-52　有背景的图片　　　　图 3-53　设置透明色后的图片　　　　图 3-54　"色彩"列表

图 3-55　原图片　　　　　　　　　图 3-56　设置了"灰度"效果的图片

（3）调整亮度和对比度

选中图片后，依次单击"图片工具"选项卡→◔ ◔按钮，可以增加或降低图片的对比度，单击❀ ❀按钮，可以增加或降低图片亮度。

（4）设置图片边框和效果

选中图片，依次单击"图片工具"选项卡→"边框"按钮，可为图片添加边框；单击"效果"按钮可为图片添加阴影、倒影、发光、柔化边缘、三维旋转等效果。

如果对图片的色彩、效果、边框、背景等样式进行设置后感觉不满意，需要将图片恢复如初，此时可以依次单击"图片工具"选项卡→"重设样式"按钮，取消对所选图片做出的所有样式更改。

3. 调整图片大小

如果插入文档中的图片大小不符合要求，可以根据需要进行调整。调整图片大小的方法有两种，一是缩放图片，即调整图片大小，但不改变图片内容；二是裁剪图片，即裁剪掉部分图片内容。

（1）缩放图片

缩放图片的方法有两种，一是移动鼠标快速缩放图片；二是在对话框中精确设置图片尺寸。

　　快速缩放图片尺寸的方法为——选中图片，图片周围出现 8 个尺寸控制点，如图 3-57 所示；将鼠标指针移到控制点处，鼠标指针会变成水平、垂直或斜对角双向箭头形状，按住鼠标左键不放拖动鼠标即可改变图片水平、垂直或斜对角方向的尺寸。

　　精确设置图片尺寸的方法为——选中图片，在"图片工具"选项卡下如图 3-58 所示的微调框中输入图片的高度和宽度尺寸，即可设置图片大小；或单击图 3-58 所示的右下角的按钮，打开"布局"对话框，选择"大小"选项卡，如图 3-59 所示。此时可以设置图片的高度值、宽度值、旋转的角度和缩放比例等。

图 3-57　尺寸控制点

图 3-58　设置图片"大小"的命令组

图 3-59　"布局"对话框"大小"选项卡

　　需要注意的是，如果要分别设置图片的高度和宽度，则取消勾选"锁定纵横比"复选框，该复选框被勾选时，图片的高度和宽度的比例被锁定，例如，输入高度值，则宽度会根据比例自动变化。

（2）裁剪图片

缩放图片并不会改变图片的内容，它仅仅是按比例放大或缩小图片。如果要将图片内容剪掉一部分，删除图片中不需要的内容，可以使用 WPS 文字中的裁剪功能。操作步骤如下：

步骤 1：选中要裁剪的图片，依次单击"图片工具"选项卡→"裁剪"按钮，图片四周会出现 8 个裁剪控制点，同时图片右侧会出现裁剪面板，如图 3-60 所示。

图 3-60 "裁剪"面板

步骤 2：将鼠标光标移至控制点上，待光标变成与控制点相似的形状，按住鼠标左键不放拖动鼠标进行裁剪，裁剪完毕，将鼠标光标移至图片以外的区域，单击鼠标左键即可完成裁剪。如果在移动鼠标的同时按住 Ctrl 键，可以对称裁剪图片。

除了手动裁剪，也可以使用如图 3-60 所示的裁剪面板中的命令进行自动裁剪，例如，选择裁剪面板中的"按形状裁剪"选项卡，在"基本类型"中选择"等腰三角形"后，如图 3-60 所示的图片即被裁剪成如图 3-61 所示的三角形形状。

图 3-61 被裁剪成三角形的图片

单击图 3-60 中的"展开/收起裁剪面板"按钮 ，可展开或隐藏"裁剪"面板。单击"图片工具"选项卡→"裁剪"按钮的下拉箭头，也可打开"裁剪"面板。

4. 设置图片的文字环绕方式

在一个文档中插入图片后，排版时就需要考虑文字与图片的位置关系，也就是文字环绕图片的方式。WPS 文字提供了如下 7 种文字环绕方式。

（1）嵌入型

将图片当作一个字符嵌入到文字中间，即该图片与文字在同一个层面上，不能输入文字的地方也不可以嵌入该图片。此时，该图片作为一个字符来处理（可以对该图片设置段落格式等）。

（2）四周型环绕

使文字环绕在图片的四周，随着图片的移动，文字也随之变化。该方式的图片也会随着文字的修改而改变位置。四周型环绕的效果如图 3-62 所示。

图 3-62　四周型环绕

（3）紧密型环绕

紧密型类似于四周型，只是如果图片四周有空白区域，文字也会进行填充。紧密型环绕的效果如图 3-63 所示。

图 3-63　紧密型环绕

（4）穿越型环绕

文字围绕图片的环绕顶点（环绕顶点可以调整）。如果环绕顶点连线无凹陷时，与紧密型环绕无明显差异；如果环绕顶点连线有凹陷时，文字会填充在凹陷处，与紧密型环绕明显不同。

（5）上下型环绕

文字位于图片的上方或下方，但不会在图片左右两侧，可以将图片拖动到文档的任何位置。上下型环绕的效果如图 3-64 所示。

海鸭也在呻吟着，——它们这些海鸭啊，享受不了生活的战斗的欢乐：轰隆隆的雷声就把它们吓坏了。

蠢笨的企鹅，胆怯地把肥胖的身体躲藏到悬崖底下……，只有那高傲的海燕，勇敢地，自由自

在地，在泛起白沫的大海上飞翔！

乌云越来越暗，越来越低，向海面直压下来，而波浪一边歌唱，一边冲向高空，去迎接那雷声。

雷声轰响。波浪在愤怒的飞沫中呼叫，跟狂风争鸣。看吧，狂风紧紧抱起一层层巨浪，恶狠狠地把它们甩到悬崖上，把这些大块的翡翠摔成尘雾和碎末。

图 3-64 上下型环绕

（6）衬于文字下方

图片位于文字的下方，通常用来将图片作为水印或页面背景图片。衬于文字下方的效果如图 3-65 所示。

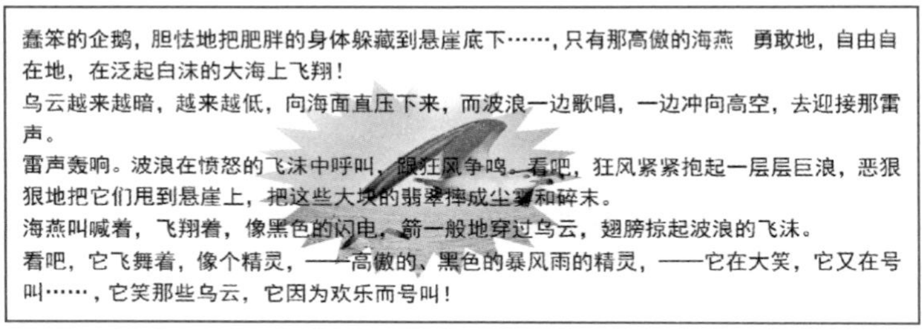

蠢笨的企鹅，胆怯地把肥胖的身体躲藏到悬崖底下……，只有那高傲的海燕 勇敢地，自由自在地，在泛起白沫的大海上飞翔！

乌云越来越暗，越来越低，向海面直压下来，而波浪一边歌唱，一边冲向高空，去迎接那雷声。

雷声轰响。波浪在愤怒的飞沫中呼叫，跟狂风争鸣。看吧，狂风紧紧抱起一层层巨浪，恶狠狠地把它们甩到悬崖上，把这些大块的翡翠摔成尘雾和碎末。

海燕叫喊着，飞翔着，像黑色的闪电，箭一般地穿过乌云，翅膀掠起波浪的飞沫。

看吧，它飞舞着，像个精灵，——高傲的，黑色的暴风雨的精灵，——它在大笑，它又在号叫……，它笑那些乌云，它因为欢乐而号叫！

图 3-65 衬于文字下方

（7）浮于文字上方

图片在文字的上方，图片会覆盖部分文字，随着图片显示色彩的修改，被覆盖的文字或隐或显。浮于文字上方的效果如图 3-66 所示。

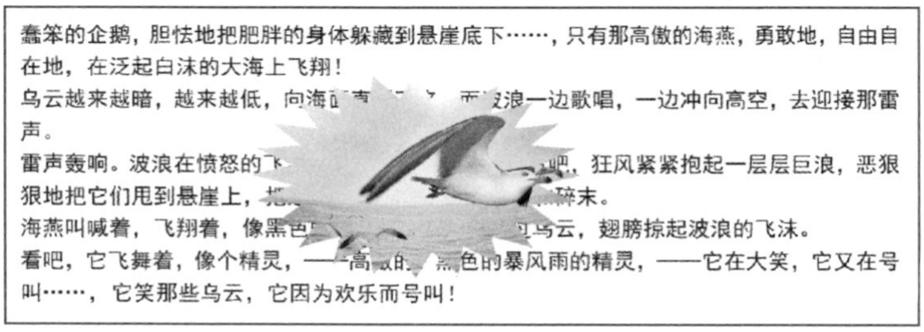

蠢笨的企鹅，胆怯地把肥胖的身体躲藏到悬崖底下……，只有那高傲的海燕，勇敢地，自由自在地，在泛起白沫的大海上飞翔！

乌云越来越暗，越来越低，向海面直压下来，而波浪一边歌唱，一边冲向高空，去迎接那雷声。

雷声轰响。波浪在愤怒的飞沫中呼叫，跟狂风争鸣。看吧，狂风紧紧抱起一层层巨浪，恶狠狠地把它们甩到悬崖上，把这些大块的翡翠摔成尘雾和碎末。

海燕叫喊着，飞翔着，像黑色的闪电，箭一般地穿过乌云，翅膀掠起波浪的飞沫。

看吧，它飞舞着，像个精灵，——高傲的，黑色的暴风雨的精灵，——它在大笑，它又在号叫……，它笑那些乌云，它因为欢乐而号叫！

图 3-66 浮于文字上方

设置图片的文字环绕方式有以下两种方法。

（1）选中要设置的图片，依次单击"图片工具"选项卡→"环绕"按钮，打开如

图 3-67 所示的下拉列表，根据需要选择列表中合适的环绕方式即可。

（2）选中要设置的图片，此时图片右侧出现浮动工具条，单击"布局选项"按钮，打开如图 3-68 所示的"布局选项"面板，根据需要单击面板中合适的环绕方式即可。如果单击图 3-68 所示的"布局选项"面板中的"查看更多"命令，可以打开"布局"对话框，选择"文字环绕"选项卡，对话框如图 3-69 所示，在其中可设置环绕方式、环绕文字等参数。

图 3-67 "环绕"下拉列表

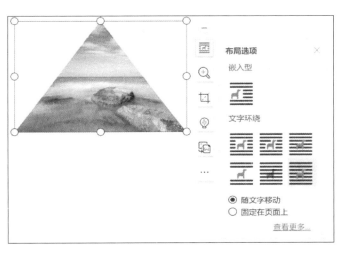

图 3-68 "布局选项"面板

图 3-69 "布局"对话框"文字环绕"选项卡

3.8.2 插入和编辑形状

WPS 文字提供了一套绘制矩形、流程图、星与旗帜等各种形状的工

微视频 3-4
插入和编辑形状
（案例制作）

具，使用这些工具可以轻松地创建所需形状。下面以创建如图 3-70 所示的图形为例介绍插入和编辑形状的方法。操作步骤如下：

步骤 1：依次单击"插入"选项卡→"形状"按钮，打开如图 3-71 所示"形状"下拉列表，若将鼠标指针置于某个形状上，随即会显示该形状的名称。

图 3-70　案例图形

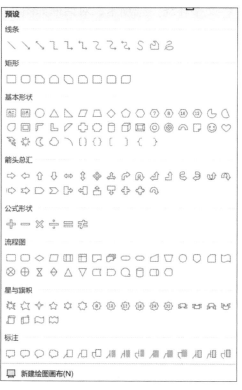

图 3-71　"形状"下拉列表

步骤 2：单击选择"矩形"区域中的"圆角矩形"选项，鼠标光标变成黑色十字状，按住鼠标左键不放拖动到合适大小，松开鼠标左键。

步骤 3：使用相同的方法在文档中插入"基本形状"区域中的"太阳形"和"云形"，并按如图 3-70 所示调整形状大小和位置。

步骤 4：使用前述方法插入"星与旗帜"区域中的"双波形"，并按如图 3-70 所示调整形状大小和位置。

步骤 5：将鼠标指针移至"双波形"形状内，单击鼠标左键，此时形状中出现了编辑光标，输入"天气预报"4 个字，然后对文字进行格式设置。最后，将鼠标移至形状外的空白区域，单击鼠标左键即可完成文字的添加。

步骤 6：选中"圆角矩形"形状，在"文本工具"选项卡功能区中，单击"形状填充"按钮右侧的下拉箭头，打开颜色面板，在"主题颜色"区域中单击选择"矢车菊蓝，着色 1，浅色 40%"作为填充色。使用相同的方法，设置"太阳形"的填充色为"橙色，着色 4"，"云形"的填充色为"白色，背景 1"，"双波形"的填充色为"白色，背景 1，深色 50%"；设置"天气预报"的字体颜色为"白色，背景 1"。

　　步骤 7：如果插入的形状的叠放次序不满足要求，使用相关命令（上移一层、下移一层、选择窗格）对叠放次序进行调整。例如，要将"双波形"形状移至最上层，首先选中该形状，依次单击"绘图工具"选项卡→"上移一层"按钮的下拉箭头，在下拉列表中选择"置于顶层"选项。按如图 3-70 所示调整各形状的叠放次序。

　　步骤 8：按住 Shift 键不放，同时用鼠标逐个单击选择各形状，直至将 4 个形状全部选中。依次单击选择"绘图工具"选项卡→"组合"按钮→"组合"命令，即可将 4 个形状组合成一个完整的图形。将全部形状选中后，也可以单击鼠标右键，在弹出的快捷菜单中，选择"组合"命令实现组合。如果要取消组合，需要先选中组合好的图形，依次单击选择"绘图工具"选项卡→"组合"按钮→"取消组合"命令。

　　在文档中插入形状后，出现"绘图工具"选项卡，使用选项卡中的命令可对形状的大小、样式、环绕方式和位置等进行设置。此外，还可更改图形形状，或拖动形状的顶点，对形状进行编辑。

　　如果图形由多个形状组成，在文档中可以直接插入形状并进行组合。也可以单击选择如图 3-71 所示的"形状"下拉列表下方的"新建绘图画布"命令创建画布，然后将图片、形状等对象放置在绘图画布中，放置在画布中的所有对象可作为一个整体被移动和调整大小。在默认情况下，绘图画布没有背景和边框，但绘图画布也是一个图形对象，也可以设置样式、大小等格式。

　　绘制形状时，依次单击"插入"选项卡→"形状"按钮，打开下拉列表，在列表中选择所需形状，然后按住 Shift 键不放移动鼠标绘制，可绘制出圆、正方形、正多边形等对称图形。按住 Ctrl 键不放移动鼠标可以绘制出以起点为中心点的图形。

3.8.3　插入和编辑智能图形

微视频 3-5
创建组织结构图

　　智能图形是信息和观点的视觉表现形式，WPS 文字提供了多种智能图形。在使用智能图形时，首先要搞清楚自己要传达什么信息以及希望信息以哪种方式显示。每种智能图形都提供了一种表达内容以及增强所传达信息的不同方法。在选择智能图形时，可以尝试不同类型的不同布局，直至找到可以对信息做出最佳阐述的布局为止。此外，还要考虑布局中所使用的文字量，因为文字量会影响布局中所需形状的外观和数量。通常，在形状个数和文字量仅限于表示要点时，智能图形最有效。如果文字量较大，则会分散智能图形的视觉吸引力，以至于使这种图形难以直观地传达自己的观点。

　　下面以创建如图 3-72 所示的组织结构图为例介绍智能图形的使用方法。

　　1. 插入智能图形

　　插入智能图形的操作步骤如下：

　　步骤 1：将光标定位在要插入智能图形的位置。

　　步骤 2：依次单击"插入"选项卡→"智能图形"按钮，打开如图 3-73 所示的"选

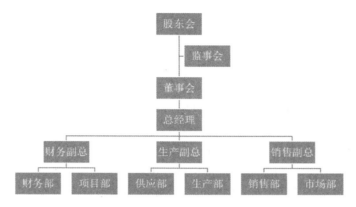

图 3-72   某企业组织结构图

择智能图形"对话框。若选中某个智能图形,对话框右侧会显示该图形的效果及说明信息。如果想查看某个图形的名称,将鼠标光标放置于该图形上,将会显示该图形的名称。

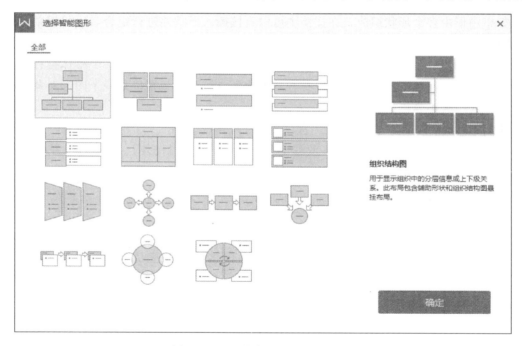

图 3-73   "选择智能图形"对话框

步骤 3:依次单击对话框中的"组织结构图"→"确定"按钮,即可将所选的智能图形插入文档中,同时功能区出现"设计"和"格式"两个选项卡,如图 3-74 所示。

2. 调整布局和添加文本

如果默认的组织结构图布局与实际需要的布局不相同,可以调整图形布局。下面以图 3-74 所示的默认布局为基础,介绍创建图 3-72 所示的组织结构图的操作步骤如下:

步骤 1:选中图 3-74 所示的从上往下的第 3 层的任意一个形状,按 Delete 键或 Backspace 键删除选中的形状。

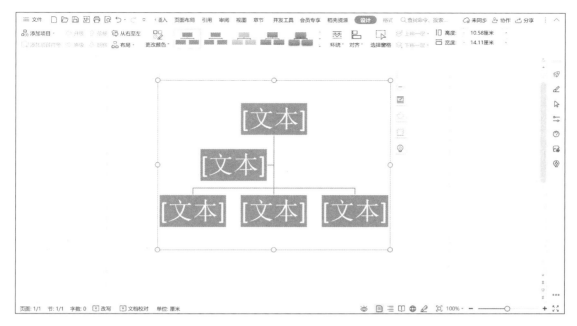

图 3-74　插入组织结构图

步骤 2：使用相同的方法再删除图 3-74 第 3 层的任意一个形状，第 3 层只保留一个形状。

步骤 3：选择第 3 层的形状，依次单击选择"设计"选项卡→"添加项目"按钮的下拉箭头→"在下方添加项目"命令，即可添加第 4 层的形状。用同样的方法，使用"添加项目"下拉列表中的命令创建出如图 3-75 所示的组织结构图。

步骤 4：选中图 3-75 中需要更改布局的形状，如图 3-76 所示，依次单击选择"设计"选项卡→"布局"按钮的下拉箭头→"标准"命令，或依次单击其右侧快速工具栏中的"更改布局"按钮⊡→"标准"命令。使用同样的方法，将图 3-75 中的布局更改为如图 3-72 所示的布局。更改完毕，图形布局如图 3-77 所示。

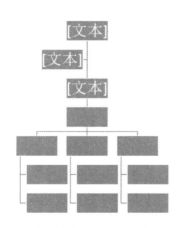

图 3-75　组织结构图

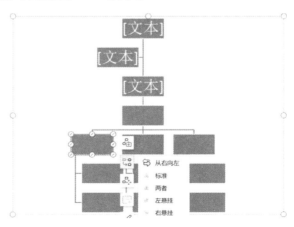

图 3-76　调整布局

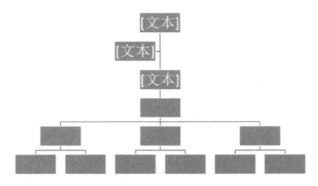

图 3-77　最终布局

步骤 5：选中某个形状即可直接输入文字，如图 3-72 所示，输入相应的文字。

步骤 6：选中组织结构图中的"监事会"，依次单击"设计"选项卡→"从右至左"按钮，或依次单击其右侧快速工具栏中的"更改布局"按钮 👔→"从右向左"命令，将其移到右侧。

3. 美化组织结构图

创建好智能图形后，在"设计"选项卡中，可以更改其大小、颜色和样式等。在"格式"选项卡中可以设置字体格式、段落格式和形状格式等。

3.8.4　插入和编辑文本框 ···□

文本框可以被看作是一个特殊的图形对象，在其中可以插入文字和图片。文本框的大小可以调整，其位置可以移动。当文本框的位置发生改变时，其中的内容也随之移动。使用文本框，可以在一个页面上放置多个文字块，或使文档中的文字以不同的方向排列。

1. 插入文本框

（1）插入稻壳文本框

依次单击"插入"选项卡→"文本框"按钮下拉箭头，打开如图 3-78 所示的文本框下拉列表，下拉列表中包含了适合不同场景的稻壳文本框，单击所需的文本框，即可将所选文本框插入文档中，随后可直接在文本框中修改和编辑文字等内容。

（2）绘制文本框

依次单击"插入"选项卡→"文本框"按钮的下拉箭头，打开如图 3-78 所示的文本框下拉列表。WPS 文字提供了 3 种预设文本框：横向、竖向、多行文字。"横向"文本框中的文字方向为从左到右；"竖向"文本框中的文字方向为从上到下；"多行文字"文本框中的文字方向与横向文本框相同，也是从左到右，其特点是当输入的文字超出文本框的边界时，文本框会自动调整大小，让里面的文字始终可以显示。如果要绘制横向文本框，可单击如图 3-78 所示的下拉列表中的"横向"命令，此时鼠标光标变成黑色十字状，按住鼠标左键不放移动鼠标即可在文档中绘制横向文本框。文本框绘制好后，可以直接在文本框中输入并编辑内容。绘制"竖向"或"多行文字"文本框的方法类似。

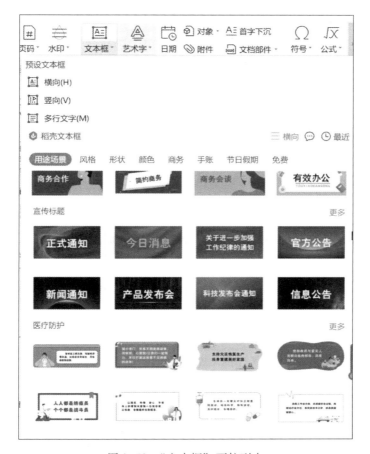

图 3-78　"文本框"下拉列表

2. 设置文本框格式

选中文本框后，会出现"绘图工具"和"文本工具"选项卡，使用这两个选项卡中的命令可对文本框的形状、样式、大小、位置等进行设置。

使用"文本工具"选项卡中的"文本框链接"命令可使多个文本框之间建立链接关系，从而实现将一段文字用多个文本框共同存放。方法如下。

先选中一个文本框，依次单击选择"文本工具"选项卡→"文本框链接"按钮→"创建文本框链接"命令，然后将鼠标移至另外一个空的文本框上，单击鼠标左键即可链接这两个文本框。两个文本框链接后，在第一个文本框中输入的内容可以传递到链接的空文本框中。若要断开链接，先选中第一个文本框，依次单击选择"文本工具"选项卡→"文本框链接"按钮→"断开向前链接"命令。

3.8.5　插入和编辑艺术字

艺术字是具有特殊视觉效果的文本，它具有图形对象的属性，可以缩放和移动，也可以进行格式设置。插入和编辑艺术字的方法如下。

将鼠标光标定位在要插入艺术字的位置，依次单击"插入"选项卡→"艺术字"按钮，打开如图3-79所示的艺术字样式下拉列表，在下拉列表中提供了预设样式的艺术字和稻壳艺术字（稻壳会员专享），根据需要用鼠标单击选择合适的艺术字类型，即可将艺术字插入文档中，随后可在艺术字文本框中输入和编辑文字，还可以使用前面介绍过的"字体""段落"命令分别设置文本的字体格式、段落格式。

图3-79 "艺术字"样式下拉列表

选中艺术字文本框时，会出现"绘图工具"和"文本工具"选项卡，使用选项卡功能区中的命令可对艺术字的形状、样式、位置和大小等进行设置。

3.9 设置页面背景

WPS默认的页面背景为白色，为了让文档页面看起来更加赏心悦目，可以为文档设置页面颜色、添加页面边框以及添加水印。页面边框已经在前面的内容中介绍过，本节主要介绍设置页面背景和添加水印的方法。

3.9.1 设置页面背景

设置页面背景的方法如下。

依次单击"页面布局"选项卡→"背景"按钮，打开"页面背景"下拉列表，如图 3-80 所示。在下拉列表中可以选择主题颜色、标准色和渐变填充等作为页面背景，也可以单击选择"其他填充颜色"命令，打开"颜色"对话框，自定义颜色作为页面背景色；若单击选择下拉列表中的"图片背景"命令，会打开如图 3-81 所示的"填充效果"对话框，在对话框中可选择渐变色、纹理、图案、图片作为页面背景。

需要注意的是，打印文档时，WPS 文字默认不打印页面背景色。如果需要打印页面背景色，可依次单击选择"文件"菜单→"选项"命令，打开"选项"对话框。单击对话框左侧的"打印"选项卡，在如图 3-82 所示的"打印文档的附加信息"选项区域中勾选"打印背景色和图像"复选框。

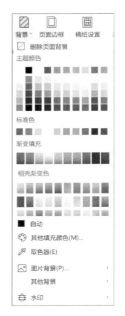

图 3-80　"页面背景"下拉列表

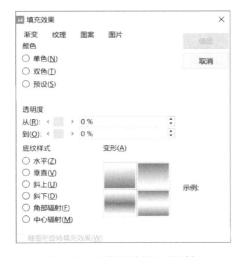

图 3-81　"填充效果"对话框

图 3-82　"选项"对话框

3.9.2　添加水印

在工作和生活中，经常可以看见一些文件的正文后面印着公司的名称或 logo 的水印，一些保密文件的正文后面有"机密""绝密"等字样的水印。在文件中使用水印，可以起到传递信息、宣传推广的作用，还能起到提示文档性质以及进行相关说明的作用。如图 3-83 所示是一个带有水印的文档。给文档添加水印的方法如下。

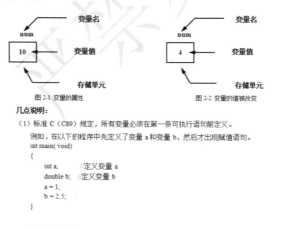

图 3-83　添加了水印的文档

首先打开要添加水印的文档，依次单击"页面布局"选项卡→"背景"按钮，打开如图 3-80 所示的"页面背景"下拉列表；单击选择下拉列表中的"水印"命令，打开如图 3-84 所示的"水印"下拉列表，在下拉列表中 WPS 文字提供了几种预设的水印样式，如果有合适的预设样式，单击该样式即可将其添加到文档中，如果预设的水印样式不合适，可单击选择"自定义水印"选项区域中的"点击添加"命令，打开"水印"对话框，在对话框中可以添加图片水印，也可以添加文字水印，还可以对文字内容和格式等进行编辑。

如果想删除文档中的水印，单击选择如图 3-84 所示的"水印"下拉列表中的"删除文档中的水印"命令即可。

图 3-84　"水印"下拉列表

3.10　使用主题设计文档外观

文档主题是一组包括主题颜色、主题字体和主题效果的格式选项，主题字体包括标题和正文字体，主题效果包括图形对象的线条和填充效果。通过应用文档主题，可以快速轻松地设置整个文档的格式，使文档具有专业的整体外观。

依次单击"页面布局"选项卡→"主题"按钮，打开"主题"下拉列表，列表中显示出多种 WPS 文字内置的主题，可选择合适的主题直接应用于文档。如果对内置的主题不满意，也可以自定义文档主题，在"页面布局"选项卡中，单击"颜色"按钮、"字体"按钮或"效果"按钮，打开相应列表进行设置。

3.11　巧用格式刷

使用"格式刷"可以实现格式的复制和粘贴，即可从一个对象上复制所有格式（例如，颜色、字体、字号和边框等），并将其快速应用到另一个对象上。"格式刷"有"单击"和"双击"两种使用方法，单击只能复制一次，双击可以复制多次。使用格式刷的方法如下。

首先选中要复制格式的文本，单击或双击"开始"选项卡中的"格式刷"按钮，然后将鼠标指针移到目标对象上，此时鼠标指针变成刷子形状，按住鼠标左键不放移动鼠标选中要粘贴格式的对象，松开鼠标左键，即可将格式复制到目标对象上。双击"格式刷"按钮后，若要取消格式刷功能可按 Esc 键或单击"格式刷"按钮即可。

3.12 应用案例

3.12.1 案例1：制作名片

微视频 3-6
制作名片

1. 案例目标

名片是标示姓名及其所属组织、公司单位和联系方法的纸片。它是大家互相认识、自我介绍的最快最有效的方法，是职场中应用得最为广泛的一种展现个性风貌的交流工具。虽然现在许多商家都可以代为设计名片，但亲自动手为自己设计一款个性化的专属名片，还是更有意义。本案例将介绍如何制作一张个性化的名片。

2. 案例知识点

（1）输入文本。

（2）设置字体和段落格式。

（3）插入艺术字、图片和形状并设置格式。

3. 制作要求及制作步骤

名片效果如图 3-85 所示，制作要求如下。具体制作过程和步骤请扫描二维码观看。

(a) 名片正面

(b) 名片背面

图 3-85 名片效果图

名片正面的制作要求如下。

（1）插入一个矩形，格式为"高 5.8 厘米、宽 9.4 厘米"；形状填充颜色为"白色，背景 1"，形状轮廓为"白色，背景 1，深色 15%"。

（2）在矩形底部插入两个平行四边形，位置如图 3-85（a）所示。其格式如下。

➤ 平行四边形 1：高 0.4 厘米、宽度见效果图（具体宽度数值可自行确定）；形状填充颜色为"黑色，文本 1"、无轮廓线；调整平行四边形左侧顶点与矩形齐平。

➢ 平行四边形 2：高 0.4 厘米、宽度见效果图（具体宽度数值可自行确定）；形状填充颜色为"深红"、无轮廓线；调整平行四边形右侧顶点与矩形齐平。

（3）插入一条直线，位置见效果图；大小为"高 0 厘米、宽 5.1 厘米"；形状样式为"强调线–强调颜色 2"。

（4）插入两个文本框，位置和内容如图 3-85（a）所示，其格式如下。

➢ 文本框 1（位于横线上方）：高 1.28 厘米、宽 4.1 厘米；无填充颜色，无轮廓线；文字"慕容雪"的格式为"黑体、小三、加粗"，"设计总监"的格式为"仿宋、小五、加粗"。

➢ 文本框 2（位于横线下方）：高 2.06 厘米、宽 4.92 厘米；无填充颜色，无轮廓线；文字格式为"楷体、小五"。

（5）插入艺术字，艺术字内容"飞鸟创意工作室"；艺术字样式为"填充–灰色–25%，背景 2，内部阴影"；字体格式为"方正姚体、小四、加粗"；位置如图 3-85（a）所示。

（6）插入工作室 logo 图片，大小为"高 0.9 厘米、宽 1.44 厘米"；环绕方式为"四周型"；位置如图 3-85（a）所示。

（7）插入二维码图片，大小为"高 1.66 厘米、宽 1.66 厘米"；环绕方式为"四周型"；位置如图 3-85（a）所示。

（8）组合名片上的图形。

名片背面的制作要求如下。

（1）复制名片正面。

（2）删除两个文本框、艺术字和二维码图片。

（3）设置工作室 logo 图片的大小为"高 1.85 厘米、宽 2.95 厘米"；环绕方式为"四周型"；位置如图 3-85（b）所示。

（4）修改直线的大小为"高 0 厘米、宽 6.3 厘米"；位置如图 3-85（b）所示。

（5）插入艺术字，艺术字内容为"飞鸟创意"；艺术字样式为"渐变填充–亮石板灰"；字体格式为"华文行楷、小二"；位置如图 3-85（b）所示。

3.12.2　案例 2：编排精美文档 ⸱⸱⸱⸱⸱⸱⸱⸱⸱⸱⸱⸱⸱⸱⸱⸱⸱⸱⸱⸱⸱⸱⸱⸱⸱⸱⸱⸱⸱⸱⸱⸱⸱⸱⸱⸱⸱◻

1. 案例目标

在实际应用中，创建了基本的 Word 文档后，还需要对文档进行字体格式、段落格式等多种格式设置，还可以在文档中插入适当的图片、形状和图表等对象，以增强文档的表现力。本案例将会对一个未经排版的原始文档进行美化和修饰，最终呈现一个图文并茂的精美文档。

微视频 3-7
制作精美文档

2. 案例知识点

（1）设置纸张大小、页边距。

（2）查找和替换。

（3）设置字体和段落格式。

（4）插入图片、形状和艺术字并设置格式。

（5）设置页面背景。

（6）设置分栏和首字下沉。

3. 操作要求及操作步骤

文档排版操作要求如下，效果如图 3-86 所示，具体排版过程和步骤请扫描二维码观看。

图 3-86　文档排版效果

（1）页面设置。纸张方向为"横向"；纸张大小为"宽度 30 厘米、高度 20 厘米"；页边距设置为"上、下边距和左、右边距均为 2 厘米"。

（2）查找与替换。将文档中的"father"替换为"父亲"；删除文档中的空格（半角空格）。

（3）设置文章标题"背影"的格式。将"背影"设置为艺术字，艺术字样式为"填充-沙棕色，着色 2，轮廓-着色 2"；"背影"二字的字体格式为"楷体，56 磅"；艺术字位于文档右上角（具体位置见样文"背影（排版效果）"）；形状样式为"浅色 1 轮廓，彩色填充-巧克力黄，强调颜色 6"（第 3 行 7 列）；文字方向为"垂直"；艺术字大小为"高 7.2 厘米、宽 3.5 厘米"；文本对齐方式为"居中"。

（4）设置正文格式。字体格式为"楷体、加粗、四号"；段落格式为"各段首行缩进 2 个字符，行距为固定值 20 磅"。

（5）设置页面背景。页面背景为"图片背景-纹理-纸纹 1"。

（6）分栏。将整篇文档分栏，栏数为 2，栏宽为"第 1 栏 36 个字符、间距 4 个字符"，无分隔线。

（7）首字下沉。为正文第 1 个段落设置首字下沉格式；位置为"下沉"；下沉行数为"3 行"；字体为"华文楷体"；距正文"0.1 厘米"

（8）插入图片。

在文档第 1 页左下角插入图片"背影"（具体位置见样文"背影（排版效果）"）；环绕方式为"四周型环绕"；图片大小为"高 7.1 厘米、宽 12.3 厘米"；图片效果为"阴影-

透视-左上对角透视"。

在文档第 2 页右下角插入图片"朱自清"（具体位置见样文"背影（排版效果）"）；环绕方式为"紧密型环绕"；图片大小为"高 4.5 厘米、宽 4.3 厘米"；图片效果为"柔化边缘-5 磅"。

（9）插入文本框。在文档第 2 页右下角插入 1 个文本框（具体位置见样文"背影（排版效果）"），文本框内容为"朱自清简介"；文本框大小为"高 2 厘米，宽 7 厘米"，字体格式"小初、加粗"，字体颜色为"深蓝"；文本框格式为"无轮廓，无填充颜色"。

（10）插入形状。在文档第 2 页右下角插入 1 个圆角矩形（具体位置见样文"背影（排版效果）"），形状样式为"彩色轮廓-黑色，深色 1"；圆角矩形大小为"高 6.4 厘米，宽 11.9 厘米"。形状中的内容为实验素材"朱自清简介 . docx"中的文字；文字段落格式为"左对齐，1.3 倍行距"；文字方向为"垂直"。

第 4 章

WPS 文字表格与公式使用

表格是一种组织整理数据的手段，其表达方式简明、扼要。在日常的工作学习中，常常会使用形形色色的表格。WPS 文字提供了丰富的表格功能，如快速创建表格，编辑、修改表格，自动套用表格格式等。这些功能大大方便了用户，使得表格的制作和排版变得简单易行。此外，WPS 文字还提供了公式编辑器，使用公式编辑器可以快速、方便地输入各种数学公式。

本章将介绍表格的创建、编辑、格式化、简单的数据计算等功能，此外还将介绍公式编辑器的使用方法。

4.1 认识和创建表格

4.1.1 认识表格

在日常生活中，经常会见到和使用各种各样的表格，例如，个人简历、课程表、访客登记表、会议流程表、统计表，等等。图 4-1 展示了一些不同风格和类型的表格。

WPS 文字表格由若干个单元格组成，默认情况下，每一行或每一列的单元格数量相同，也可根据实际需要对单元格进行合并、拆分等操作以制作不规则的表格。在单元格中可以插入文字、数字和图片等内容。WPS 文字表格一般用于文本内容和数据的展示。

4.1.2 创建表格

在制作表格时，无论表格有多复杂，都可以由基本的表格经过单元格的合并和拆分获得。下面介绍创建表格的 4 种方法。

1. 快速插入表格

首先将光标移至文档中要插入表格的位置，依次单击"插入"选项卡→"表格"按钮，打开如图 4-2 所示的"表格"下拉列表，在下拉列表的网格中移动鼠标选择要创建的行列数，已选择的行列数会被突出显示，同时在网格上方会有数字提示。例如，如

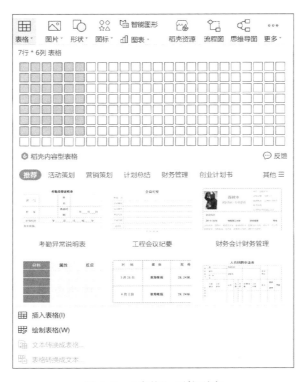

图 4-1　表格示例

图 4-2　"表格"下拉列表

图 4-2 所示，已选择了 7 列 6 行的表格，网格上方显示"7 行 ＊ 6 列 表格"。确定了行列数后，单击鼠标左键即可在文档中插入表格。这种方法只能创建最大 8 行 24 列的表格，更大的表格要使用"插入表格"对话框创建。

2. 使用"插入表格"对话框插入表格

首先将光标移至文档中要插入表格的位置，依次单击执行"插入"选项卡→"表格"按钮→"插入表格"命令，打开如图 4-3 所示的"插入表格"对话框。在对话框中输入相应的列数和行数，单击"确定"按钮即可完成表格的创建。

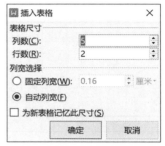

如果需要经常插入某种样式的表格，设置好行数和列数后，可勾选"为新表格记忆此尺寸"复选框，以后再插入相同的表格时，就不需要再重复设置表格的行列数。

3. 手动绘制表格

使用"绘制表格"命令可以手动绘制表格，既可以绘制规则的表格，也可以绘制不规则的表格。方法如下。

图 4-3 "插入表格"对话框

单击执行"插入"选项卡→"表格"按钮→"绘制表格"命令，鼠标指针变成铅笔形状∅。将铅笔形状的鼠标指针移到要绘制表格的位置，按住鼠标左键移动鼠标指针即可绘制表格，松开鼠标左键即可完成表格的绘制。

如果要擦除某条框线，单击如图 4-4 所示的"表格工具"选项卡→"擦除"按钮，当鼠标指针变为橡皮擦形状∅时，将其移到要擦除的某条单元格框线上，单击鼠标左键即可擦除该单元格框线；如果要擦除某段特定的框线，则需要按住鼠标左键移动鼠标直至被选定的框线呈绿色显示，松开鼠标左键即可擦除选定的框线。擦除完毕，再次单击"擦除"按钮即可撤销"擦除"状态。

图 4-4 "表格工具"选项卡

4. 将文本转换成表格

如果已有现成的文本内容，可将文本直接转换成表格。例如，要将如图 4-5 所示文本转换成表格，方法如下。

微视频 4-1
将文本转换成
表格

步骤 1：输入如图 4-5 所示文本，在各列数据间输入分隔符（可以是制表符、逗号、空格或其他符号）指明列的位置，本例中输入英文逗号作为分隔符。每行末尾按 Enter 键插入段落标记指明行的位置。

步骤 2：选中所有要转换的文本。依次单击执行"插入"选项卡→"表格"按钮→"文本转换成表格"命令，打开如图 4-6 所示的"将文字转换成表格"对话框。

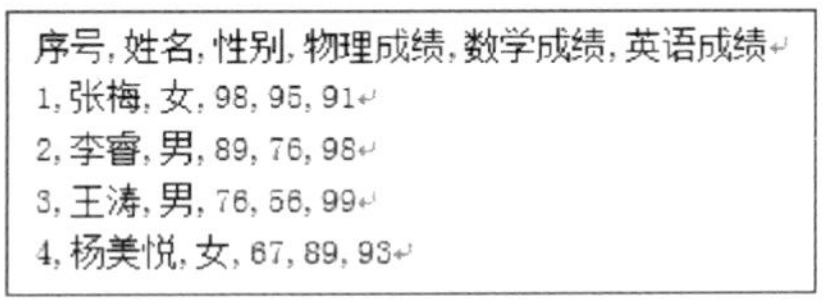

序号, 姓名, 性别, 物理成绩, 数学成绩, 英语成绩↵
1, 张梅, 女, 98, 95, 91↵
2, 李睿, 男, 89, 76, 98↵
3, 王涛, 男, 76, 56, 99↵
4, 杨美悦, 女, 67, 89, 93↵

图 4-5　待转换的文本　　　　图 4-6　"将文字转换成表格"对话框

步骤 3：在对话框的"表格尺寸"选项区域中输入行数和列数，如果行列数的默认值符合转换需求，则无须输入。

步骤 4：在"文字分隔位置"选项区域中选择文本中用来标记列的分隔符，本例中的分隔符为逗号（半角）。

步骤 5：单击"确定"按钮，如图 4-5 所示文本被转换成了如图 4-7 所示的 6 列 5 行表格。

序号	姓名	性别	物理成绩	数学成绩	英语成绩
1	张梅	女	98	95	91
2	李睿	男	89	76	98
3	王涛	男	76	56	99
4	杨美悦	女	67	89	93

图 4-7　转换的结果

除了可以将文本直接转换成表格，也可以将表格转换成文本，方法是：将光标置于表格中或选中表格，单击执行如图 4-8 所示的"表格工具"选项卡→"转换成文本"命令即可。

图 4-8　表格转换为文本

4.2　编　辑　表　格

表格创建后，通常要对其进行编辑，例如，修改表格的行高和列宽、插入或删除行列和单元格、编辑和排版单元格中的文字等。

4.2.1 选定表格区域 ···□

在对表格进行编辑前，首先应选定要编辑的表格区域。

微视频 4-2
选定表格区域

1. 选定单元格

选定单元格有以下两种方法：

（1）将鼠标指针移到要选定的单元格中，当鼠标指针形状变为箭头↗时，单击左键，即可选定鼠标指针所指的单元格。注意，单元格的选定与单元格内全部文字的选定的表现形式是不同的。

（2）将光标置于要选定的单元格中，依次单击执行"表格工具"选项卡→"选择"按钮→"单元格"命令，即可选定光标所在的单元格。

2. 选定表格行

选定表格行有以下两种方法：

（1）把鼠标指针移到表格外最左侧的位置，当鼠标指针形状变成箭头◢时，单击左键即可选定鼠标指针所指的行。当按住鼠标左键从当前行向下（或向上）拖动鼠标到其他行时，可以选定表格的连续多行。

（2）将光标置于要选定行的任意一个单元格中，依次单击执行"表格工具"选项卡→"选择"按钮→"行"命令，即可选定光标所在的一行。

3. 选定表格列

选定表格列有以下两种方法：

（1）把鼠标指针移到表格的上框线位置，当鼠标指针形状变成箭头↓时，单击鼠标左键可选定箭头所指的列。当按住鼠标左键从当前列向右（或向左）拖动鼠标到其他列时，可以选定表格的连续多列。

（2）将光标置于要选定列的任意一个单元格中，依次单击执行"表格工具"选项卡→"选择"按钮→"列"命令，即可选定光标所在的一列。

4. 选定部分单元格

将鼠标指针移到要选定的单元格区域的左上角，按住鼠标左键拖动鼠标到右下角，松开鼠标左键，即可选定一个矩形区域（表格的一部分）。

5. 选定表格

选定表格有以下 3 种方法：

（1）当鼠标在表格内移动时，表格的左上角出现⊞图标（在页面视图中），此时用鼠标单击该图标，即可选定整个表格。

（2）将光标置于要选定表格的任意一个单元格中，依次单击执行"表格工具"选项卡→"选择"按钮→"表格"命令，即可选定整个表格。

（3）按住鼠标左键不放，从第一行拖动至最后一行也可选定整个表格。

4.2.2 调整行高和列宽 ···□

一般情况下，WPS 文字能根据单元格中输入的内容自动调整行高或列宽，但用户也可以根据需要修改它。可以使用拖动鼠标的方式快速调整行高和列宽，也可以输入具体数值对行高列宽精确设置。

1. 使用鼠标快速调整行高或列宽

调整行高：将鼠标指针移到表格的行边界线上，当鼠标指针的形状变成 ♦ 并出现一条蓝色直线时，按住鼠标左键不放，此时蓝色直线变为蓝色虚线，移动鼠标到所需的新位置，松开鼠标左键。使用此方法修改行高时，被拖动的边界线下方行的行高不会变化。

调整列宽：将鼠标指针移到表格的列边界线上，当鼠标指针的形状变成 ♦ 并出现一条蓝色直线时，按住鼠标左键不放，此时蓝色直线变为蓝色虚线。拖动鼠标指针到所需的新位置，松开鼠标左键。此方法只修改当前被拖动的列边界左右两列的宽度。

以下是两个使用小技巧

（1）如果在拖动鼠标的同时按下 Shift 键，则只修改列边界左列的宽度，不修改其右侧所有列的宽度，即表格的总宽度随该列边界左列的宽度变化而变化。

（2）如果在拖动鼠标的同时按下 Ctrl 键，则在修改列边界左列宽度的同时，将修改值均分至其右侧所有列的宽度中，如减少左列的宽度，则右侧所有列平均增加宽度，以保证表格总宽度不变。

---

2. 精确设置行高和列宽

首先选定要设置行高的行或设置列宽的列，在如图 4-9 所示的"表格工具"选项卡→"高度"微调框或"宽度"微调框中输入行高值或列宽值，即可设置行高和列宽。

图 4-9　设置行高和列宽

除上述方法，也可单击如图 4-9 所示的"表格属性"按钮或"单元格高度和宽度"命令右下角的对话框启动器 ⌐，打开如图 4-10 所示的"表格属性"对话框，在 4-10（a）所示的"行"选项卡中可设置行高，首先在"指定高度"微调框中输入行高值，然后在"行高值是"下拉列表中将行高值设置为"最小值"或"固定值"。其中"最小值"的含义是：当行内的文字高度比所设置行高小时，行高以所设置的行高为准；当文字高度超过所设置行高时，行高以文字高度为准；"固定值"的含义是：无论行中文字有多高，行高均为设置值，行高不会自动调整，因此如果文字高度大于行高值，行内文字将不能完整显示。在如图 4-10（b）所示的"指定宽度"微调框中输入列宽值可设置列宽。

3. 自动调整行高和列宽

除了可以手动调整表格的行高和列宽，也可以使用自动调整功能进行调整。在"表格工具"选项卡的功能区中，单击"自动调整"按钮，打开如图 4-11 所示的"自动调整"下拉列表，下拉列表中各选项的含义如下：

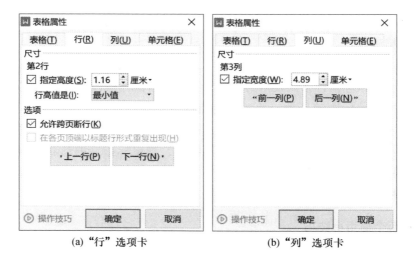

(a) "行"选项卡　　　　　　　　(b) "列"选项卡

图 4-10　"表格属性"对话框

➢ 适应窗口大小：根据页面的宽度自动设置表格的宽度。

➢ 根据内容调整表格：根据表格里的内容自动设置表格的宽度。

➢ 行列互换：将所选表格的行列互换，即行变为列，列变为行。

➢ 平均分布各行：平均设置选定的多行的高度。

➢ 平均分布各列：平均设置选定的多列的宽度。

图 4-11　"自动调整"列表

4.2.3　插入或删除行/列 ⸱⸱ ▫

在已有的表格中，有时需要增加一些空行或空列，也可能需要删除某些行或列。

1. 插入行/列

如图 4-12 所示，在"表格工具"选项卡中，单击"在上方插入行"按钮，可在当前光标所在行的上方插入新的一行；单击"在下方插入行"按钮，可在当前光标所在行的下方插入新的一行；单击"在左侧插入列"按钮，可在当前光标所在列的左侧插入新的一列；单击"在右侧插入列"按钮，可在当前光标所在列的右侧插入新的一列。

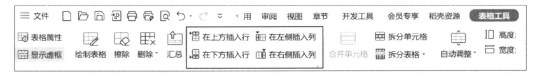

图 4-12　插入行和列

除了使用选项卡中的命令插入行和列，若选中表格或将光标置于表格中，表格下方和右侧会出现如图 4-13 所示的按钮 ＋ ，单击表格下方的按钮，可快速插入行，单击表格右侧的按钮，可快速插入列。

序号	姓名	性别	物理成绩	数学成绩	英语成绩
1	张梅	女	98	95	91
2	李睿	男	89	76	98
3	王涛	男	76	56	99
4	杨美悦	女	67	89	93

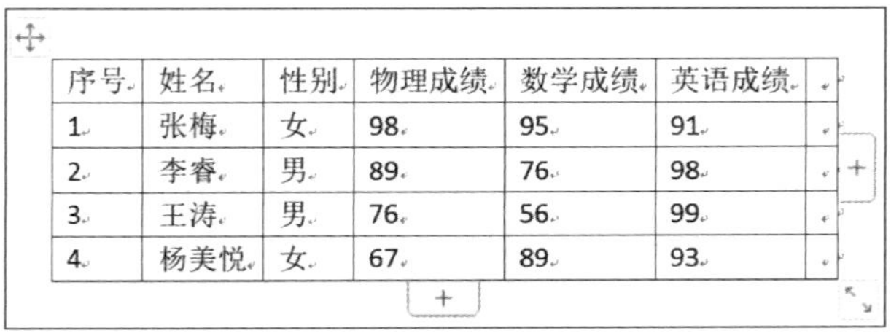

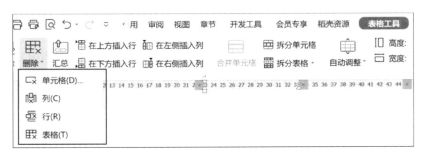

图 4-13　快速插入行和列

2. 删除行/列

将光标定位在要删除的位置，依次单击“表格工具”选项卡→“删除”按钮，打开如图 4-14 所示的“删除”下拉列表，选择列表中的命令可删除单元格、列、行或表格。

图 4-14　“删除”下拉列表

4.2.4　合并或拆分单元格

复杂的表格可以由基本的表格经过单元格的合并和拆分而得到。

1. 合并单元格

如果要将表格中的若干个单元格合并成一个单元格，首先选定需要合并的单元格，依次单击如图 4-15 所示的“表格工具”选项卡→“合并单元格”按钮，即可将选中的单元格合并成一个单元格。

2. 拆分单元格

选定要拆分的单元格，依次单击如图 4-15 所示的“表格工具”选项卡→“拆分单元格"按钮，打开如图 4-16 所示的"拆分单元格"对话框。在"列数"和"行数"输入框中输入要拆分的列数及行数，并勾选"拆分前合并单元格"复选框，然后单击"确定"按钮，即可对单元格进行拆分。在拆分包含多行的单元格时，如果不勾选"拆分前合并单元格"复选框，则不能对行数进行设定，行数保持为原值。

图 4-15　合并和拆分　　　　图 4-16　"拆分单元格"对话框

4.2.5　表格的拆分

拆分表格是把一个表格拆开成两个表格，WPS 文字提供了"按行拆分"和"按列拆分"两种方式。拆分表格的方法是：先将光标置于要拆分的某行或某列的任意单元格中，依次单击如图 4-15 所示的"表格工具"选项卡→"拆分表格"按钮，打开下拉列表，在列表中，若单击选择"按行拆分"选项，即可在光标所在行的上方插入一空白段，以光标所在行为分界线把表格按上下拆分成两个新表格；若单击选择"按列拆分"选项，则以光标所在列为分界线把表格按左右拆分成两个新表格。

4.2.6　表头（标题）的重复

当一张表格超过一页时，通常希望在第二页的续表中也包括第一页的表头（即表格的标题行）。WPS 文字提供了重复标题的功能，方法为：选定第一页表格中的标题行（可以是一行或者多行），依次单击如图 4-17 所示的"表格工具"选项卡→"标题行重复"按钮。设置后，WPS 文字会在因为分页而拆开的续表中重复表头标题。如果需要修改表标题，只需要修改第一页表格的标题，续表的标题也会随之修改。

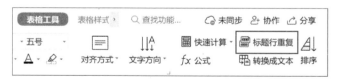

图 4-17　设置"标题行重复"

4.2.7　设置表格文字格式

可以用前面介绍过的设置普通文本格式的方法对表格中的文字进行格式设置，如设置字体，字号，字形，颜色和左、中、右对齐等。此外，在"表格工具"选项卡功能区中还提供了设置单元格内文字对齐方式和文字方向的命令。

4.3　美化表格

制作好 WPS 文字表格后，为了使表格看起来更美观，可以对表格的边框和底纹进行相应的设置，也可以使用 WPS 文字提供的内置表格样式快速美化表格。

4.3.1　设置表格的边框和底纹

选中需要设置边框和底纹的单元格，依次单击执行"开始"选项卡→"边框"按钮右侧的下拉箭头→"边框和底纹"命令，打开"边框和底纹"对话框，在对话框中根据需要可设置表格的边框和底纹。也可以在"表格样式"选项卡功能区中，使用"边框"和"底纹"按钮设置表格的边框和底纹。还可以在选中的表格中单击鼠标右键，在弹出的快捷菜单中包含了各种可以对表格操作的命令，执行"边框和底纹"命令可完成边框和底纹的格式设置。

4.3.2　使用内置表格样式

选中表格，单击"表格样式"选项卡，在功能区中单击"表格样式"右侧的下拉箭头，打开如图 4-18 所示的"表格样式"下拉列表，单击需要的样式，即可将所选样式应用到表格中。

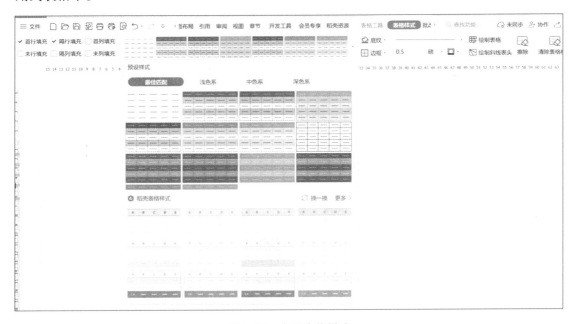

图 4-18　内置表格样式

4.4　表格中的数据运算

微视频 4-3
表格中的数据
运算

在 WPS 文字中，可以使用公式在表格中进行简单的数据运算，例如，求和、求平均值、求最大值和求最小值等。步骤如下：

步骤 1：选择需要在其中放置结果的表格单元格。

步骤 2：依次单击"表格工具"选项卡→"公式"按钮*fx* 公式，打开如图 4-19 所示的"公式"对话框。

步骤 3：在"公式"编辑框中输入计算公式或在"粘贴函数"列表中选择函数，公式以"＝"开头，如图 4-19 所示的公式为求和函数 SUM( )，其位置参数 ABOVE 表示对当前单元格的上方数据进行运算。除了 ABOVE，位置参数还有 LEFT、RIGHT、BELOW，其中，LEFT 表示对当前单元格的左侧数据进行计算；RIGHT 表示对当前单元格的右侧数据进行运算；BELOW 表示对当前单元格的下方数据进行运算。位

图 4-19　"公式"对话框

置参数可以手动输入，也可以单击"公式"对话框"表格范围"右侧的下拉箭头，在打开的下拉列表中选择。需要注意的是，为了避免在表格中使用位置参数进行计算时发生错误，包含在计算区域内的所有单元格都不能为空单元格，如果有空单元格，需要在其中输入 0。

步骤 4：单击"数字格式"右侧的下拉箭头，打开数字格式下拉列表，在列表中为计算结果选择数据的显示格式。

步骤 5：单击"确定"按钮。

4.5　数学公式的使用

微视频 4-4
数学公式的使用

如果 WPS 文字文档需要包含复杂的数学公式，而普通字符又不能满足需要，此时可以使用公式编辑器对公式进行编辑。

依次单击"插入"选项卡→"公式"按钮$\sqrt{x}$公式，打开如图 4-20 所示的"公式工具"选项卡，在功能区中根据需要选择和输入相应的公式模板和符号，即可创建出所需的公式。如果单击"插入"选项卡→"公式"按钮$\sqrt{x}$公式右侧的下拉箭头，会打开内置公式列表，单击列表中的公式也可将其快速插入文档中。

图 4-20　"公式工具"选项卡

下面举例说明如何使用公式编辑器输入数学公式 $\int_{-1}^{\sqrt{3}} \dfrac{\mathrm{d}x}{1+x^2} + \int_0^1 \dfrac{3x^4+3x^2+1}{x^2+1}\mathrm{d}x$ 。操作步骤如下：

　　步骤 1：依次单击"插入"选项卡→"公式"按钮$^{\sqrt{x}}_{公式}$，打开如图 4-20 所示的"公式工具"选项卡。单击"积分"按钮，打开如图 4-21 所示的"积分"模板列表。单击列表中第 1 行第 2 列的"积分"模板，在公式编辑框中会显示 1 个积分符号及 3 个虚框，如图 4-22 所示。

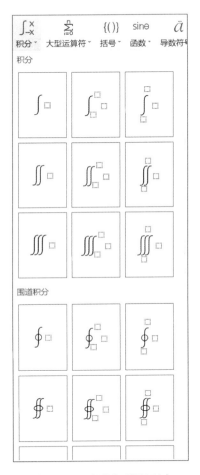

图 4-21　"积分"模板列表

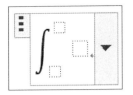

图 4-22　积分模板

　　步骤 2：单击上限输入虚框，该虚框呈灰色显示，如图 4-23 所示。单击"公式工具"选项卡中的"根式"按钮，打开如图 4-24 所示的"根式"模板列表。单击列表中的"平方根"模板（位于第 1 行第 1 列），在积分符号上限位置插入平方根模板，单击根号下的虚框，在虚框中输入 3。再单击积分符号下限输入虚框，然后输入-1。输入积分的上限和下限后，公式如图 4-25 所示。

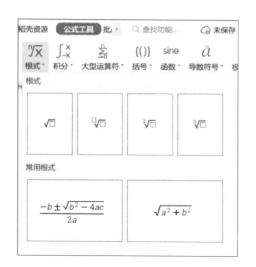

图 4-24 "根式"模板列表

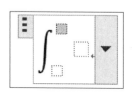

图 4-23 选择上限虚框

步骤 3：单击积分模板中间的虚框，再单击如图 4-20 所示的"公式工具"选项卡中的"分数"按钮，打开如图 4-26 所示的"分数"模板列表。单击列表中第 1 行第 1 列的"分数（竖式）"模板，将该模板插入公式中。选择分子位置上的虚框，在其中输入 dx，再选择分母位置上的虚框，在虚框中先输入"1+"，然后单击"公式工具"选项卡中的"上下标"按钮，打开如图 4-27 所示的"上下标"模板列表。单击列表中的"上标"模板（位于第 1 行第 1 列），将"上标"模板插入公式中，并在其中对应的虚框位置中分别输入"x"和"2"。输入完第一个积分公式后的公式如图 4-28 所示。

图 4-26 "分数"模板列表

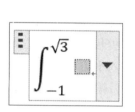

图 4-25 输入内容后的公式

图 4-27　"上下标"模板列表

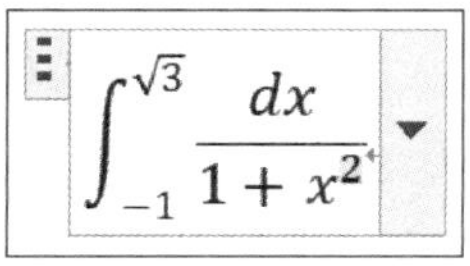

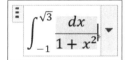

图 4-28　完成第一个积分的公式

步骤 4：完成第一个积分式后，单击公式右侧，将光标移至公式右侧，如图 4-29 所示黑色竖线为光标位置。然后使用同样的方法输入公式中的第 2 个积分式。

步骤 5：整个公式输入完成后，单击公式编辑框以外的任意位置，退出公式编辑状态，并返回至文档编辑区。如果要对以前创建好的公式重新编辑，单击该公式进入公式编辑状态即可进行相应的操作。

图 4-29　调整光标位置

4.6　应用案例

4.6.1　案例 1：制作日历

1. 案例目标

日历是我们日常生活中经常使用的一个工具，可以用来查看日期、安排工作日程等。除了购买现成的日历，我们也可以尝试动手设计专属于自己的日历。本案例将介绍如何使用 WPS 制作一个精美日历。

微视频 4-5
制作日历

2. 案例知识点

（1）插入文本框、图形、表格和图片。

（2）设置文本框、图形格式。

（3）设置文本格式和对齐方式。

（4）修饰美化表格。

3. 制作要求及制作步骤

日历效果如图 4-30 所示，制作要求如下。具体制作过程和步骤请扫描二维码观看。

（1）纸张大小为"B5（JIS）"；页边距为"上下左右各 1 厘米"。

（2）插入以下两个矩形。

➢ 矩形 1：高 4.3 厘米、宽 16.27 厘米；填充色为"钢蓝，着色 5，深色 25%"；"2022 年"字体格式为：字号"小初"、字体颜色"白色，背景 1"、字形"加粗"、字体"微软雅黑"；"四月"字体格式为：字号"60"、字体颜色"白色，背景 1"、字形"加粗"、字体"微软雅黑"；文字对齐方式为"水平垂直居中"。

➢ 矩形 2：高 1 厘米、宽 16.27 厘米；填充色为"灰色-50%，着色 3、浅色 80%"。

（3）插入一个横向文本框（文本框中的内容如图 4-30 所示的古诗）。格式为：高 5.3 厘米、宽 8 厘米；无填充颜色、无边框颜色；文本框内标题文字"大林寺桃花"的格式为：字号"20"、字体颜色"深蓝"、字形"加粗"、字体"楷体"；其余文字格式为：字号"四号"、字体颜色"深蓝"、字体"楷体"；文字对齐方式为"水平垂直居中"。

（4）插入图片，大小为"高 4.1 厘米、宽 5.7 厘米"；环绕方式为"四周型环绕"；图片效果为"阴影-透视-左上对角透视"。

（5）插入一个 6 行 7 列的表格，在表格中输入如图 4-30 所示的日期数据。

图 4-30 日历效果

（6）将表格样式"浅色样式 1-强调 1"应用到表格上；设置表格行高为 1.8 厘米；第 1 行的文字格式为"微软雅黑、加粗、四号"，其余行的数字格式为"黑体、三号、加粗"，中文字体格式为"黑体、五号"；所有文字的对齐方式均为"水平垂直居中"。

4.6.2　案例 2：制作送货单

1. 案例目标

微视频 4-6
制作送货单

在日常生活中，我们会接触和使用各种各样的表格，送货单就是其中一种，它是销售方与买方之间的销售物品凭证。本案例将为大家介绍如何使用 WPS 文字制作一个送货单表格。

2. 案例知识点

（1）设置纸张大小和页边距。

（2）插入表格。

（3）合并拆分单元格。

（4）设置对齐方式。

（5）设置单元格框线。

3. 制作要求及制作步骤

"送货单"的样表如图 4-31 所示，制作要求如下。具体制作过程和步骤请扫描二维码观看。

送货单

地址：_____

收货

单位：_____　　　　　　经办人：　20　年　月　日

货　号	品　名	规　格	单　位	数　量	单　价	金						额	备　注
						万	仟	佰	拾	元	角	分	（件数）
合计人民币（大写）				万	仟		佰		拾	元		角	分
发货单位　　　　　　　　　电话					收货人单位盖章								
发 货 人					收 货 人 盖 章								
开发票　　　　　年　月　日					号码　　　　　　送货								

图 4-31　送货单样表

（1）纸张大小为"宽 19 厘米，高 12 厘米"；上、下、左、右页边距均为 0.6 厘米。

（2）输入内容及创建表格，具体内容和表格见图4-31所示的样表。

（3）表格第1至6行单元格的对齐方式为"水平居中"。

（4）"送货单"3个字的格式为"黑体、三号、双下画线、居中"；表格外表格内的其他文字的格式为"宋体、五号"。

（5）表格中第一行单元格内的文字"货号""品名"……"备注"等的段落格式均为"分散对齐"。

（6）表格外部框线的格式为"实线、1.5磅"；内部框线的格式为"实线、0.75磅"。

第 5 章
WPS 文字长文档处理

长文档一般是指页数较多的文档，如工作报告、宣传手则、毕业论文、项目投标书、科技论文以及书籍，等等，其页数众多，有几十页甚至上百页，结构复杂，编辑查找及格式设置均比较费时和困难。

本章结合长文档的结构要素，逐步引导读者掌握 WPS 文字对长文档的结构要素进行编辑、排版和管理的各项功能。再结合合理的排版策略，就能轻松完成对长文档的编辑、排版、阅读和管理工作。

5.1 长文档编辑环境的认识与设置

长文档结构复杂，页数众多，往往有固定的结构和要素，例如，以科技论文为例，一般都有页面布局、封面、摘要、目录、正文段落、标题、附录、参考文献、图表等几个部分。依据 WPS 长文档的结构要素，在编辑排版前，认识并设置好 WPS 文字在长文档编辑排版时所需要的环境是提高排版效率的关键。

5.1.1 文档窗口的视图

文档视图是用户编辑或查阅文档时，该文档在 WPS 文字编辑环境中呈现的视觉模式和文档版式展现效果的总称。WPS 文字提供了 7 种视图模式，分别是"页面"视图、"全屏显示"视图、"阅读版式"视图、"写作模式"视图、"大纲"视图、"Web 版式"视图、"护眼模式"视图。通常情况下，文档在编辑时默认为"页面"视图，为了方便查阅、编辑和管理文档，可以根据情况选择不同的视图模式。开启或切换到不同的视图可以在"视图"选项卡中单击相应的视图功能按钮实现，如图 5-1 所示。

在 WPS 文字编辑环境的右下方状态栏中，当鼠标指针移动到相应的功能按钮上时，会显示该功能按钮的名称，单击相应的功能按钮也可以开启或切换不同的视图，如图 5-2 所示。

图 5-1　视图功能按钮

图 5-2　状态栏中的视图功能按钮

1. "页面"视图

单击"视图"选项卡上的"页面"按钮，或单击状态栏右下方的"页面视图"按钮可以进入页面视图，当然还可以通过快捷键 Ctrl+Alt+P 来进行切换。页面视图显示的文档与打印出来的结果几乎是完全一样的，也就是"所见即所得"，文档中的页眉、页脚、图形对象、分栏设置、页面边距等所有元素显示在实际打印的位置，它是最接近打印结果的页面视图。在这种视图下 WPS 文字提供了充分的编辑功能，可以显示菜单和功能区。该视图是最常用到的视图模式，是系统默认的视图模式。

2. "全屏显示"视图

单击"视图"选项卡上的"全屏显示"按钮，或单击状态栏最右下方的"全屏显示"按钮可以进入全屏显示视图。在该视图下 WPS 文字的功能按钮将被自动隐藏，从而确保在查阅文档时视觉没有干扰。当文档需要展示时，可以使用全屏显示视图。按 Esc 键或者在该视图模式下单击右上方工具条上的"退出"按钮可以退出该视图。

3. "阅读版式"视图

单击"视图"选项卡上的"阅读版式"按钮，或单击状态栏最右下方的"阅读版式"按钮可以进入阅读版式视图。当然还可以通过快捷键 Ctrl+Alt+R 来进行切换。阅读版式视图的界面如图 5-3 所示。

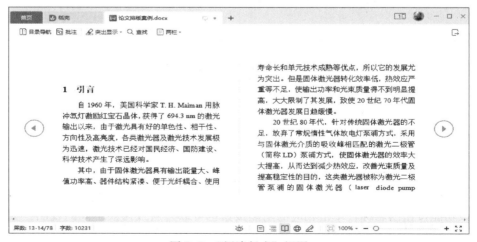

图 5-3　"阅读版式"视图

该视图下，文档自动锁定以限制输入，可以按键盘上的上下左右方向键或者用鼠标单击阅读界面上的左、右按钮轻松实现文档的翻阅。用户可以在该视图中进行复制、标注、突出显示、查找和目录导航等操作，下面详细介绍这几种操作。

（1）在阅读版式模式下，单击界面上的"目录导航"按钮可以显示文档的目录，直接单击需要查阅的目录可以快速到达目录指向的文档内容。

（2）单击"批注"按钮可以直接查阅文档中的批注内容。

（3）选中需要突出显示的文档内容，单击"突出显示"按钮可以为该内容添加不同颜色的底纹，或擦除底纹。

（4）单击"查找"按钮可以弹出查找对话框，输入要查询的内容即可在文档中进行查找。

（5）单击"自适应"按钮，可以选择用"单栏""两栏"或"自适应"方式显示文档内容，图 5-3 所示就是选择了两栏的显示状态。按 Esc 键或者单击阅读版式界面右上角的"退出"按钮可以退出阅读版式视图。

4. 写作模式

单击"视图"选项卡上的"写作模式"按钮，即可进入"写作模式"视图，如图 5-4 所示，该视图将写作时所需要的功能键集中显示在功能区中供用户使用，可以大大提高写作效率。在该界面中单击右上角的退出按钮即可退出写作模式。

图 5-4　写作模式

5."大纲"视图

单击"视图"选项卡上的"大纲"按钮，或单击状态栏最右下方的"大纲"按钮可以进入"大纲"视图，如图 5-5 所示，文档将自动以大纲目录的形式展现出来，用户可以通过大纲选项卡中的功能菜单对选中的文本进行级别调整，如上移或下移位置；也可以展开或折叠选中级别的内容；还可以通过按级别显示文档内容、格式以及新目录等操作来完成对文档结构的查看和调整。单击"大纲"选项卡上的"关闭"按钮退出"大纲"视图。

6."Web 版式"视图

在"视图"选项卡中单击"Web 版式"按钮进入"Web 版式"视图，即可以网页形式查看文档。当文档需要在网页上展示时，可以利用该视图模式查看展示的网页效果。单击"视图"选项卡中的其他视图功能按钮即可切换到其他视图。

7."护眼模式"视图

在"视图"选项卡中单击"护眼模式"按钮，该按钮变为深色，此时文档页面呈现淡绿色，即进入护眼模式。长时间对着计算机屏幕查看编辑文档，容易造成眼睛疲劳，损

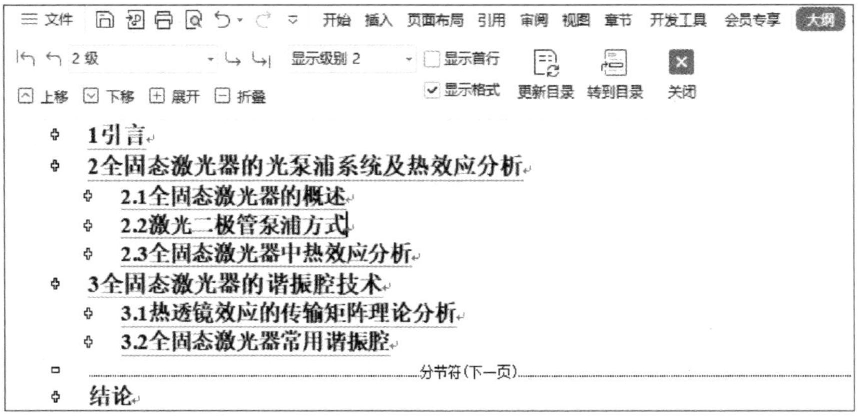

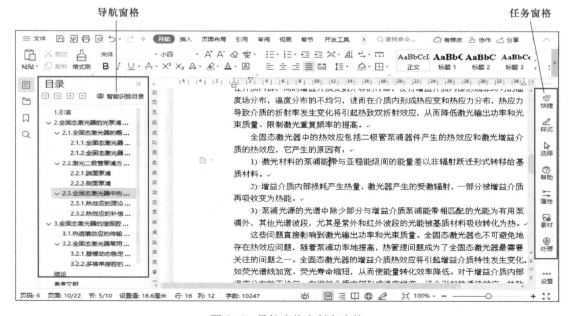

图 5-5 "大纲"视图

害视力。WPS 文字中的"护眼模式"通过自动设置文档页面颜色（该颜色并不是文档本身的底纹颜色），调节文档页面亮度，从而缓解眼睛疲劳，达到保护视力的效果。再次单击"视图"选项卡中的"护眼模式"按钮就可以关闭护眼模式。

5.1.2 导航窗格

长文档结构复杂，页数众多，编辑时，通过鼠标滚动或键盘翻页来定位到需要编辑的内容就显得动作烦琐，效率低下了。"导航窗格"可以显示文档目录章节，帮助我们方便快速跳转至目标段落，从而提高编辑效率。单击"视图"选项卡中的"导航窗格"按钮，开启导航窗格，如图 5-6 左侧所示，当点中需要查看的内容后，编辑区域会自动跳转到该

图 5-6 导航窗格和任务窗格

内容，是不是很快。分别点击"导航窗格"左侧的功能按钮还可以查看以分节符划分的文档章节，比如封面章节、参考文献章节；可以查看文档中所插入的书签，点击书签，跳转到对应的书签位置；在查找替换框中，可以输入所需搜索的内容并替换。

5.1.3 任务窗格

在长文档编辑排版过程中任务窗格的使用也能大大提高效率，在"视图"选项卡中单击勾选"任务窗格"复选框，即可以打开任务窗格，如图 5-6 所示，通过任务窗格的"快捷"按钮可以快速使用快捷功能，通过"样式"按钮功能可以即时了解当前选中文档的排版格式，通过"选择"按钮能迅速知道复杂长文档中有哪些对象，并可以选择它们，通过"属性"按钮可以对选中对象的属性进行设置。同时通过"帮助"按钮为用户提供帮助搜索，通过"素材"按钮为用户提供稻壳素材资源，通过"处理"按钮为用户提供稻壳的各种智能处理方式。通过任务窗格的"设置"按钮还可以对任务窗口进行管理。

5.1.4 多窗口编辑对比文档

要对一篇长文档的不同章节和页面内容进行比较，或者对多个文档进行比较，如果采用在当前文档的不同内容之间，或者不同文档之间进行切换的方法，不仅耗时，而且不直观，容易产生疏漏。

利用 WPS 文字的窗口功能，可以同时打开多个文档在同一个窗口中并排显示，还可以将当前文档窗口一分为二，方便同时查看同一份文档的内容。

如图 5-7 所示，在"视图"选项卡中，WPS 文字为用户提供了重排窗口、新建窗口、拆分窗口、并排比较的功能，只需单击相应的功能按钮即可实现相应的功能。

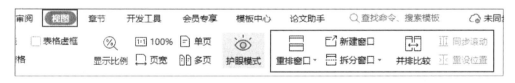

图 5-7 多文档编辑对比功能

1. 重排窗口

"重排窗口"功能可将多个文档放在同一界面中，同时编辑多个文档并互不干扰。单击"重排窗口"右侧的下三角按钮，可以看到有 3 种排列方式：水平平铺（即上下铺开），垂直平铺（即左右铺开），层叠（即形成单个窗口叠加），另外也可自行调整窗口的大小和位置。要关闭窗口重排，直接选中一个窗口，单击最大化按钮即可。

2. 拆分窗口

单击"拆分窗口"右侧的下三角按钮，可以看到有两种排列方式——水平拆分和垂直拆分，可根据个人需要选择拆分模式。水平拆分是将当前文档拆分为上下两部分，垂直拆分是将当前文档拆分为左右两部分。两部分视图窗口皆可独立调整视角，但内容是相同的。如果在一个视图窗口中进行编辑，可以看到另一个视图窗口中该位置的内容也随之修改了，单击取消拆分即可关闭拆分窗口。

3. 新建窗口

单击"新建窗口"按钮，此时出现一个相同的文档，再单击一次"新建窗口"按钮，又出现了一个相同的文档。与拆分窗口一样，修改一个文档中的内容，另外两个文档也会同步修改。

4. 并排比较

WPS 文字并排比较功能可以并排查看两个或两个以上的文档，以便比较文档内容。操作步骤如下。

步骤 1：若想并排查看这两个文档的内容，首先打开这两个文档。

步骤 2：单击"视图"选项卡→"并排比较"按钮，此时两个文档会并排出现。还可以单击"视图"选项卡→"同步滚动"按钮，开启同步滚动（再次单击"同步滚动"按钮使其变为浅色即可取消同步滚动）。设置完成后，两个文档将会同步滚动便于我们相互对比、查看。

步骤 3：单击"视图"选项卡→"重设位置"按钮，可以重新设置窗口位置，使文档平分屏幕显示。

步骤 4：若想退出并排比较模式，再次单击"视图"选项卡→"并排比较"按钮就可以了。

5.1.5 标准化编辑环境的设置 ···□

很多没有经验的编排者，对长文档的结构要素和编辑环境不太清楚，启动 WPS 后往往不做任何环境改变就直接开始进行长文档的编排工作，这样会影响排版的效率。结合长文档排版的经验以及 WPS 文字在长文档处理中所提供的各种功能，这里为大家提供两种编辑环境的设置。

1. 用户自定义编辑环境的设置

依据 WPS 文档结构要素的设计原理，在使用 WPS 完成不同的任务前，应该设置不同的软件环境。以下的操作是编辑文档前 WPS 工作环境设置的最佳做法，在编辑文档前应该确保以下操作已经进行。步骤如下：

步骤 1：双击标题栏窗口最大化按钮使窗口最大化，可以使编辑区和功能区保持最佳视觉匹配，方便用户操作。

步骤 2：确保位于页面视图，使用户能最直接地了解打印的最终效果，便于编辑与排版。双击"视图"选项卡→"页面"按钮选中页面视图。

步骤 3：如图 5-6 所示，在"视图"选项卡中单击"导航窗格"按钮打开导航窗格。这样使得用户在编辑排版时能清楚地看到文档目录章节，帮助用户方便快速跳转主目标段落从而提高编辑效率。

步骤 4：如图 5-6 所示，打开视图选项卡上的"100%"显示模式，调整编辑区域以适应用户编辑视野。

　　步骤 5：打开"开始"选项卡→"显示/隐藏编辑标记"功能（单击功能按钮 ⇄˙选择）。使其能够显示各种编辑标记，为用户编辑排版提供便利。

　　步骤 6：如图 5-6 所示，确保标尺可见，方便文档对象位置的调整。（勾选视图选项卡上的"标尺"复选框）。

　　步骤 7：单击"开始"选项卡→"显示/隐藏编辑标记 ⇄˙"按钮的下拉箭头，选择"显示/隐藏段落布局按钮"打开段落布局功能，使用户方便对段落布局进行调整。

　　步骤 8：云端文档：单击标题栏上的云状图标按钮将文档上传至云文档，便于编辑结果的备份和共享。

　　完成以上编辑文档前的设置工作，用户就可以开始正式的编辑排版工作了。

　　2. 利用 WPS 文字提供的专业长文档编辑环境

　　根据长文档的结构要素的特点，WPS 文字还给用户提供了专业的个性化功能区域以便用户高效管理编辑长文档。下面介绍两种专业化功能区域下的编辑环境。

　　（1）如图 5-8 所示，为了方便用户对长文档的排版编辑和管理，可以单击标题栏上的"章节"选项卡，将显示能对长文档各种要素编辑的功能按钮，如章节导航、封面、目录、节、页眉页脚等。

图 5-8　"章节"选项卡

　　（2）如图 5-9 所示，单击标题栏上的"论文助手"选项卡，将显示论文编辑时所需要的各种丰富、专业、好用的功能按钮，帮助用户更专业地处理论文，例如，"论文智能排版"功能可以搜索和选择相应的大学，对用户编写的论文进行一键排版，效率之高超出你的想象。

图 5-9　"论文助手"选项卡

5.2　为文档添加封面

　　长文档封面是用来展示文档的类型、作者以及作者单位等信息。不同的信息有不同的风格，用户可以采用不同的设置要求来满足需要。

5.2.1　使用封面库 ···□

WPS 文字及稻壳资源提供了大量设计好的不同类型的封面供用户使用，为了快速获得封面可以通过以下操作来完成。

步骤 1：单击"插入"选项卡→"封面"按钮，如图 5-10 所示，在预设封面页或者稻壳封面页中单击合适的封面，就可以将其插入到文档中。

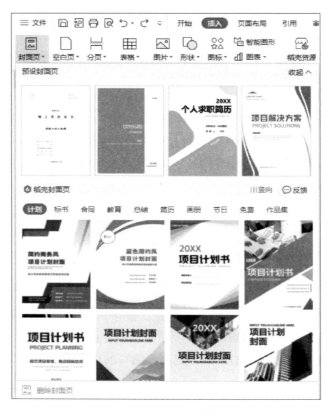

图 5-10　封面库图

步骤 2：插入封面后，填写或修改用户所需要的内容，并设置好需要的格式即可。

如果对插入的封面不满意，还可以单击如图 5-10 所示的封面库下方的"删除封面页"按钮，就可以删除当前插入的封面了。

5.2.2　用户自定义封面 ·····································□

如果 WPS 文字提供的封面不能满足要求，用户还可以结合前面章节所掌握的文字、图像图形、表格等编辑排版的技巧，自定义封面样式，如图 5-11 所示就是用户自定义的封面，其操作要点如下：

步骤 1：通过页面布局设置纸张大小为 A4；页边距为上下各 2.5 厘米、左右各 3.1 厘米。

微视频 5-1
用户自定义封面

步骤 **2**：设置文字"成都信息工程大学"和"学位论文"的格式为：黑体、二号、加粗、字符间距加宽 7 磅、居中，其中"成都信息工程大学"的段前间距为 10 行，段后间距为 2 行，行距为单倍行距，"学位论文"的段前间距为 0 行，段后间距为 5 行，行距为单倍行距，去掉首行缩进。

步骤 **3**：设置论文题目的格式为：宋体、三号、加粗、居中、段前间距为 0 行，段后间距为 4 行，行距为单倍行距，去掉首行缩进。

步骤 **4**：设置论文作者和其他说明部分以表格形式显示，字体为：楷体、小三、加粗、居中，段落设置为单倍行距；表格左边无边框、左对齐；文字"指导教师姓名（职称）："的字间距为紧缩 1 磅，右侧个人信息文字有下边框，居中对齐。

提示 ━━━━━━━━━━━━━━━━━━━━━

选择表格后可以通过表格工具和表格样式对表格进行操作。

图 5-11　自定义封面

5.3　使 用 样 式

样式是指一组已经命名的字符和段落格式，它规定了文档中标题正文，或者是其他元素的格式，这些格式包括字体、字号、字形、段落间距、行间距以及缩进量等内容，该格式可直接应用到选定的文档，这样就可以避免格式设置上的重复操作。

创建和使用样式是文档排版的利器。长文档中内容较多，结构复杂，如果对其内容按要求——进行排版显然较为费时费力。针对长文档中的许多要素都有相同的格式，如正文、标题、表格、段落等，因此可以采用样式来轻松快速地改变其格式，达到简化格式的编辑和修改，高效统一文档格式的目的，同时文档标题使用内置样式也是自动生成目录的前提。

5.3.1 应用样式

WPS 文字内置了多种样式，称为内置样式，使用这些样式可以轻松快速地设置标题、正文、背景等文档格式，所以内置样式又称为快捷样式库。

1. 使用快捷样式库

使用快捷样式库设置文档格式的操作步骤如下。

步骤1：在文档中选择要应用样式的文本段落，或者将鼠标光标定位到需要设置格式的段落中。

步骤2：在"开始"选项卡上的"快捷样式库"中单击选中需要的样式，如图 5-12 所示"2 全固态激光器的光泵浦系统及热效应分析"是选中的文本段落，设置的样式是"标题 1"样式。

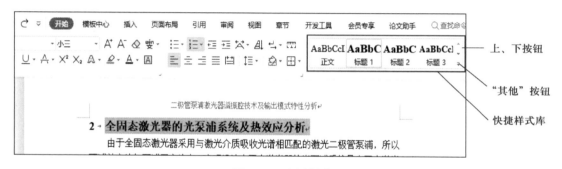

图 5-12 应用样式

如果用户看不到需要的样式还可以单击"快捷样式库"右侧的上、下按钮显示其他的样式，或者单击"其他"按钮打开"预设样式"下拉列表，在该列表中将显示所有的内置样式，如图 5-13 所示。

在"预设样式"下拉列表中单击所需要的样式就可完成文档格式的设置。

2. 使用"样式和格式"任务窗格

通过使用"样式和格式"任务窗格也可以将样式应用到选中的文本段落，具体操作步骤如下：

步骤1：在文档中选择要应用样式的文本段落，或者将鼠标光标定位到需要设置的段落中。

步骤2：打开如图 5-13 所示的"预设样式"下拉列表，在列表中单击选择"显示更多样式"选项，打开如图 5-14 所示的"样式和格式"任务窗格。

步骤3：在"样式和格式"任务窗格的列表中单击选择需要的样式，即可完成对选中文本段落的样式设置。

图 5-13　"预设样式"下拉列表　　　　　　　　图 5-14　"样式和格式"任务窗格

在"样式和格式"任务窗格中勾选"显示预览"复选框还可以看到样式的预览效果，否则所有样式只能以文字描述的形式列举出来。

WPS 文字提供的内置样式，如标题 1、标题 2、标题 3……，在创建目录以及按大纲级别组织和管理文档时非常有用，因此在对长文档排版时，应对各级标题分别使用内置标题样式，然后，再对标题样式进行适当修改以适应不同的需求。

5.3.2　创建新样式

如果快捷样式库中的样式无法满足当前文档的应用需求，还可以创建新样式来满足。用户可以根据设置好的文本格式创建新样式，也可以直接定义新样式。创建新样式的步骤如下：

步骤 1：选中或将鼠标光标定位到已经完成格式定义的文本段落，在如图 5-13 所示的"预设样式"下拉列表中单击选择"新建样式"选项。

步骤 2：如图 5-15 所示，在弹出的"新建样式"对话框中的属性区域输入样式的名称。设置好"样式类型""样式基于"和"后续段落样式"选项。

步骤 3：可以单击"新建样式"对话框中的"格式"按钮，对样式的格式，如段落、边框、编号、字体等进行进一步修改。

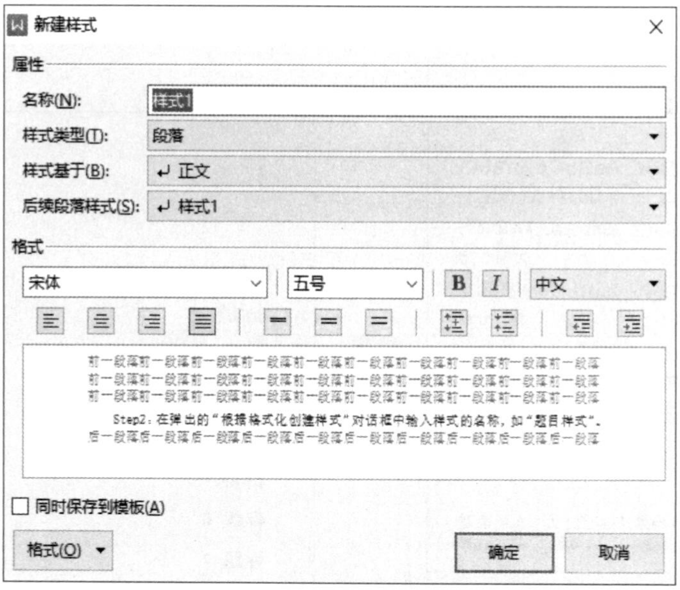

图 5-15　"新建样式"对话框

步骤4：若修改后满足要求，则单击"新建样式"对话框下方的"确定"按钮即可将新样式添加到快捷样式库中。

如果选定了文字段落，新样式会被默认设置为当前文字段落的格式，如果用户对格式满意，只需给新样式命名，然后单击"确定"按钮即可。在快捷样式库中选中指定样式，右击鼠标，在弹出的快捷菜单中选择"删除样式"即可删除当前样式。（注意：内置样式是不能删除的）

5.3.3　修改样式

无论是内置样式还是自定义样式都可以根据需要对样式进行修改。对样式的修改将反映到所有应用该样式的文本段落中，达到一改全改的目的。修改样式的步骤如下。

步骤1：如图 5-16 所示，可以在"开始"选项卡中的"快捷样式"库中，选中要修改的样式，单击鼠标右键，在弹出的快捷菜单中选择"修改样式"命令。

步骤2：如图 5-17 所示，在弹出的"修改样式"对话框中对样式进行修改，单击"修改样式"对话框左下角的"格式"按钮可以对各种格式进行修改，如字体、编号、段落等。完成后单击该对话框中的"确定"按钮即可完成修改。

图 5-16　快捷样式库中的快捷菜单

打开"修改样式"对话框的方式有两种：方法1：在如图 5-13 所示的"预设样式"下拉列表中选中所需要修改的样式，然后单击鼠标右键，在弹出的快捷菜单中选择"修改样式"选项；方法2：在图 5-14 所示的"样式和格式"任务窗格中选中要修改的样式，单击鼠标右键，在弹出的快捷菜单中选择"修改样式"选项。

图 5-17　"修改样式"对话框

5.4　自动应用多级列表编号

当用户进行长文档编辑或排版时，经常会使用到多级编号。例如，在类似学术论文或书稿等的文档中会包含很多章节，而这些章节就需要多级编号来标示。多级编号使文档的内容结构清晰、逻辑明确有层次感，同时对长文档在调整章节顺序时，整个文档的章节编号会自动更新，非常便捷，大大地提高了编辑排版的效率。将多级编号与标题样式进行关联后，标题可自动应用多级列表编号。如果编辑排版文档中的原来标题有手工编写的编号，也可以通过样式查找替换进行删除。

5.4.1　多级编号与样式关联 ·······································□

设置好标题样式，然后让多级编号自动应用到标题样式中，通过标题样式就可以快速设置有多级编号的标题的格式了。其操作步骤如下：

步骤 1：单击"开始"选项卡→"编号"下拉按钮，弹出"编号"窗格，如图 5-18 所示。

步骤 2：单击选择"编号"窗格中的"自定义编号"选项，打开图 5-19 所示的"项目符号和编号"对话框，选择"多级编号"选项卡，如图 5-19 所示，然后选择所需要的编号格式，单击右下方的"自定义"按钮。

步骤 3：如图 5-20 所示，在弹出的"自定义多级编号列表"对话框中，选择级别为

"1"，设置编号格式、起始编号、勾选"正规形式编号"、选择"将级别链接到样式"为"标题1"。（如果未出现相关选项内容，可以单击对话框中的高级按钮，展示所有选项内容）

图 5-18 "编号"窗格

图 5-19 "项目符号和编号"对话框

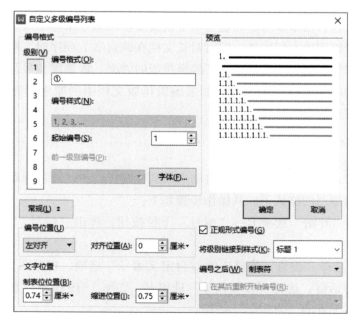

图 5-20 "标题1"多级编号设置

步骤 **4**：如图 5-21 所示，选择级别为 "2"，设置编号格式、起始编号、勾选 "正规形式编号"、选择 "将级别链接到样式" 为 "标题 2"、勾选 "在其后重新开始编号" 并设置为 "级别 1"。

步骤 **5**：如果有级别 3、4 或更多样式级别，参照如图 5-21 所示，选择不同的级别，分别设置好编号格式、起始编号、勾选 "正规形式编号"、选择 "将级别链接到样式" 为 "标题 *N*"（即当前级别标题）、勾选 "在其后重新开始编号" 并设置级别为上一级。

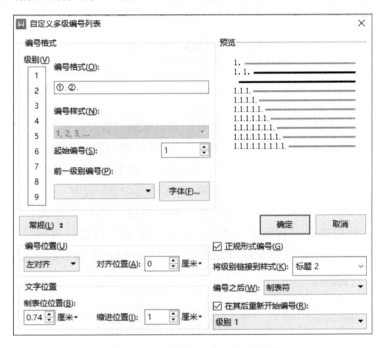

图 5-21 "标题 2" 多级编号设置

步骤 **6**：设置完成后单击 "自定义多级编号列表" 对话框中的 "确定" 按钮就完成了多级编号和标题样式的关联。

步骤 **7**：将关联多级编号的标题样式分别应用到需要的文档中即可完成文档标题的自动编号。

5.4.2 样式查找和替换

如图 5-22 所示就是应用了多级编号标题样式的文档，为了清楚明了地看到各级标题，本例使用了大纲视图显示二级标题的方式来展示。

从图 5-22 中可以看到标题中有用户编写论文时自己手工编写的非多级编号的文档编号，这时需要将其删除，如果手动逐个删除，势必效率低下，这时就可以使用样式查找替换来轻松完成删除。操作步骤如下：

步骤 **1**：单击 "开始" 选项卡→ "查找替换" 下拉按钮，选择 "替换" 选项，打开 "查找和替换" 对话框。

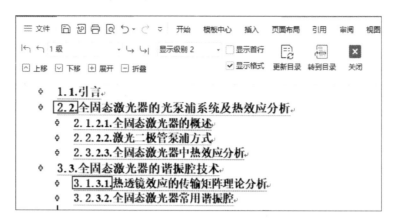

图 5-22　大纲视图下的多级编号文档

步骤 2：如图 5-23 所示，在"查找和替换"对话框的"查找内容"文本框中输入"？."，因为标题 1 编者输入的是"1."（为了准确可以先将查找内容复制到该文本框中，将变化字符用"？"替代），勾选"使用通配符"复选框（如果没有该选项可以单击"高级搜索"按钮）。"替换为"文本框中什么都不输入。（符号"？"是单一字符的通配符）

步骤 3：如图 5-23 所示，单击"格式"下拉按钮，选择"样式"选项，在弹出的"查找样式"对话框中选择"标题 1"选项，单击"确定"按钮，返回"查找和替换"对话框，然后单击"全部替换"按钮即可完成手工输入的标题 1 编号的删除。

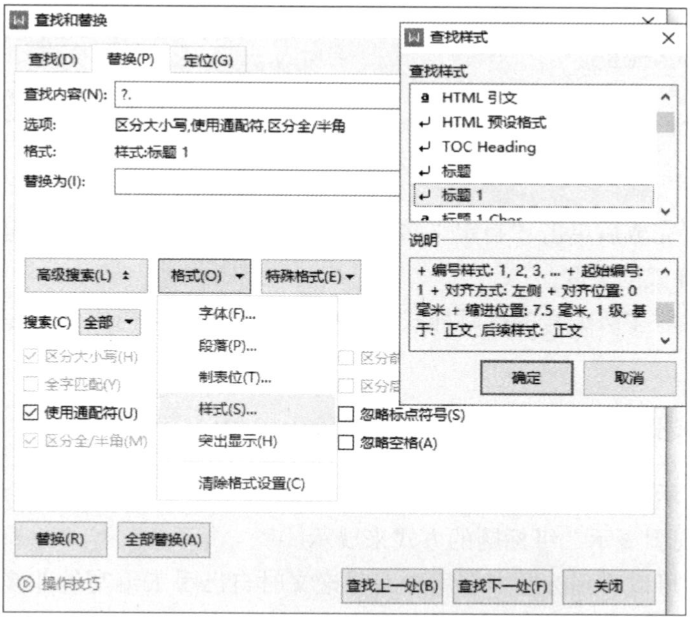

图 5-23　"查找和替换"对话框

使用同样的方法，在"查找内容"文本框中输入"？.？."，"查找样式"为"标题2"，也可以通过替换删除手动输入的标题 2 编号。以此类推就可以删除所有的人工输入的编号了，是不是比逐个删除要快得多！

5.5　创建文档目录

文档目录的作用是列出了长文档中的各级标题及其所在的页码，便于用户快速检索、查阅到相关内容。目录一般位于封面之后，通常情况下可以自动生成，也可以由用户自定义。

5.5.1　利用目录样式库创建目录 ··□

WPS 文字的目录样式库为用户提供了多种目录样式可供选择。用户可以有 3 种创建目录的方式，分别是智能目录、自动目录和自定义目录。

如果文档的标题已经应用了 WPS 文字提供的内置标题样式，用户就可以优先选择用"自动目录"方式来创建目录。具体步骤如下：

步骤 1：首先将鼠标光标定位到将要创建目录的位置，通常是在长文档封面、摘要或前言之后。

步骤 2：如图 5-24 所示，单击"引用"选项卡→"目录"按钮，就可以弹出目录样式库下拉列表。

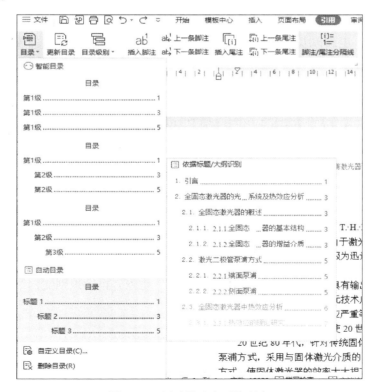

图 5-24　目录样式库下拉列表

步骤3：将鼠标光标移动到"自动目录"下方时，会显示目录的预览样式，用户在满意的"自动目录"上单击鼠标就可以创建自动目录了。

步骤4：若对插入的目录格式不满意，可以用鼠标单击目录内容进入目录编辑状态。选中目录的相关内容对目录文本字体及段落格式再进行编辑和设置。

图5-25所示就是创建好的进入编辑状态的目录，此时WPS文字会自动打开导航窗格（图5-25左侧所示）方便用户对文档结构进行浏览和调整。图5-25右侧所示的就是进入编辑状态的目录，用户可以选择目录上方的"目录设置"按钮对目录重新设置或删除，单击"更新目录"按钮可以对变动的文档结构重新构建新的目录。插入目录后，只需要按住Ctrl键，再单击指定的目录标题即可跳转到文档中相关标题的内容处。

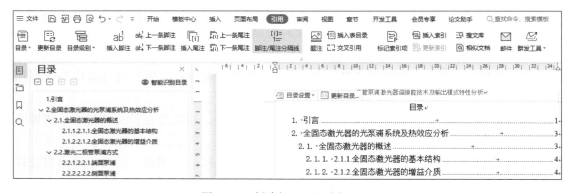

图5-25　创建好目录的编辑界面

目录的创建、更新以及目录级别的调整也可以通过使用"引用"选项卡上相应的功能按钮来完成。

5.5.2　智能目录

"智能目录"是WPS文字中的人工智能应用特色功能。当用户没有在文档中使用内置标题样式，而又想快速创建目录时就可以使用智能目录来完成。操作步骤如下：

步骤1：首先将鼠标光标定位到即将创建目录的位置。

步骤2：如图5-24所示，单击"引用"选项卡→"目录"按钮，就可以弹出目录样式库下拉列表。

步骤3：将鼠标光标移动到智能目录中，选择需要的目录样式，单击鼠标就可以创建智能目录了。

在导航窗格上方也可以使用"智能识别目录"功能，自动识别文档结构，然后使用智能目录将识别的文档结构形成目录。

5.5.3　自定义目录

当文档中的标题是自定义样式，而目录样式库中又没有合适的目录满足文档排版的要求，就可以使用自定义方式创建目录。操作步骤如下：

步骤 1：首先将鼠标光标定位到即将创建目录的位置。

步骤 2：如图 5-24 所示，单击"引用"选项卡→"目录"按钮，就可以弹出目录样式库下拉列表。

步骤 3：单击选择目录样式库下拉列表下方的"自定义目录"选项。

步骤 4：如图 5-26 所示，在弹出的"目录"对话框中设置好"制表符前导符""显示级别""页码"及"超链接"等选项。

步骤 5：单击"目录"对话框中的"选项"按钮，弹出"目录选项"对话框，如图 5-27 所示，在对话框中设置好"标题样式""大纲级别"等选项，然后单击"确定"按钮，返回"目录"对话框，即可看到打印预览的效果，再次单击"目录"对话框中的"确定"按钮完成目录的创建。

图 5-26　"目录"对话框

图 5-27　"目录选项"对话框

5.6　文档的分页与分节

在编辑文档时，如果要另起一页文本内容或重新开始新的文档部分，可以使用 WPS 文字的分页或分节操作来完成，这样就可以有效划分文档内容的布局，提高排版效率。

5.6.1　为文档分页 ⸺⸺⸺⸺⸺⸺⸺⸺⸺⸺⸺⸺⸺⸺⸺⸺⸺⸺⸺⸺⸺⸺⸺▫

通常情况下，当文档内容到页尾时会自动分页，即另起一页，但有时为了排版的需要，不满一页也需要另起一页，如果用插入多个空行的方法来使其自动分页，显然降低了工作效率，也不利于排版，这时在文档中插入分页符来分页就是一个高效的选择。操作步骤如下：

步骤 1：将鼠标光标放置在需要分页的位置。

步骤 2：单击"页面布局"选项卡→"分隔符"按钮，打开如图 5-28 所示的分隔符下拉列表。

图 5-28　分隔符下拉列表

步骤 3：单击"分页符"按钮，即可将光标后的内容布局到下一页中，完成手工分页的工作。分页符前后的文本段落格式保持一致。

5.6.2　为文档分节

默认情况下，WPS 文字将整个文档视为一节，所有对文档的设置都是应用到整篇文档中。当插入"分节符"将文档分成多个不同的"节"后，就可以对不同的"节"设置不同的页面格式，如采用不同的页眉和页脚，各节还可以采用不同的页面布局，如页面的纵横混排。

插入分节符的操作如下：
步骤 1：将光标定位到要分节的位置。
步骤 2：在"页面布局"选项卡中单击"分隔符"按钮，打开如图 5-28 所示的分隔符下拉列表，单击"下一页分节符"按钮完成分节操作。此时分节的同时也会分页。

除了"下一页分节符"以外，还有"连续分节符"：新节与其前面的节同处于当前页中，即分节不分页；"偶数页分节符"：分节符后的文本转入到下一个偶数页，即分节又分页，下一页从偶数页开始；"奇数页分节符"：分节符后的文本转入到下一个奇数页，即分节又分页，下一页从奇数页开始。

5.7　设置页眉、页脚与页码

页眉和页脚是文档中每页的顶部和底部区域。通过在页眉和页脚中插入文本、图形、图片以及其他文档部件，可以让用户快速了解该文档的相关信息，例如，文档标题、单位名称、作者姓名、页码、时间、日期、公司 Logo 等。通常较正式的长文档都需要设置页眉、页脚与页码，使文档更加专业和规范。

5.7.1　设置页眉或页脚

WPS 文字提供了丰富的页眉或页脚样式，可以轻松插入、修改页眉或页脚，也可以创建编辑自定义的页眉或页脚。

1. 进入或退出页眉和页脚的编辑状态

用户可以单击"插入"选项卡→"页眉页脚"按钮进入页眉页脚的编辑状态，此时功能区会显示"页眉页脚"选项卡，同时光标会停留在页眉或页脚区域等待用户编辑，如图 5-29 所示，如果用户不需要特定样式就可以编辑页眉页脚，这就是自定义编辑方式。

图 5-29　页眉页脚编辑状态

用户也可以在文档的页眉或页脚区域直接双击鼠标进入页眉页脚的编辑状态，还可以通过插入页码的方式进入页眉页脚编辑状态。

退出页眉和页脚的编辑状态有两种方法：①单击"页眉页脚"选项卡→"关闭"按钮；②在文档的非页眉页脚区域双击鼠标。

在页眉页脚的编辑状态下，单击"页眉页脚"选项卡→"页眉页脚切换"按钮可以在文档页眉和页脚编辑区域之间进行切换，单击"显示前一项"或者"显示后一项"按钮可以在不同节的页眉或页脚编辑区域进行切换，当然也可以直接单击需要编辑的页眉或页脚区域来进行切换。

2. 插入预置的页眉或页脚

在文档中编辑和插入页眉或页脚样式的操作方式完全一致，通常只是编辑页眉在页面上方，编辑页脚在页面下方。以插入页眉为例，其操作步骤如下：

步骤 1：单击"插入"选项卡→"页眉页脚"按钮，打开"页眉页脚"选项卡，单击"页眉"按钮。

步骤 2：如图 5-30 所示，在打开的"稻壳页眉页脚"样式对话框中可以看到稻壳资源为用户提供的多种不同类型的页眉样式，选择其中一个合适的页眉样式，会出现它的预览情况，如果满意就可以单击应用了。

步骤 3：在页眉位置插入相关的内容如文字、图片、图形、页码等，并进行格式化后退出页眉页脚的编辑状态即可。

如图 5-30 所示，在"稻壳页眉页脚"样式对话框下方单击""删除页眉"按钮即可删除当前页眉，单击"编辑页眉"即可对当前页眉进行编辑。

插入页脚样式单击"页眉页脚"选项卡中的"页脚"按钮，其操作和页眉操作一致。

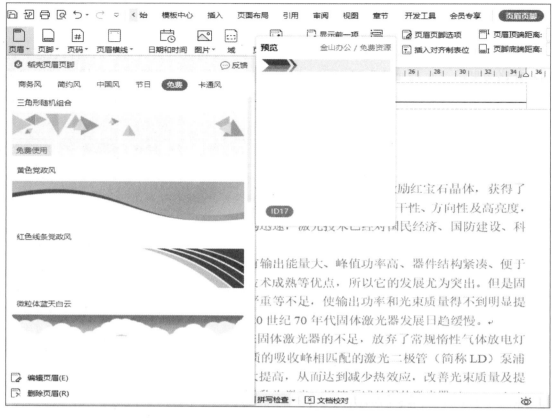

图 5-30 "稻壳页眉页脚"样式对话框

WPS 文字不仅提供了丰富的页眉或页脚预设样式，还提供了页眉和页脚样式的组合，单击"页眉页脚"选项卡中的"配套组合"按钮就能提供相同类型的页眉页脚组合样式及同时删除页眉页脚的功能，如图 5-31 所示。

很多情况下，用户需要调整页眉横线格式来满足页眉格式的需要。用户可以单击"页眉页脚"选项卡上的"页眉横线"按钮来调整页眉横线的类型和颜色，如果不需要横线可以选择删除横线。

3. 创建首页不同的页眉和页脚

通常情况下，文档首页的页眉和页脚与文档的其他部分不同，可以通过以下两种操作方式来创建。

第一种方法可以通过"页眉页脚选项"按钮实现，操作步骤如下：

步骤 1：双击文档中的页眉或页脚区域，功能区自动出现"页眉页脚"选项卡，如图 5-29 所示。

步骤 2：在"页眉页脚"选项卡中单击"页眉页脚选项"按钮，弹出"页眉/页脚设置"对话框，如图 5-32 所示，勾选"首页不同"复选框后单击"确定"按钮即可。

此时文档首页中原有的页眉和页脚就被删除了，用户可以重新根据需要编辑设置首页的页眉和页脚。

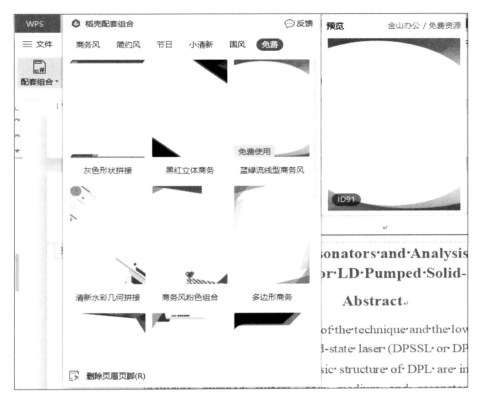

图 5-31　"稻壳配套组合"样式对话框

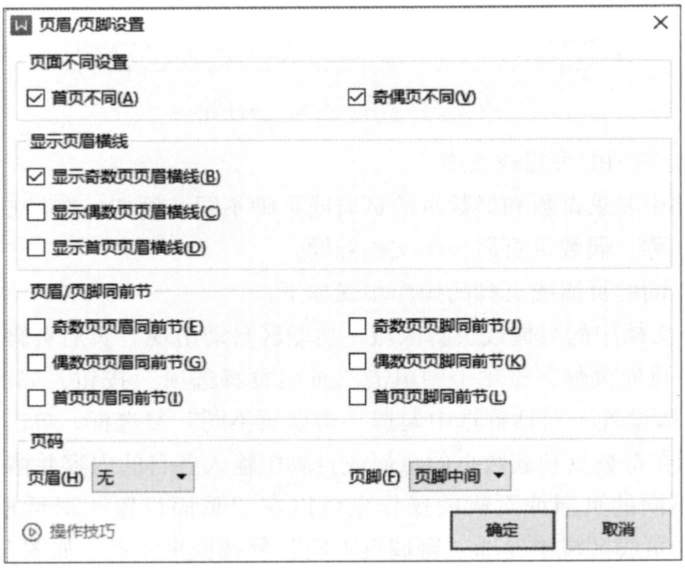

图 5-32　设置首页不同

第二种方法是通过"页面设置"对话框进行设置，操作步骤如下：

在"页面页脚"选项卡中单击"页面横线"按钮右下方的对话框启动器（在"页面

布局"选项卡中也可以单击对话框启动器），如图 5-33 所示，打开"页面设置"对话框，选择"版式"选项卡，在"页眉和页脚"区域下勾选"首页不同"复选框，单击"确定"按钮即可。

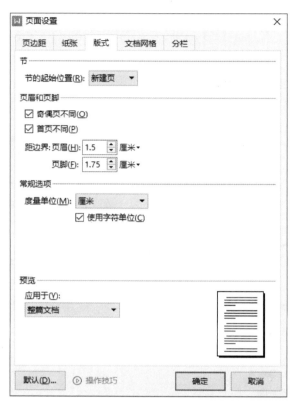

图 5-33 "页面设置"对话框

4. 创建奇偶页不同的页眉或页脚

有时同一文档中要求奇数和偶数页的页眉或页脚不同。例如，在科技论文中要求奇数页页眉显示单位名称，偶数页页眉显示文档标题。

设置奇偶页不同的页眉或页脚的操作步骤如下：

步骤 1：双击文档中的页眉或页脚区域，功能区自动出现"页眉页脚"选项卡。

步骤 2：在"页眉页脚"选项卡中单击"页眉页脚选项"按钮，如图 5-32 所示，在弹出的"页眉/页脚设置"对话框选中勾选"奇偶页不同"复选框，单击"确定"按钮。

步骤 3：分别在奇数页和偶数页的页眉或页脚中输入各自的内容并格式化即可。

设置奇偶页不同的页眉或页脚的操作也可以在"页面设置"对话框中选择"版式"选项卡，在页眉和页脚区域中勾选"奇偶页不同"复选框来实现，如图 5-33 所示。

5. 在文档的不同节创建不同的页眉或页脚

通常在对长文档进行编辑、排版时需要对文档的不同部分采用不同的页眉或页脚格式，如在科技论文中要求封面、摘要和目录没有页眉和页脚。这就需要我们先对文档进行分节，然后根据需要为不同的节创建不同的页眉或页脚，操作步骤如下：

步骤 1：将鼠标光标定位到该节的某一页上。

步骤 2：在该页的页眉或页脚区域中双击鼠标，进入页眉和页脚的编辑状态。

步骤 3：以页眉为例，默认情况下，如果不是第一节，如图 5-34 所示，都会显示页眉或页脚的内容与上一节相同，特别注意"页眉页脚"选项卡中的"同前节"按钮处于深色状态。页眉和页脚编辑区右侧有"与上一节相同"的提示。

如果要与上一节不同，则需要单击"同前节"按钮使其变为非深色状态，同时"与上一节相同"的提示也会消失，然后对本页的页眉进行编辑。编辑页脚的方法完全相似，只是编辑区域在页脚。页眉和页脚的切换可单击"页眉页脚切换"按钮实现，也可以直接在页眉或页脚编辑区双击来实现。

提示 ▇▇▇▇▇▇

　　如果要求奇偶页的页眉或页脚不同，则需要对奇数页和偶数页的页眉或页脚在不同节分别进行上述操作。

步骤 4：如有其他节的页眉或页脚也需要编辑设置，可通过"页眉页脚"选项卡中的"显示前一项"和"显示后一项"按钮进行切换，或者通过单击其他节的页眉或页脚编辑区进行选择。

步骤 5：页眉或页脚编辑完成后，双击文档正文区域退出页眉页脚的编辑状态即可。

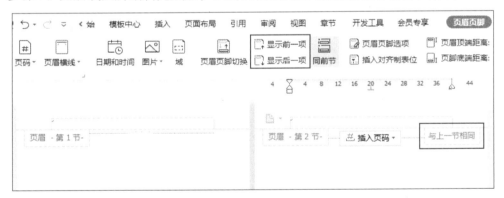

图 5-34　页眉和页脚在不同节中的显示

6. 删除页眉或页脚

如果不需要页眉或页脚也可将其删除，其操作步骤如下：

步骤 1：将鼠标光标定位到要删除的文档页眉或页脚编辑区中，单击"插入"选项卡→"页眉页脚"选项卡→单击"页眉"按钮或"页脚"按钮。

步骤 2：如图 5-30 所示，在"稻壳页眉页脚"样式对话框中执行下方的"删除页眉"或"删除页脚"命令，即可删除当前节的页眉或页脚。

若要同时删除页眉和页脚还可以在"页眉页脚"选项卡中单击"配套组合"按钮，在弹出的对话框中执行"删除页眉页脚"命令来同时删除页眉和页脚。

如果要删除页眉横线可以在"页眉页脚"选项卡中单击"页面横线"按钮，然后进行相关操作。

当然也可以直接进入页眉和页脚的编辑区，手动对其中的内容进行删除。

5.7.2 设置页码 ⋯⋯⋯⋯⋯⋯⋯⋯⋯⋯⋯⋯⋯⋯⋯⋯⋯⋯⋯⋯⋯⋯⋯⋯⋯⋯⋯⋯□

通过页码可以让用户知道当前内容在文档中的位置，便于在目录中快速找到并定位文档内容。页码通常情况下是在文档的页眉和页脚区域，下面介绍利用 WPS 文字提供的多种页码编辑设置方式来设置页码。

1. 插入预设样式的页码

在"插入"选项卡中，单击"页码"下拉按钮（页码按钮的下半部分），打开页码"预设样式"下拉列表，如图 5-35 所示。下拉列表中为用户提供了多种预设页码样式，还有丰富的稻壳页码样式，单击选择中意的样式即可。

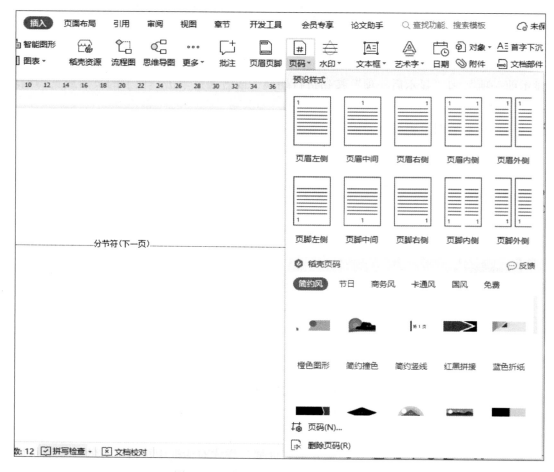

图 5-35 页码的"预设样式"下拉列表

2. 快捷方式添加页码

方法 1：在"插入"选项卡中直接单击"页码"按钮（页码按钮的上半部分）可在

页脚区域立刻插入页码，并进入页眉页脚编辑状态，可以对页码进行编辑设置。

方法 2：如图 5-36 所示，将鼠标光标定位到页眉或页脚位置，双击进入页眉或页脚编辑状态，单击页码或页脚下方的"插入页码"按钮，在弹出的对话框中设置好页码样式、位置、打印方式和应用范围，单击"确定"按钮即可完成页码的插入。

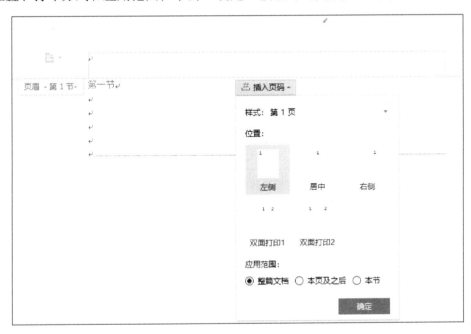

图 5-36　在页眉页脚编辑状态下插入页码

3. 自定义页码

在添加页码时，如果预设页码样式不能满足要求就需要自定义页码，自定义页码的方法有两种，第 1 种是定义好页码样式添加新页码，第 2 种是在已有页码中进行修改。具体操作步骤如下：

方法 1：单击"插入"选项卡中的"页码"下拉按钮，如图 5-35 所示，在弹出的"预设样式"下拉列表下方单击执行"页码"命令，打开如图 5-37 所示的"页码"对话框。设置好页码的样式、位置、包含章节号、页码编号和应用范围后单击"确定"按钮即可。

方法 2：如果已经有页码存在，双击页码所在位置，激活页眉页脚编辑环境后，如图 5-38 所示，可以单击"重新编号"按钮对页码编号进行设置，单击"页码设置"按钮可以对页码样式、位置和应用范围进行设置，单击"删除页码"按钮可以在不同范围内删除页码。

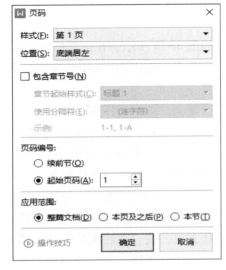

图 5-37　"页码"对话框

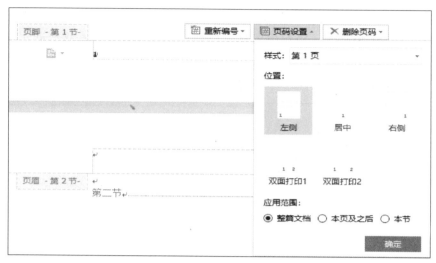

图 5-38   页眉页脚编辑状态下的页码设置

5.8   为图表插入题注

微视频 5-2
插入题注及交叉
引用题注

文档编辑排版中的图表、公式、表格或其他对象需要有对它们进行描述的标签文字，如"表 2-2 工资表"等。如果使用一般性的文本进行描述，在对文档进行编辑过程中，如果对这些内容进行了添加、删除或移动操作，则这些内容的编号只能单独调整，费时费力。WPS 文字提供了自动编号的题注功能，自动完成这些对象的顺序编号，使用户轻松自如应对编辑排版中的图表、公式、表格等其他对象的排版和管理。

5.8.1   插入题注

如图 5-39 所示，在文档编辑排版时插入题注的具体操作如下：

步骤 1：选中需要添加题注的对象，或者将光标定位到需要添加题注的位置，例如图片下方。

步骤 2：单击"引用"选项卡→"题注"按钮，打开"题注"对话框。

步骤 3：在"题注"对话框中的"标签"下拉列表中选择需要的标签类型，如"图"，在题注文本框中添加题注内容，如"图 1 激光器示意图"，如果是选中需要添加题注的对象则可以设置好题注位置。

步骤 4：单击"题注"对话框中的"编号"按钮，在弹出的"题注编号"对话框中的"格式"下拉列表中可以选择题注编号的格式。如果标题应用了多级编号与内置标题样式关联方式，在"题注编号"对话框中勾选"包含章节编号"复选框，则可以在题注前自动增加标题序号。单击"确定"按钮完成题注编号的设置，再单击"题注"对话框中的"确定"按钮完成题注的插入。

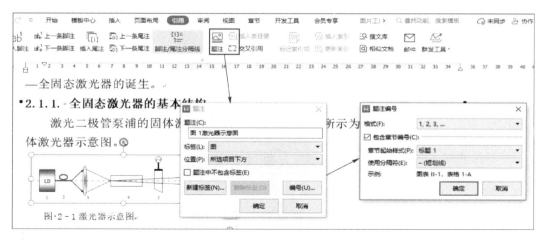

图 5-39　插入题注

对插入的题注可以进行格式设置以满足用户需求。在"题注"对话框中如果没有合适的标签类型，还可以单击"题注"对话框中的"新建标签"按钮，打开"新建标签"对话框，在"标签"文本框中输入新的标签名称，如"图表"，单击"确定"按钮即可。

5.8.2　交叉引用题注

在编辑文档过程中，若需要引用已插入的题注，如"图 2-1 所示"等，就可以使用交叉引用题注。在文档中交叉引用题注的具体操作如下：

步骤 1：可以将鼠标光标定位到需要引用题注的位置。

步骤 2：在"引用"选项卡上单击"交叉引用"按钮。

步骤 3：如图 5-40 所示，在弹出的"交叉引用"对话框中选择好引用类型和引用内容，指定所引用的具体题注。

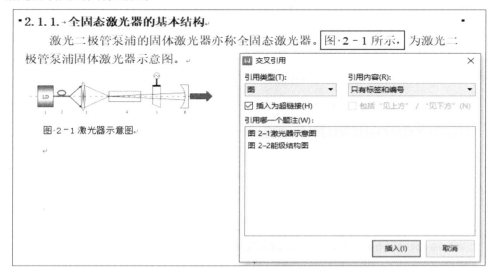

图 5-40　交叉引用题注

步骤4：单击"交叉引用"对话框中的"插入"按钮，在鼠标光标所在位置插入交叉引用。

步骤5：单击"取消"按钮退出"交叉引用"对话框。

交叉引用是作为域插入文档中的，当文档中的题注被编辑发生改变后，只需进行打印预览或者域更新操作，文档中的题注编号和引用内容就会随之自动更新。

5.9　插入脚注和尾注

WPS文字提供了脚注和尾注功能，可以对文本进行补充说明，或对文档中的引用信息进行注释。脚注位于当前页面的底部，或指定文本的下方，尾注位于文档的结尾或指定节的结尾。脚注和尾注均通过一条短横线与正文进行分割，且字号比正文小。

5.9.1　插入脚注和尾注 ···□

在文档中插入脚注或尾注的具体操作如下：

步骤1：将鼠标光标定位于需要添加脚注或尾注的文本右侧。

步骤2：单击"引用"选项卡→"插入脚注"按钮，在默认情况下即可在页面的底端加入脚注区域；或者单击"插入尾注"按钮，在默认情况下即可在当前节的结尾处加入尾注区域。

步骤3：在脚注或尾注区域中输入注释说明的文本即可，以脚注为例，如图5-41所示。

当插入脚注或尾注后，只需将鼠标指针停留在脚注或尾注引用标记上，注释说明的内容就会显示出来，而无须将鼠标指针移动到脚注或尾注区域。

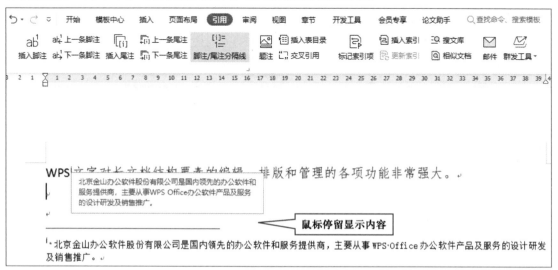

图5-41　插入脚注

5.9.2　修改脚注和尾注 ·· □

1. 修改脚本和尾注的格式

直接插入的脚注和尾注其格式有时不能满足要求，可以修改脚注和尾注的格式。操作步骤如下：

步骤 1：可以将鼠标光标定位到非脚注和尾注区域（保证脚注和尾注都可以修改），单击"引用"选项卡→"脚注/尾注分隔线"按钮右下方的对话框启动器按钮↵，打开如图 5-42 所示的"脚注和尾注"对话框。

步骤 2：选中脚注或者尾注分别对其格式、应用进行修改，完成后单击"应用"按钮完成修改。

步骤 3：如果要添加或去除脚注和尾注的分隔线，可以单击"引用"选项卡上的"脚注/尾注分隔线"按钮来实现。

2. 移动、复制或删除脚注或尾注

只需选中脚注或尾注的标记，即可对其进行移动、复制或删除操作，完成后它们的编号会自动调整。

3. 脚注和尾注的转换

脚注和尾注根据文档的需要是可以相互转换的，转换的方式有两种，一是在图 5-42 所示的"脚注和尾注"对话框中通过"转换"按钮完成，二是可以选中脚注或尾注区域后，单击鼠标右键，打开如图 5-43 所示的快捷键菜单。如果是脚注，在快捷菜单中选择"转换至尾注"命令，如果是尾注，在快捷菜单中选择"转换为脚注"命令即可完成转换。

图 5-42　"脚注和尾注"对话框

图 5-43　通过快捷菜单转换脚注和尾注

5.10　域 的 使 用

5.10.1　什么是域 ·· ▫

1. 域的概念

域是一种特殊的代码，在 WPS 文字中应用广泛，如自动插入文字、图形、页码、目录、题注等本质上都是域代码。域是通过公式计算的可变化的数据，每个域都有一个唯一的名字，具有特定的功能，能够实现数据的自动更新。

2. 域的组成

域分为域代码和域结果，它们是域的两种不同的显示形式。域代码是由一对大括号｛｝、域类型和设定域工作的域指令或开关组成。域结果是指域的显示结果，其类似数学表达式的结果值。以显示当前日期的域为例：域代码是｛ DATE 　　\@ "yyyy'年'M'月'd'日'" \＊ MERGEFORMAT ｝，域结果是"2022 年 9 月 1 日"（当天日期），在此域代码中，域类型是"DATE"，域特征字符是"｛｝"，域指令 ""yyyy'年'M'月'd'日'"" 指明日期的格式，通用域开关是"\＊MERGEFORMAT"，表示更新时保留原格式。

3. 域的功能

域的应用非常广泛，它的主要功能有：自动编页码；创建数学公式，进行加、减等数学运算；不同格式的日期和时间的插入；创建索引和目录；在当前文档中插入其他文档；利用邮件合并域实现批量数据的处理等。因此熟练使用 WPS 文字的域，可以增强排版的灵活性，实现许多特殊的编辑效果。如在一些每日报道型的文档中，报道的日期需要每天更新，如果手动更新日期，不仅烦琐而且容易出错，而使用 DATE 类型的域代码就可以实现日期的自动更新。

5.10.2　插入域 ··· ▫

WPS 文字提供了许多类型的域。下面我们以 TIME 类型为例来讲解插入域的步骤：

步骤 1：在文档中，将鼠标光标定位到需要插入域的位置。

步骤 2：单击"插入"选项卡→"文档部件"按钮，在弹出的下拉列表中单击执行"域"命令，弹出"域"对话框。如图 5-44 所示。

步骤 3：在弹出的"域"对话框中，WPS 文字分别提供了公式、当前页码、本节总页数、当前时间和邮件合并等域类型，本案例中选择"当前时间"选项，然后参照图 5-44 中"域"对话框下方的"应用举例"输入显示日期的域代码"TIME\@ "yyyy-m-d""，勾选"更新时保留原格式"复选框，单击"确定"按钮完成域的插入。

步骤 4：查看或修改域代码，直至正确，具体操作参见 5.10.3 节所述的域的编辑操作。

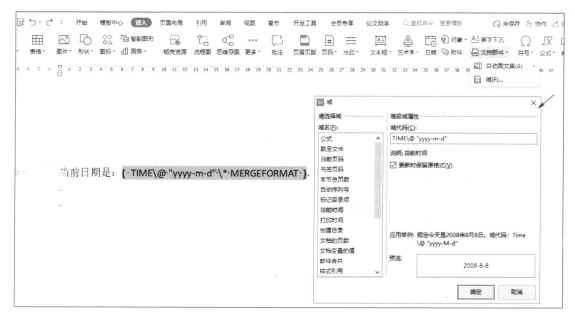

图 5-44　插入域操作

5.10.3　域的编辑操作

1. 查看和修改域代码

如果要查看或修改域代码，可以通过快捷键 Shift+F9 在所选的域代码及其结果之间进行切换。当需要修改域代码时，需要先按下 Shift+F9 键切换到域代码状态，例如图 5-44 所示的域代码 "TIME\@"yyyy-m-d"\ * MERGEFORMAT" 中有空格，需要删除空格后才能正确显示结果，完成修改后按 F9 功能键对域进行更新，再次按下 Shift+F9 键显示域结果，如果还是不正确，继续切换修改。另外通过快捷键 Alt+F9 可以在所有的域代码及其结果间进行切换。

2. 删除域

如果要删除某个域，先选中该域，然后按 Delete 键即可。如果要删除整篇文档中的域，首先按 Alt+F9 键显示文档中所有域代码，然后单击"开始"选项卡→"查找替换"下拉按钮，在弹出的下拉列表中选择"替换"命令，弹出"查找和替换"对话框，如图 5-45 所示，在对话框中单击"特殊格式"按钮，在弹出的下拉菜单中选择"域"选项，设置"查找内容"为当前文档中所有的域（也可以在"查找内容"文本框中直接输入"^d"），"替换为"文本框中不输入任何内容，设置完成后，单击"全部替换"按钮即可。

3. 锁定和解除域

有时需要确保当前的域不被修改，就需要锁定域。首先选中要锁定的域，然后按下 Ctrl+F11 键即可。反之按下 Ctrl+Shift+F11 键，就可以解锁域。

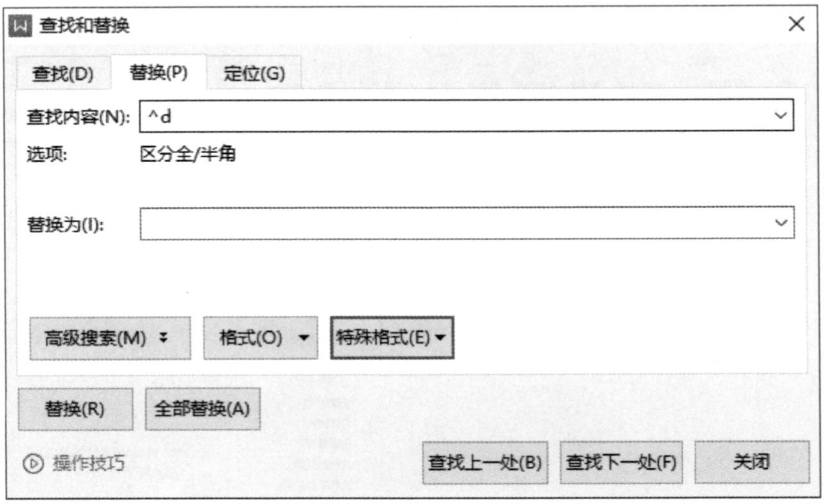

图 5-45　查找文档中的所有"域"并删除

4. 更新域

·如果对域进行了修改或删除等操作，则需要对域进行更新，选中需要更新的域对象，然后按 F9 键。对所有域更新可以先按 Ctrl+A 组合键选中全文档，然后按 F9 键。

5. 通过快捷菜单完成对域的操作

选中需要编辑的域后单击鼠标右键，在弹出的快捷菜单中选择相应的命令可完成编辑域、切换域代码、更新域的操作，如图 5-46 所示。

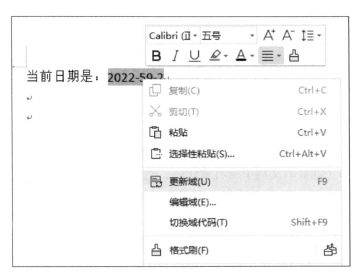

图 5-46　通过快捷菜单完成域的操作

5.11　应用案例：毕业论文排版

1. 案例目标

在 WPS 文字中打开实验素材"毕业论文排版案例.docx"，然后按照下述的操作要求对该文档进行排版。

2. 案例知识点

（1）页面布局。

（2）通过对文本进行格式化来自定义封面及摘要。

（3）使用多级编号与内置标题样式关联实现标题格式化。

（4）目录生成及目录格式化。

（5）文档分节。

（6）设置页眉和页脚，插入页码。

微视频 5-3
页面布局、封面
及摘要的设置

3. 操作要求

（1）设置论文页面的纸张大小为 A4，页边距为上下各 2.5 厘米。

（2）封面格式的要求如下：

设置"成都××工程大学学位论文"的格式为：黑体、二号、加粗、字符间距加宽 8 磅、居中、段前间距 12 行、段后间距 6 行；

设置论文题目的格式为：三号、加粗、居中。

（3）中文摘要格式的如下：

摘要标题：三号、加粗、居中、行距为固定值 20 磅；

"摘要"两个字：小三、加粗、居中、段前和段后间距均为 0.5 行；

摘要正文：小四、首行缩进 2 字符；

"关键词"三个字：四号、加粗。

微视频 5-4
正文和标题
格式设置

（4）论文内容格式的如下：

论文正文（包含结论部分）：小四、首行缩进 2 个字符；

论文一级标题使用标题 1 样式进行设置：宋体（中文字体）、小三、加粗、段前段后间距均为 1 行、首行无缩进、行距为固定值 20 磅、大纲级别 1 级；

论文二级标题使用标题 2 样式进行设置：宋体（中文字体）、四号、加粗、段前段后间距均为 0.5 行、首行缩进 1 个字符、行距为固定值 20 磅、大纲级别 2 级；

论文三级标题使用标题 3 样式进行设置：宋体（中文字体）、小四、加粗、段前段后间距均为 0 行、首行缩进 2 个字符、行距为固定值 20 磅、大纲级别 3 级；

结论标题：四号、加粗、居中、段前段后间距均为 1 行、首行无缩进、大纲级别 1 级；

多级编号与标题 1、标题 2、标题 3 样式关联实现自动编号。

（5）在中文摘要和正文之间插入目录，目录样式为"自动目录"；设置目录内容的段落格式为 2 倍行距。

（6）对文档进行分节：其中封面、中文摘要、目录、论文正文均各为一节。

（7）页眉和页脚格式的要求如下：

封面、中文摘要和目录无页眉页脚；

论文正文页眉：奇数页的页眉内容为"成都××工程大学本科毕业论文"，偶数页的页眉内容为论文题目，页眉字体格式为：宋体、小五；

论文正文页脚：在页脚中插入页码，页码编号从 1 开始，格式为：第×页（如第 1 页），奇数页的页脚左对齐，偶数页的页脚右对齐。

微视频 5-5
创建目录及分节

微视频 5-6
页眉页脚及页码
设置

第 6 章
WPS 文字高级应用

文档编辑有时候不仅仅是一个人的工作，往往需要多人的协同工作，如共同完成一篇文档的审阅与修订，每个人各自完成文档中某一部分的编辑，然后由一个人将各个部分合并起来。WPS 文字提供的审阅功能和多文档的分拆与合并功能可以很好地帮助用户完成以上工作。同时在文档编辑时还可使用 WPS 文字提供的邮件合并功能来实现文档的批量化制作。

6.1　审阅与修订文档

通常情况下，有些文档如科技论文、书籍等编辑完成后，还需要专家或同事进行审阅，对某些内容进行修改，并批注一些修改的原因或建议，最后还要快速对比、查看、合并、统一文档的多个修订版本。这时就要使用到 WPS 文字的修订文档、添加批注、审阅修订和批注功能。

6.1.1　修订文档

在审阅文档时，如果直接在文档中进行删除或修改，将不能看到原文档和修改后的文档的变化情况。使用 WPS 文字的修订功能，可以跟踪文档中内容的变化情况，并将当前文档中修改、删除、插入的每一项内容以不同的颜色标记下来，以方便用户进行对比和查看。

1. 开启修订状态

在默认情况下，WPS 文字的修订功能处于关闭状态，开启修订功能可以按以下操作方式进行：

步骤 1：打开要修订的文档。

步骤 2：单击"审阅"选项卡→"修订"按钮，使其处于深色状态，当前文档即进入修订状态。

也可以通过快捷键 Ctrl+Shift+E 实现修订功能打开与关闭状态之间的切换。如图 6-1

所示，对修订状态下的文档进行编辑修改时，直接插入的文本内容会通过颜色和下画线标记，删除的文本可以在右侧页边外显示出来。修订状态下所有的修订动作和时间都会被记录下来。

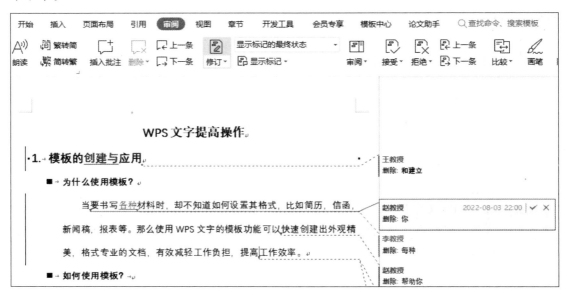

图 6-1　修订状态下的文档

2. 确定修订者名称

进行修订时，首先要确定修订者的名称，以便于了解修订者的身份或其他情况，操作步骤如下：

步骤 1：单击"审阅"选项卡→"修订"下拉按钮，打开如图 6-2 所示的下拉列表，单击选择"更改用户名"选项，弹出如图 6-3 所示的"选项"对话框。

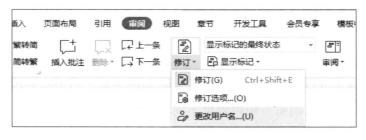

图 6-2　修订下拉列表

步骤 2：在对话框中填写用户姓名、缩写、通信地址，勾选"在修订中使用该用户信息"复选框。

步骤 3：单击"确定"按钮完成修订者信息的修改。

3. 区分修订者及修订内容

当多人参与文档修订时，可以用颜色和线条来区分不同的修订者的修订内容以便用户识别。也可以对修订内容的显示样式进行自定义以达到更好地区分不同修订内容的目的，

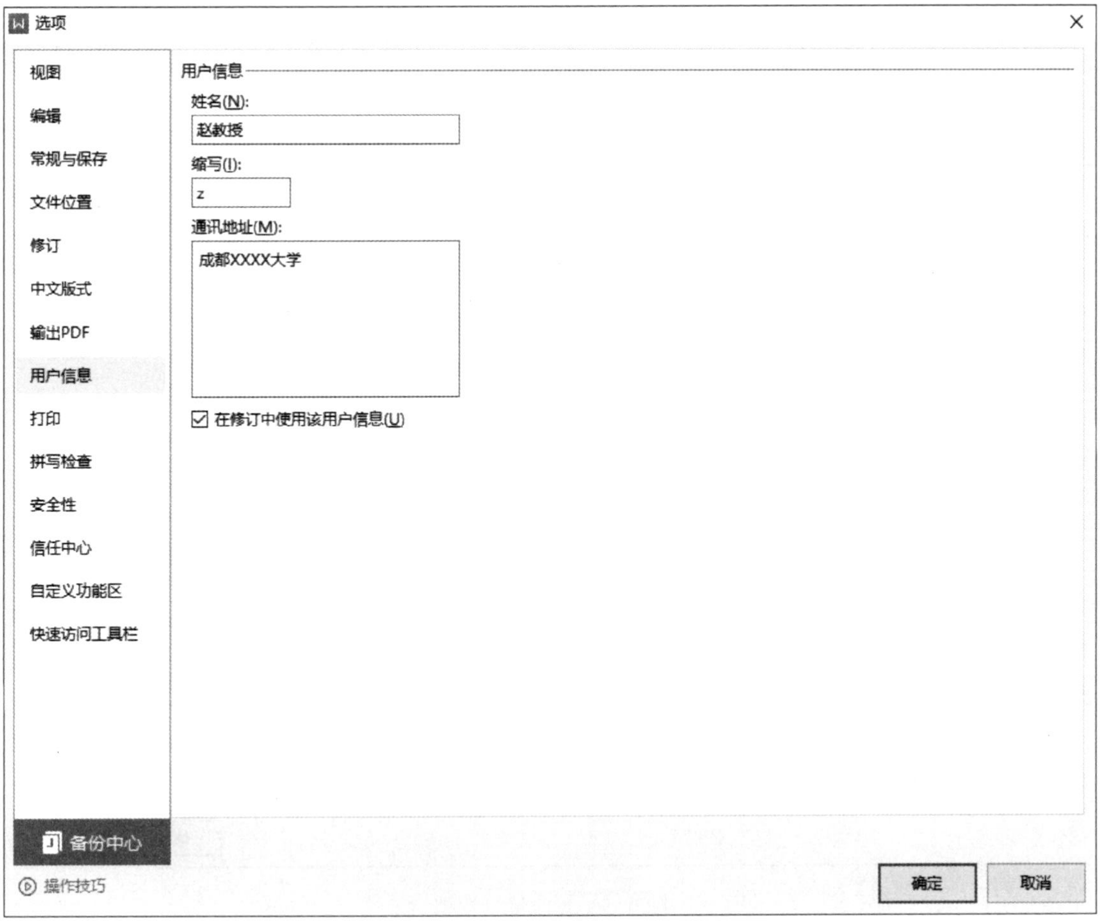

图 6-3　在"选项"对话框中填写用户信息

具体操作步骤如下：

　　步骤 1：单击"审阅"选项卡→"修订"下拉按钮，打开如图 6-2 所示的下拉列表，单击选择"修订选项"，打开如图 6-4 所示的"选项"对话框。

　　步骤 2：在"选项"对话框中选择"修订"项即可对用户修订的标记形式、使用批注框显示修订内容的方式、打印的情况进行设置。

　　步骤 3：设置完成后单击"确定"按钮即可。

　　4. 设置修订的显示状态

　　在"审阅"选项卡中的"修订"按钮旁边，单击如图 6-5 所示的下拉箭头打开下拉列表，在列表中可以选择显示修订文档的状态，下拉列表中 4 种状态的含义为：

　　➤"显示标记的最终状态"：显示修订后的状态和标记；

　　➤"最终状态"：只显示修订后的状态；

　　➤"显示标记的原始状态"：显示修订前的状态和标记；

　　➤"原始状态"：修订前的文档状态。

图 6-4　更改修订选项

图 6-5　选择显示修订文档的状态

5. 设置显示标记

在修订状态下要显示的内容很多，可以根据需要显示指定内容。依次单击"审阅"选项卡→"显示标记"按钮，打开如图 6-6 所示的下拉列表，在列表中可勾选需要显示的标记，如"批注""插入和删除""格式设置""使用批注框"和"审阅人"等。

6. 退出修订状态

当文档处于修订状态时，单击"审阅"选项卡上处于深色状态的"修订"按钮使其变为非深色即可退出修订状态。也可以使用快捷键 Ctrl+Shift+E 退出修订状态。

图 6-6　设置显示标记类型

6.1.2　添加批注

在多人审阅同一文档时，有时需要对修订的内容进行解释，或者向文档作者提出一些问题或建议，这时就可以在文档中插入"批注"。批注的内容将在批注框中显示。"批注"不会对文档内容进行修改。

1. 添加批注

添加批注的步骤如下：

步骤 1：选择需要批注的内容。

步骤 2：依次单击"审阅"选项卡→"插入批注"按钮，然后在批注框中输入批注内容即可，如图 6-7 所示。

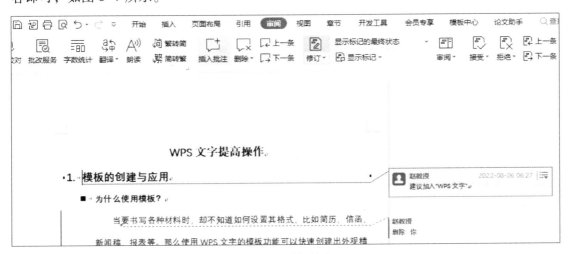

图 6-7　添加批注

如果想对文档中其他人的批注进行编辑，可单击批注框右侧的"编辑批注"按钮打开下拉列表，列表中有 3 个选项："答复""解决"和"删除"，根据需要选择合适的选项，例如，选择"答复"则可对批注者的批注进行回复。

2. 删除批注

如果要删除批注，可以先选中批注，然后使用以下任意一种方法删除批注。

（1）单击鼠标右键，在弹出的快捷菜单中选择"删除批注"选项。

（2）依次单击"审阅"选项卡→"删除"按钮。

（3）依次单击"审阅"选项卡→"删除"下拉按钮，打开下拉列表，在列表中选择"删除批注"选项可删除当前选定的批注，选择"删除文档中的所有批注"选项可以将文档中所有插入的批注全部删除。

（4）单击批注框右侧的"编辑批注"下拉按钮，打开下拉列表，单击执行列表中的"删除"命令。

3. 显示审阅人

多人对文档进行修订和批注后，如果只想查看某个审阅人的修订情况，如图 6-8 所示，可依次单击执行"审阅"选项卡→"显示标记"命令，在弹出的下拉列表中选择"审阅人"选项，然后勾选指定审阅人前的复选框即可。也可以单击"审阅"下拉按钮，在出现的下拉列表中选择审阅人和审阅的时间段。

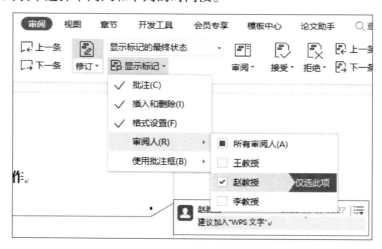

图 6-8　显示审阅人

4. 使用审阅窗格

审阅窗格可以显示文档中的所有修订和批注，让审阅者可以方便快捷地了解修订和批注情况。使用审阅窗格的具体操作如下：

依次单击"审阅"选项卡→"审阅"下拉按钮，打开如图 6-9 所示的下拉列表，单击选择列表中的"审阅窗格"选项，可在级联菜单中选择垂直或水平审阅窗格，图 6-9 中显示的是垂直审阅窗格。该窗格中显示了修订的数量，单击指定的修订或批注，会自动跳转到该修订或批注在文档中的位置。

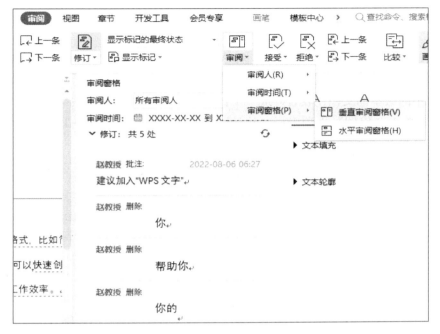

图 6-9　使用审阅窗格

6.1.3　审阅修订和批注

文档内容修订完成后，一般还需要对文档的修订和批注情况进行最终的审阅，形成最终版本。方法为：选中修订内容，单击"审阅"选项卡中的"拒绝"按钮可以拒绝修订，或单击"接受"按钮接受修订。若要删除批注内容，可以单击"审阅"选项卡中的"删除"按钮。

如果接受对当前文档的全部修订，可单击"审阅"选项卡中的"接受"下拉按钮，在弹出的下拉列表中选择执行"接受对文档所做的所有修订"命令，如图 6-10 所示，当然也可以根据情况选择其他命令。如果拒绝对当前文档的所有修订，可单击"拒绝"下拉按钮，在弹出的下拉列表中选择执行"拒绝对文档所做的所有修订"命令，如图 6-11 所示，也可以根据情况选择其他命令。

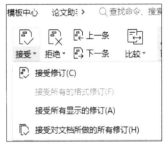

图 6-10　接受修订

图 6-11　拒绝修订

6.1.4 比较文档

文档通过审阅后，可能形成多个版本，WPS 文字提供的比较功能可以轻松找出文档差异，并将两个不同版本的文档合并成一个比较结果文档。

将两个不同版本的文档比较合并成一个比较结果文档的操作如下：

步骤 1： 单击"审阅"选项卡→"比较"下拉按钮，打开如图 6-12 所示的下拉列表，在列表中选择执行"比较"命令，打开"比较文档"对话框。

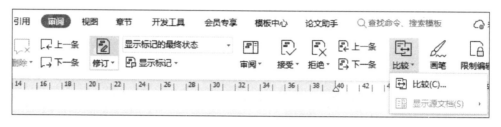

图 6-12 "比较"下拉列表

步骤 2： 在"原文档"和"修订的文档"区域分别选择原文档和修订的文档，并且设置好修订文档的修订者，如图 6-13 所示。

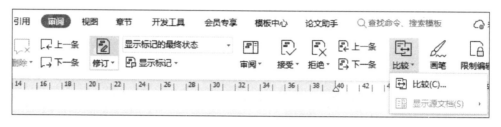

图 6-13 "比较文档"对话框

步骤 3： 单击"比较文档"对话框中的"更多"按钮，在"比较设置"区域根据需要设置比较的内容，如批注、文本框、域、表格、脚注和尾注、大小写更改。

步骤 4： 根据需要设置修订显示的位置，这里选择"新文档"。设置完毕后，单击"确定"按钮。

步骤 5：如果弹出如图 6-14 所示的比较警告对话框，单击"确定"按钮。此时比较结果文档、原文档、修订的文档将会同时出现在窗口中，如图 6-15 所示。在窗口左侧显示对比结果，以便用户更直观地查看文档差异；在窗口右侧显示原文档和修订的文档。

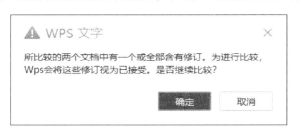

图 6-14　比较警告对话框

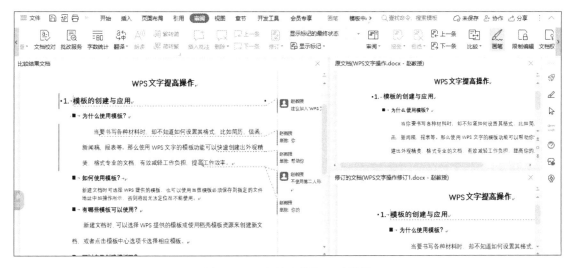

图 6-15　"文档比较"显示效果

6.2　文档的拆分与合并

微视频 6-1
文档的拆分与合并

有时文档需要多人协同编辑完成，或者文档太大需要分成多个文件，这时往往会涉及文档的拆分与合并。例如，多名教师共同完成一本教材的编写，项目组成员共同完成一份项目投标书，多名学生共同完成一篇论文，公司各个部门共同完成公司的年度计划，等等。

6.2.1　拆分文档

将文档的内容拆分成不同的部分，如果采用复制文本到新文档，然后将新文档保存为指定文档的方式显然费时费力。使用 WPS 文字提供的文档拆分功能可以快速完成文档的拆分，该功能需要成为 WPS 会员才能完成。

例如，将一篇科技论文拆分为封面、摘要、目录、内容等不同文件的步骤如下：

步骤 1：首先打开要拆分的文件，记录下想要拆分的内容所在的页数，如封面在第 1 页，摘要在第 2~3 页，目录在第 4 页，内容在第 5 页之后。

步骤 2：依次单击"会员专享"选项卡→"输出转换"下拉按钮，打开如图 6-16 所示的"输出转换"下拉列表，单击执行"文档拆分"命令，打开如图 6-17 所示的"文档拆分"对话框。

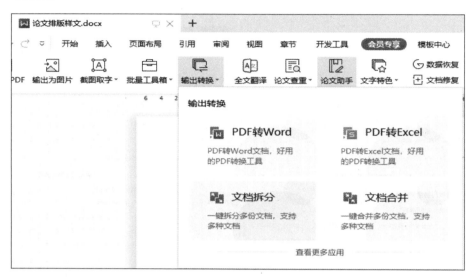

图 6-16　打开"文档拆分"下拉列表

图 6-17　"文档拆分"对话框

步骤 **3**：选择要拆分的文件，单击"下一步"，打开如 6-18 所示的对话框。若单击图 6-17 所示的"添加更多文件"按钮，则可将其他文件添加到对话框中，但一次只能拆分一个文件。

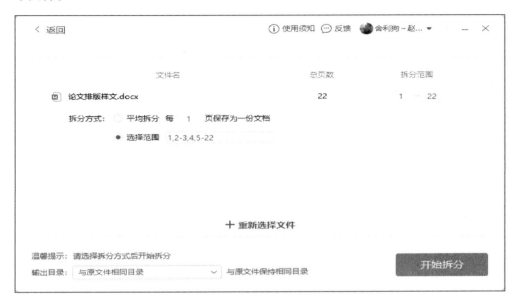

图 6-18　设置拆分参数

步骤 **4**：根据需要在对话框中设置拆分方式，并在"输出目录"列表中选择拆分后的文件的保存位置。

步骤 **5**：单击"开始拆分"按钮，出现如图 6-19 所示的等待文档拆分的进度条界面。

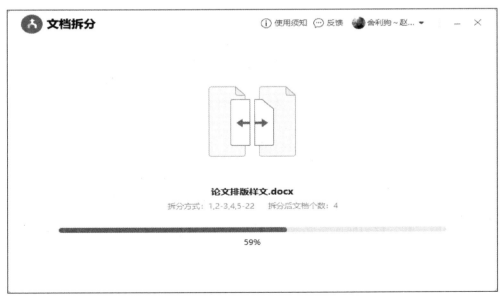

图 6-19　正在拆分

步骤 6： 拆分完毕后出现如图 6-20 所示的对话框，单击"打开文件夹"按钮即可查看已拆分的文件。若单击"继续拆分"按钮可继续拆分其他文件。如图 6-21 所示即为拆分出的 4 个文件。

图 6-20　查看拆分文件

图 6-21　拆分后的文件

6.2.2　合并文档

需要将多个文档的内容合并为同一个文档时，如果采用打开多个文档，然后将其中的内容复制到同一个文档中的方式显然效率低下。使用 WPS 文字提供的文档合并功能可以快速完成文档的合并，该功能需要成为 WPS 会员才能使用。也可以使用 WPS 的插入对象功能完成文档合并。下面分别介绍这两种方式。

1. 使用文档合并功能

步骤 1： 单击"会员专享"选项卡→"输出转换"下拉按钮，在下拉列表中单击执行"文档合并"命令，打开如图 6-22 所示的"文档合并"对话框。

步骤 **2**：添加并选中要合并的文件，单击 "下一步" 按钮，出现如图 6-23 所示的对话框。

步骤 **3**：在对话框中设置输出文件的名称及保存位置后，单击 "开始合并" 按钮。

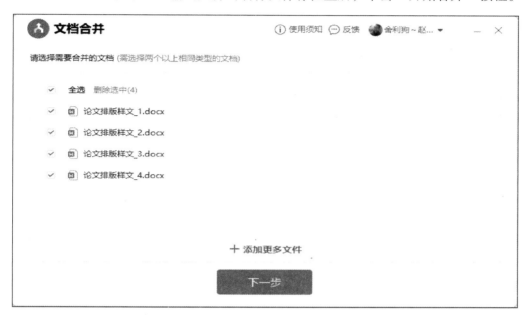

图 6-22　选择要合并的文档

图 6-23　设置合并参数

步骤 4：合并完成后，对话框如图 6-24 所示，根据需要可以打开合并后的文件，然后调整其格式，也可以打开文件夹查看合并的文件，也可以继续合并其他文件。

图 6-24 查看合并结果

2. 使用插入对象功能

如果没有 WPS 会员资格，也可以通过插入对象方式实现文档的合并。具体操作如下：

步骤 1：打开一个新文档。

步骤 2：如图 6-25 所示，依次单击"插入"选项卡→"对象"下拉按钮，在弹出的下拉列表中单击执行"文件中的文字"命令，打开如图 6-26 所示的"插入文件"对话框。

图 6-25 执行"文件中的文字"命令

步骤 3：在对话框中浏览并选中要合并的文件，然后单击"打开"按钮完成文档的合并。

步骤 4：按照要求对合并形成的新文档进行编辑保存即可。

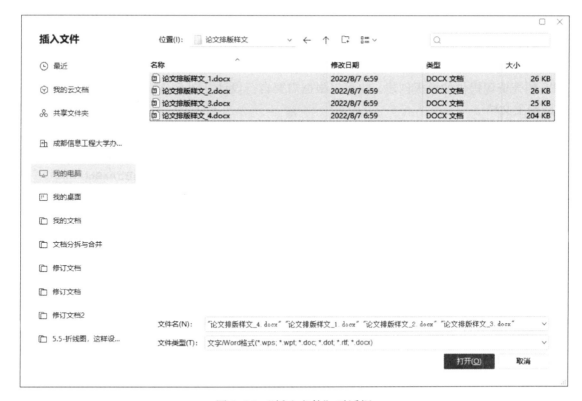

图 6-26　"插入文件"对话框

6.3　使用邮件合并批量处理文档

日常生活中，有时我们需要制作邀请函，邀请函内容除了邀请人姓名不同外，其余内容均相同。如果邀请的人很多，做好模板后再逐个修改姓名，过于费时费力。除此之外，类似的工作还有制作准考证、工作证、成绩单、名片、通知书、奖状、工资条，等等。

WPS 文字提供了强大的邮件合并功能，可以使我们轻松自如地批量完成以上模板化文档的编辑任务。邮件合并就是将一个主文档（即模板文档）和一个数据源（提供可变信息的数据文档）结合起来，最终生成一系列输出文档的过程。其基本流程是：创建主文档→选择编辑数据源→插入合并域/插入 Next 域→查看合并数据→合并文档，通过上述 5 个环节最终形成所需要的批量文档。下面以邀请函为例讲解完成邮件合并的过程。

微视频 6-2
通过邮件合并形成
批量邀请函

当掌握了邮件合并的基本流程后，就可以开始使用邮件合并功能了。邮件合并各个流程的操作步骤和方法如下。

1. 创建主文档

主文档包含了基本的文件内容，这些内容在合并邮件过程中保持不变，是利用邮件合并功能引用数据的载体文档。创建主文档的方法和创建普通文档的方式相同，可以使用WPS稻壳资源提供的模板创建，也可以根据需要自行设计。图6-27所示就是自己设计的邀请函主文档。

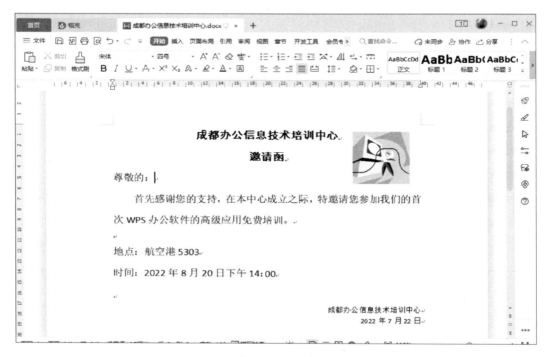

图6-27　主文档

2. 选择编辑数据源

数据源是主文档使用邮件合并所使用的数据列表，可以使用WPS表格进行编辑使其满足邮件合并对数据源的要求，数据源文件必须保存为xls文件类型。数据源必须是标准的数据列表，即包含一个表格，表格的第一行必须是字段标题，其他行是数据记录，如图6-28所示。

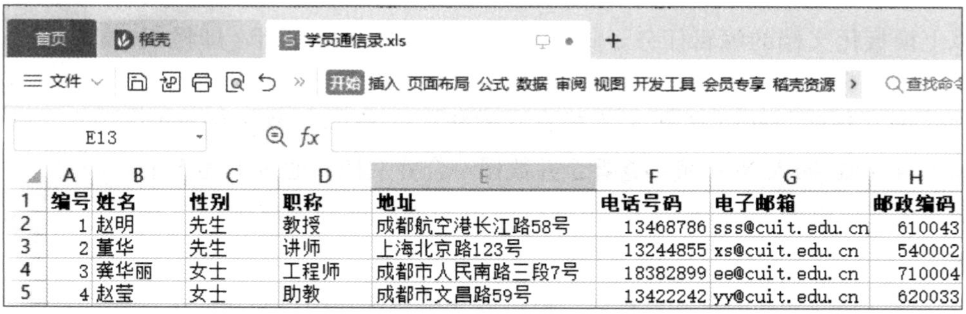

图6-28　准备好的数据源

准备好数据源文件后，即可打开数据源和筛选所需数据。步骤如下：

步骤 **1**：在 WPS 中打开保存好的如图 6-27 所示的主文档。

步骤 **2**：依次单击"引用"选项卡→"邮件"按钮，开启 WPS 文字的邮件合并功能。此时会出现如图 6-29 所示的"邮件合并"选项卡。

步骤 **3**：在"邮件合并"选项卡中单击"打开数据源"命令，打开如图 6-30 所示的"选取数据源"对话框。

图 6-29　打开数据源

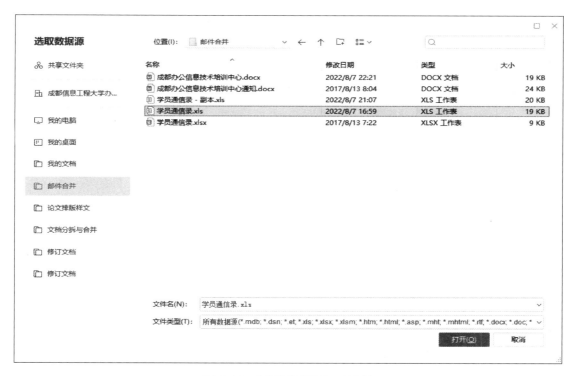

图 6-30　"选取数据源"对话框

步骤 **4**：在"选取数据源"对话框中选中数据源文件，然后单击"打开"按钮。

步骤 **5**：如果需要对数据源进行数据筛选，如图 6-31 所示，依次单击"邮件合并"选项卡→"收件人"按钮，打开如图 6-32 所示的"邮件合并收件人"对话框，在对话框中对所需数据进行勾选，然后单击"确定"按钮。

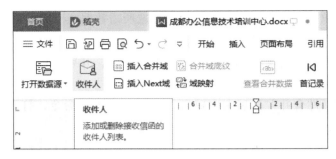

图 6-31　收件人按钮

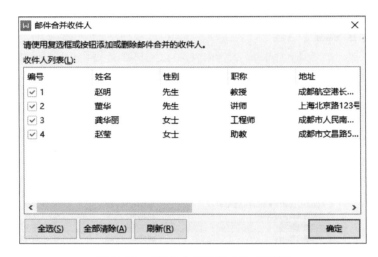

图 6-32　"邮件合并收件人"对话框

3. 插入合并域

插入合并域的目的就是把数据源中的数据插入主文档中指定的需要变化的位置。操作如下：

步骤 1：在主文档中将鼠标光标定位到需要插入数据源的位置，本节案例中是文字"尊敬的"后面。

步骤 2：如图 6-33 所示，在"邮件合并"选项卡中单击"插入合并域"按钮，打开"插入域"对话框，在对话框中选中要插入的字段，例如"姓名"，然后单击"插入"按钮，即可将"姓名"域插入文档。使用相同的方法可将其他字段插入文档。

如果下一个插入域的位置与之前插入域的位置不相邻，则单击"关闭"按钮，然后重新定位插入位置，再插入合并域。对插入的域及其结果可以像对普通文本一样进行格式设置。

通常情况下一行数据输出一页文档内容，如果在当前页中要显示多行数据，从第二行开始前插入一条"Next 域"。具体方法是：先将鼠标光标定位到需要插入的位置，单击"邮件合并"选项卡中的"插入 Next 域"按钮。

图 6-33　插入合并域

4. 查看合并数据

当邮件合并完成后，依次单击"邮件合并"选项卡→"查看合并数据"按钮，文档中的域随即被转换为数据源中的数据，如图 6-34 所示。若单击"首记录""上一条""下一条"或"尾记录"等按钮还可查看更多记录。如果还需要对合并域进行编辑，可再次单击"查看合并数据"按钮切换到域状态。

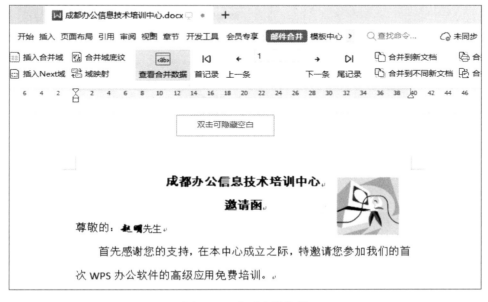

图 6-34　查看合并数据

5. 合并文档

若对预览效果感到满意，即可将合并完成后的最终结果文档以不同方式输出，输出方式包括：合并到新文档、合并到不同新文档、合并到打印机、合并发送。如图 6-35 所示，在"邮件合并"选项卡中 4 种方式都有相应的功能按钮。下面分别介绍这 4 种输出方式。

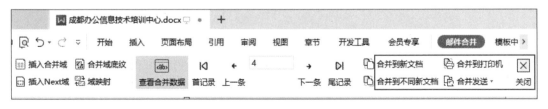

图 6-35　合并文档输出功能按钮

（1）合并到新文档

合并新文档是指将结果合并到一个文档中。单击"邮件合并"选项卡中的"合并到新文档"按钮，打开如图 6-36 所示的"合并到新文档"对话框，设置好要合并的记录数，单击"确定"按钮即可产生单个文档，对文档进行保存操作即可。

（2）合并到不同新文档

如果希望邮件合并的每一条记录单独成为一个文件，可以单击"邮件合并"选项卡中的"合并到不同新文档"按钮，打开如图 6-37 所示的"合并到不同新文档"对话框，设置好文件保存的位置以及要合并的记录数，单击"确定"按钮即可。

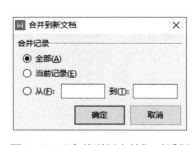

图 6-36　"合并到新文档"对话框

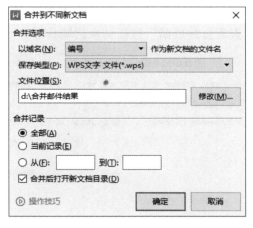

图 6-37　"合并到不同新文档"对话框

（3）合并到打印机

如果合并完成后的结果要通过打印机输出，可以单击"邮件合并"选项卡中的"合并到打印机"按钮，打开如图 6-38 所示的"合并到打印机"对话框，设置好文件保存的位置以及要合并的记录数，单击"确定"按钮即可。

（4）合并发送

合并发送有两种方式，一种是合并到电子邮件，一种是合并形成单独文件然后通过微信群发。

如果使用群发邮件的方式，则依次单击"合并发送"按钮→"邮件发送"命令，打开如图 6-39 所示的"合并到电子邮件"对话框。在"收件人"下拉列表中选择数据源中的"电子邮箱"字段域，填写好主题行，选择发送记录的范围，单击"确定"按钮即可通过电子邮件进行发送（注意：需要正确安装配置 Outlook 邮件客户端软件）。

图 6-38　"合并到打印机"对话框

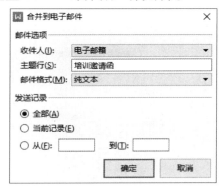

图 6-39　"合并到电子邮件"对话框

如果使用微信群发的方式，则依次单击"合并发送"按钮→"微信发送"命令，打开如图 6-40 所示的"通用群发"对话框。

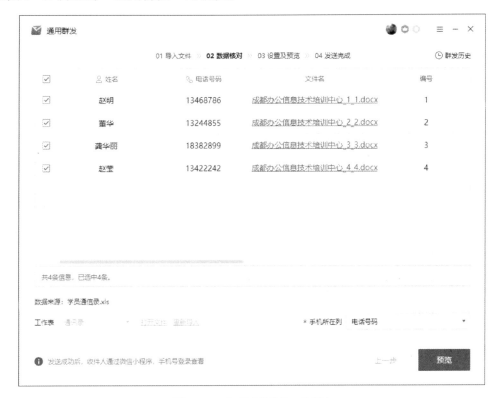

图 6-40　"通用群发"对话框

单击对话框右下方的"预览"按钮，预览将要发送的信息，如图 6-41 所示。若信息无误，单击"立即发送"按钮，在随后出现的的确认提示框中单击"发送"按钮完成群发。

图 6-41　预览"通用群发"信息

发送成功后，收件人通过 WPS 群发微信小程序，用手机号登录即可查看。该功能需要得到微信和 WPS 群发小程序的支持才能实现。

6.4　应用案例：会议证批量制作

微视频 6-3
会议证批量制作

1. 案例目标

使用 WPS 的邮件合并功能批量制作如图 6-42 所示的带照片的会议证。

2. 案例知识点

（1）设计并创建主文档。

（2）选择编辑数据源。

（3）插入合并域。

（4）合并文档。

（5）打印文档。

3. 操作要求

（1）准备好参会人员的照片，照片名称为："图片1.jpg""图片2.jpg"，以此类推（案例素材中已经提供）。

（2）打开 WPS 表格，编辑参会人员信息，表中必须包括姓名和图片字段，如图 6-43 所示。将 WPS 表格文件保存为"参会人员信息.xls"。（案例素材已经提供）。

（3）设计创建主文档：创建 WPS 文字新文档，页面布局为：宽 7.7 厘米、高 11.7 厘米，上下左右边距为 0厘米，插入图片"背景1.jpg"作为文档背景。如图 6-42所示，在第 2 行入"第三届办公信息技术"，在第三行输入"培训交流会"，其字体格式为：华文琥珀、四号、字体颜色为：白色、背景 1，居中对齐。下方输入会议日期"2022 年 4 月 22—28 日"，字体格式为：宋体、五号、字

图 6-42　带照片的会议证

体颜色为：黑色、文本 1，加粗，居中对齐。输入会议地址"中国✳成都"字体格式为：黑体、小四，字体颜色为：巧克力黄、着色 2、深度 50%，居中对齐。

编号	姓名	性别	职称	地址	电话号码	电子邮箱	邮政编码	照片
1	赵明	先生	教授	成都航空港长江路58号	13468786	sss@cuit.edu	610043	图片1
2	董华	先生	讲师	上海北京路123号	13244855	xs@cuit.edu	540002	图片2
3	龚华丽	女士	工程师	成都市人民南路三段7号	18382899	ee@cuit.edu	710004	图片3
4	赵莹	女士	助教	成都市文昌路59号	13422242	yy@cuit.edu	620033	图片4

图 6-43　参会人员信息表

（4）在"邮件合并"选项卡中打开并编辑数据源，数据源文件为"参会人员信息.xls"。

（5）按照如图 6-42 所示的位置，以插入域的方式插入图片，并调整图片大小，图片居中对齐，按 Alt+F9 键打开域代码对图片文件名进行插入合并域操作。

（6）如图 6-42 所示，在照片下方进行插入合并域的操作，插入"姓名"域，调整文字字体为：华文行楷、大小为：三号，字体颜色为：黑色、文本 1，居中对齐。

（7）参照图 6-42 所示适当调整文档格式，待调整满意后将主文档保存为"会议证.docx"，然后通过邮件合并功能将结果合并到新文档。选中全部新文档，对域进行更新。

（8）通过打印预览查看合并后的新文档的最终结果，若满意后打印即可。

第 7 章

WPS 表格基础

WPS 表格是办公软件 WPS Office 的组件之一，主要用于制作电子表格，完成许多复杂的数据运算，并且具有强大的图表制作功能。凭借直观的界面、出色的计算功能和图表工具，WPS 表格逐渐成为应用广泛的个人计算机数据处理软件。本章将从基础内容开始介绍，通过本章的学习，可以掌握 WPS 表格中最基本、最常用的操作。

7.1　WPS 表格界面与基本操作

在学习使用 WPS 表格中的各种功能前，用户需要先了解其工作界面的组成和相应的功能，才能更好地进行后续的学习。

7.1.1　工作界面简介

启动 WPS Office，在 WPS 窗口首页单击"新建"进入新建页面，执行"新建表格"命令，然后选择"新建空白表格"选项，即可打开 WPS 表格窗口，如图 7-1 所示。

WPS 表格的界面布局与 WPS 文字极其相似，下面仅对 WPS 表格中特有的组成部分进行简单介绍。

> ➢ 名称框：用来定位和选择单元格地址。
> ➢ 编辑栏：显示或输入活动单元格中的数据或公式。
> ➢ 工作表标签：用于显示工作表的名称，单击工作表标签将切换相应的工作表。
> ➢ 列标与行号：用于标记工作表中单元格所在的位置。

7.1.2　工作簿、工作表和单元格的基本操作

WPS 表格由一个或几个工作表组成，而工作表又由多个单元格构成。在单元格中输入各种数据，通过公式可以迅速得出计算结果，得到各种统计、分析的报表或图形。因此，了解工作簿、工作表以及单元格的基本操作，是初学者学习 WPS 表格的重要内容。

名称框　　　　　　　　　列标　　　编辑栏

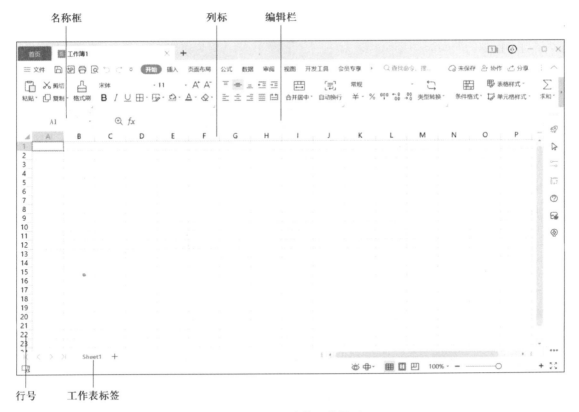

行号　　　工作表标签

图 7-1　WPS 表格工作界面

1. 工作簿的创建与保存

在 WPS 表格中创建空白工作簿，可以使用以下 3 种方法。

➤ 启动 WPS Office，单击"新建"进入新建页面，执行"新建表格"命令，然后选择"新建空白表格"选项。

➤ 启动 WPS Office，使用快捷键 Ctrl+N，执行"新建表格"命令，然后选择"新建空白表格"选项。

➤ 在进入 WPS 表格界面的状态下，执行"文件"菜单下的"新建"命令，然后选择"新建空白表格"选项。

微视频 7-1
创建包含多个工作
表的工作簿

根据需要，还可以使用系统提供的模板来创建具有一定功能的工作簿，由于模板对工作表中的格式、文字和公式进行了预设，用户只需要输入必要的数据即可完成指定的任务，极大地提高了工作效率，如图 7-2 所示就是使用"学生考勤表"模板创建的工作簿。

当用户完成一个工作表的编辑和修改之后，可以将其保存在磁盘上以备日后使用。如果是新建的工作簿，之前从未保存过，可以执行"文件"菜单下的"保存"或"另存为"命令，打开如图 7-3 所示的"另存文件"对话框，在对话框中选择"我的电脑"选项，并在右侧选择保存的具体位置，然后输入工作簿文件名，单击"保存"按钮即可。

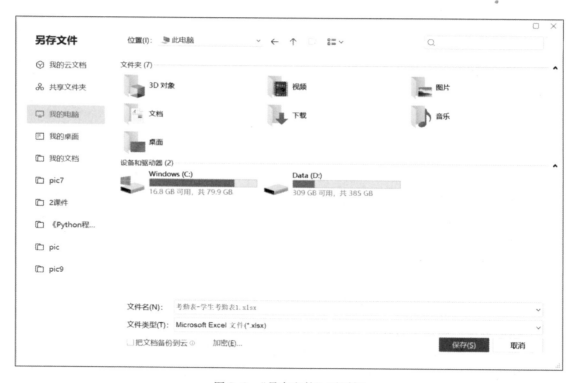

图 7-2　根据模板创建的工作簿

图 7-3　"另存文件"对话框

如果需要将工作簿保存成其他格式，可以在对话框中单击打开"文件类型"下拉列表框，然后从中选择要保存的文件格式即可。

2. 工作表的基本操作

（1）添加工作表

默认情况，WPS 表格新建的空白工作簿中只包含一个名为"Sheet1"

微视频 7-2

快速定位单元格

的工作表，根据需要可以在当前工作簿中使用以下方法添加工作表。

➤ 直接单击工作表标签"Sheet1"右侧的"新建工作表"按钮+。

➤ 在已有工作表标签上单击鼠标右键，然后在弹出的快捷菜单中选择"插入工作表"选项。

➤ 单击"开始"选项卡→"工作表"下拉按钮，在弹出的下拉列表中选择"插入工作表"选项。

➤ 使用快捷键 Shift+F11。

新添加的工作表自动以"Sheet+数字"的形式自动命名，例如，"Sheet2""Sheet3"……。用户可以根据需要对其进行修改，修改时只需双击要重命名的工作表标签，然后输入新的工作表名，最后按 Enter 键确认即可。

（2）选择工作表

在操作工作簿时，首先要选择相应的工作表使其变为活动工作表，才能编辑表中的数据。选择工作表时，可以选择一个工作表，也可以同时选择多个相邻或不相邻的工作表。

➤ 如果要选择一个工作表进行操作，只需用鼠标单击工作表标签即可。

➤ 如果要选择多个相邻的工作表，首先用鼠标单击第一个工作表标签，然后按住 Shift 键不放，再单击要选择的最后一个工作表标签，则其间连续的多个工作表将被选中。

➤ 如果要选择多个不相邻的工作表，首先用鼠标单击第一个工作表标签，然后按住 Ctrl 键不放，再分别单击要选择的工作表标签即可。

（3）移动和复制工作表

用户可以通过移动工作表来改变其在工作簿中的顺序，也可以通过复制操作来创建工作表的备份。用鼠标右键单击要移动或复制的工作表标签，在弹出的快捷菜单中选择"移动或复制工作表"选项，打开如图 7-4 所示的窗格，在窗格中选择目标工作簿和插入的位置，单击"确定"按钮完成工作表的移动。如果要复制工作表，则只需勾选"建立副本"复选框即可。

图 7-4　"移动或复制工作表"窗格

除了通过菜单操作外，直接用鼠标也可快速完成工作表的移动或复制。单击需要移动的工作表标签，按住鼠标左键不放将其拖曳到目标位置，然后释放鼠标左键即可完成工作表的移动。如果要复制工作表，则只需在拖曳鼠标前按住 Ctrl 键即可。

（4）删除工作表

对于工作簿中不再使用的工作表，可以使用以下方法将其删除。

➤ 单击"开始"选项卡→"工作表"下拉按钮，在弹出的下拉列表中执行"删除工作表"命令。

➢ 在要删除的工作表标签上单击鼠标右键，然后在弹出的快捷菜单中执行"删除工作表"命令。

3. 单元格的基本操作

单元格是 WPS 表格中进行工作和输入数据的地方，是存储数据的基本单位。每个单元格都有唯一的地址，按所在的行列的位置来命名，即：列标+行号，如 G7。区域是由多个连续的单元格构成的矩形块，在引用时用矩形左上角与右下角的两个单元格地址表示，中间用冒号（:）分隔，例如，"B3:D8"表示从单元格 B3 到 D8 的矩形区域。

（1）单元格的选择

单元格是 WPS 表格中数据处理的最小单位，在单元格中输入数据或对数据进行编辑，首先要选定单元格，也就是使之成为活动单元格。

➢ 用鼠标选定单元格是最常用、最快速的方法，移动鼠标指针指向需要选定的单元格并单击即可，选定的单元格的边框以绿色框线标识。

➢ 当工作表比较大、数据比较多时，可以使用 WPS 表格界面中的名称框选择单元格。名称框位于工作表的左上角，如图 7-5 所示。在名称框中输入单元格地址，按 Enter 键后即可选中该单元格。

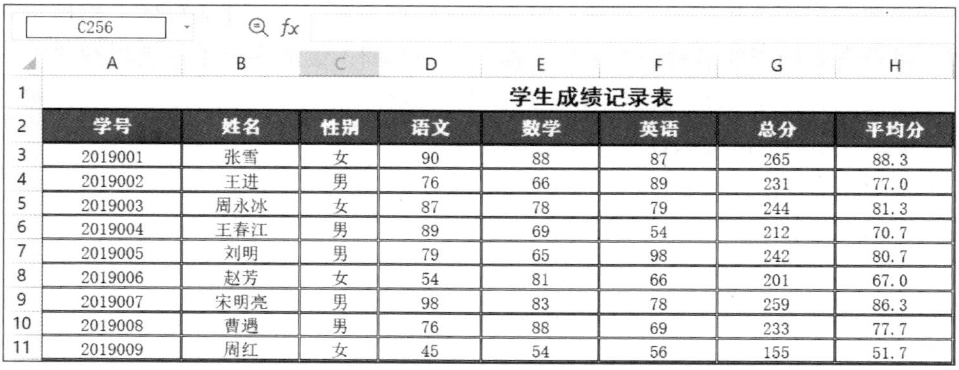

	A	B	C	D	E	F	G	H
1					学生成绩记录表			
2	学号	姓名	性别	语文	数学	英语	总分	平均分
3	2019001	张雪	女	90	88	87	265	88.3
4	2019002	王进	男	76	66	89	231	77.0
5	2019003	周永冰	女	87	78	79	244	81.3
6	2019004	王春江	男	89	69	54	212	70.7
7	2019005	刘明	男	79	65	98	242	80.7
8	2019006	赵芳	女	54	81	66	201	67.0
9	2019007	宋明亮	男	98	83	78	259	86.3
10	2019008	曹遇	男	76	88	69	233	77.7
11	2019009	周红	女	45	54	56	155	51.7

图 7-5　使用名称框选择单元格

（2）单元格区域的选择

如果要对多个单元格同时进行操作，根据不同的情况可以使用下述方法选中它们。

➢ 如果选定的单元格区域是连续的，可直接将鼠标指针指向单元格区域的第 1 个单元格，然后按住左键不放，沿要选定区域的对角线方向拖动鼠标指针至最后一个单元格，则选定的区域会变成灰色，如图 7-6 所示。

➢ 如果要选定一行单元格或一列单元格，可以直接把鼠标指针指向行号或列标，当鼠标指针形状变为向右或向下的箭头后单击左键，即可选定一行或一列单元格。

➢ 如果要选定工作表中多个不连续的单元格区域，可以先选定第 1 个连续区域，然后按住 Ctrl 键，用同样的方法选定下一个连续区域。

➢ 如果要选择所有单元格，即选择整张工作表，可以直接单击工作表左上角行号与列标相交处的全选按钮，或者按快捷键 Ctrl+A。

	A	B	C	D	E	F	G	H	I	J
1					学生成绩记录表					
2	学号	姓名	性别	语文	数学	英语	总分	平均分	等级	排名
3	2019001	张雪	女	90	88	87	265	88.3	良	3
4	2019002	王进	男	76	66	89	231	77.0	及格	10
5	2019003	周永冰	女	87	78	79	244	81.3	良	5
6	2019004	王春江	男	89	69	54	212	70.7	及格	14
7	2019005	刘明	男	79	65	98	242	80.7	良	6
8	2019006	赵芳	女	54	81	66	201	67.0	及格	17
9	2019007	宋明亮	男	98	83	78	259	86.3	良	4
10	2019008	曹遇	男	76	88	69	233	77.7	及格	9
11	2019009	周红	女	45	54	56	155	51.7	差	18
12	2019010	刘田田	女	93	98	81	272	90.7	优	1
13	2019011	陈峰	男	47	76	83	206	68.7	及格	16
14	2019012	王海波	男	85	45	77	207	69.0	及格	15
15	2019013	梁琼	女	78	93	45	216	72.0	及格	13
16	2019014	谢明玉	女	69	89	81	239	79.7	及格	8
17	2019015	周子良	女	65	79	83	227	75.7	及格	11
18	2019016	张丽	女	81	54	88	223	74.3	及格	12
19	2019017	何子田	男	83	98	88	269	89.7	良	2
20	2019018	钱明	男	88	77	76	241	80.3	良	7

图 7-6　选定连续的单元格区域

（3）插入单元格

根据需要可以在工作表中的指定位置插入一个单元格、一行或者一列单元格，方法是用鼠标选定一个单元格，然后单击鼠标右键，在弹出的快捷菜单中选择"插入"选项，此时将打开如图 7-7 所示的下拉列表，其中各个选项的具体含义如下。

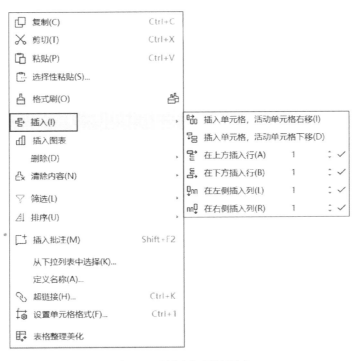

图 7-7　"插入"下拉列表

> 插入单元格，活动单元格右移：表示在选定单元格的左侧插入一个单元格。
> 插入单元格，活动单元格下移：表示在选定单元格的上方插入一个单元格。
> 在上方插入行：表示在选定单元格的上方插入一行或多行单元格。
> 在下方插入行：表示在选定单元格的下方插入一行或多行单元格。
> 在左侧插入列：表示在选定单元格的左侧插入一列或多列单元格。
> 在右侧插入列：表示在选定单元格的右侧插入一列或多列单元格。

（4）删除单元格

删除单元格的操作与插入单元格的操作相似，先选定一个单元格，然后单击鼠标右键，在弹出的快捷菜单中选择"删除"选项，此时将打开如图 7-8 所示的级联菜单。

图 7-8 "删除"级联菜单

在级联菜单中可根据需要选择删除当前选定的一个单元格，或是删除选定单元格所在的一行或一列。在执行删除单元格操作的同时，单元格中的数据也会被随之删除。值得注意的是，无论是执行插入或者删除单元格的操作，都会影响选定单元格后续的行或列，破坏现有单元格之间的对应关系，所以在使用时一定要考虑周围数据的情况。

7.2 输入和编辑数据

在工作表的单元格中，可以输入文本、数字、日期、时间等数据。除此以外，WPS表格提供的数据有效性功能可以让用户对单元格中的数据进行限制，并在不合法输入发生时，及时弹出错误信息提示。

7.2.1　输入数据

1. 输入文本和数字

单元格中的文本主要是以字母开头的字符串或汉字，输入时需要先用鼠标单击单元格，然后再输入文本，输入完成后按 Enter 键进行确认，此时光标将移动到下一个活动单元格中。默认情况下，系统会自动将文本数据在单元格中进行左对齐。

单元格中的数字主要包括整数、小数、分数和百分数等类型。在输入整数、小数时直接输入即可。当输入的数字过长，单元格中的数字将以科学计数法显示。输入百分数时，直接在单元格中输入数字，然后在数字右侧输入百分号"%"即可。输入分数时，需要在分子的前面添加数字 0。例如，输入"1/2"时应先输入数字 0，按空格键后再输入分数1/2。默认情况下，数字类型的数据在单元格中自动右对齐显示。

2. 输入时间和日期

在单元格中输入时间时，时、分、秒之间需要用冒号（:）隔开，如果输入格式中包含 AM 或 PM，则按 12 小时制显示时间，否则按 24 小时制显示。如果要输入当前的系统时间，直接按快捷键"Ctrl+Shift+:"。

输入日期时，需要使用反斜线"/"或连字符"-"分隔日期中的年、月、日部分，例如，可以输入"2020/7/15"或"2020-7-15"。如果要输入当前的系统日期，直接按快捷键"Ctrl+;"。

如果要在一个单元格中同时输入日期和时间时，需要在日期和时间之间用空格隔开，如"2020/7/15　15:30"。

3. 自动填充数据

在工作表中如果需要输入具有一定排序顺序的数字、日期等数据，可以使用 WPS 表格提供的自动填充功能简化输入操作，提高工作效率。

（1）填充数字

如图 7-9 所示，在工作表的"序号"列的 A2 和 A3 单元格中依次输入 1 和 2，然后选中这两个单元格，将鼠标指针指向 A3 单元格的右下角，当鼠标指针变为黑色实心的"+"形状时，按住鼠标左键不放拖动到 A10 单元格，则单元格中的数字将以递增方式自动填充。

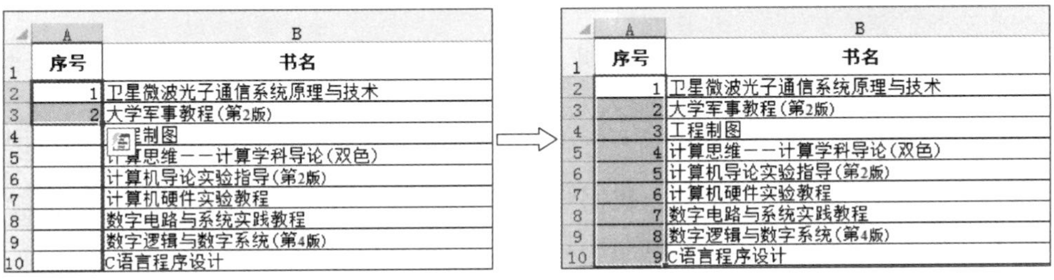

图 7-9　自动填充数字

上述方法同样适用于单元格中字母与数字的数据组合，填充时系统会自动根据两个单元格之间数字的递增或递减值来完成数据的填充。

（2）填充日期

日期的输入也可以利用自动填充功能来完成。如图 7-10 所示，在单元格中输入"一月"，然后把鼠标指针指向该单元格右下角，当鼠标指针变为黑色实心的"+"形状时，按住鼠标左键不放向下拖至目标行，释放鼠标后即可自动填充各个月份。

如果输入的日期是完整的年、月、日，系统自动以"日"的递增进行数据的填充，如图 7-11 所示。在单元格区域的右下角单击"自动填充选项"下拉箭头，打开下拉列表，从中可以选择以"年"或"月"进行填充。

图 7-10　自动填充月份　　　　图 7-11　自动填充选项

（3）自定义填充序列

WPS 表格除了内置有大量的自动填充序列，还允许用户自定义新的填充序列。单击执行"文件"菜单中的"选项"命令，打开"选项"对话框，在打开的对话框中选择"自定义序列"选项，打开如图 7-12 所示的自定义序列对话框。

"自定义序列"列表框中显示的是 WPS 表格内置的填充序列，如果用户需要自定义序列，可以在"输入序列"列表框中输入新的序列项，每个序列项之间以英文逗号间隔，然后单击"添加"按钮，该序列将添加至左侧的"自定义序列"列表框中。

7.2.2　控制数据的有效性

在单元格中可以对输入的数字、日期、文本等数据设置一个有效的输入范围来验证输入的数据是否有效。当有不合法的输入发生时，WPS 表格将自动发出错误提示。

在如图 7-13 所示的工作表中，我们将为"性别""语文""数学"和"英语"列设置数据的有效范围，其中"性别"列的数据只能是"男"或"女"，"语文""数学"和"英语"列的数据范围是 0~100。具体操作步骤如下：

微视频 7-3

数据的有效性

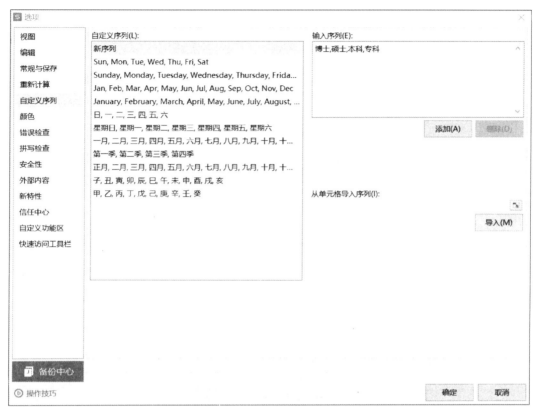

图 7-12　自定义序列对话框

图 7-13　设置"性别"数据的有效范围

步骤 1：在工作表中单击选择"性别"列中需要设置数据有效范围的单元格区域，然后依次单击"数据"选项卡→"有效性"按钮，打开"数据有效性"对话框。

步骤 2：在“设置”选项卡中单击打开“允许”下拉列表框，选择其中的“序列”选项，并在“来源”文本框中输入“男,女”，注意序列项之间以英文逗号间隔，然后单击“确定”按钮。

步骤 3：回到工作表的“性别”列中，单击要输入数据的单元格，在弹出的下拉列表中即可选择性别项数据，如图 7-14 所示。

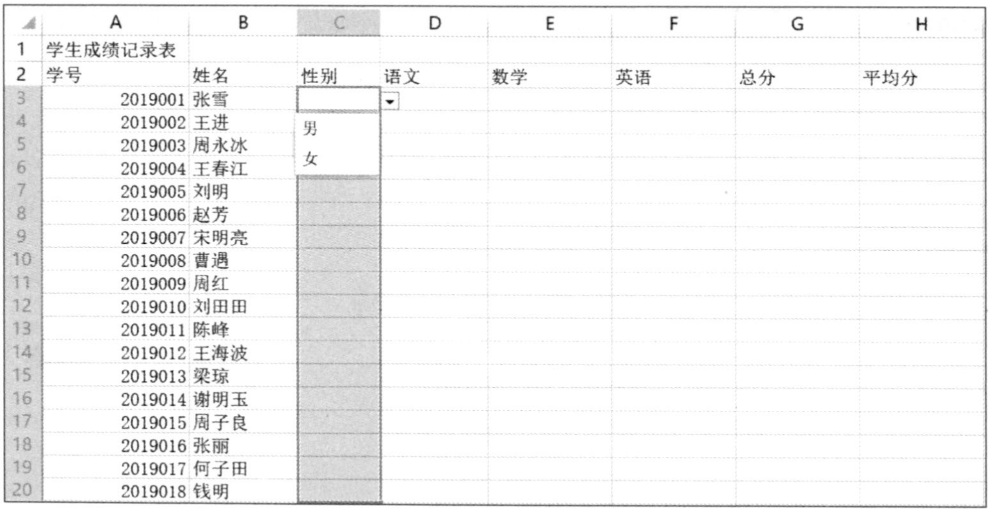
A B C D E F G H
1 学生成绩记录表
2 学号 姓名 性别 语文 数学 英语 总分 平均分
3 2019001 张雪
4 2019002 王进
5 2019003 周永冰
6 2019004 王春江
7 2019005 刘明
8 2019006 赵芳
9 2019007 宋明亮
10 2019008 曹遇
11 2019009 周红
12 2019010 刘田田
13 2019011 陈峰
14 2019012 王海波
15 2019013 梁琼
16 2019014 谢明玉
17 2019015 周子良
18 2019016 张丽
19 2019017 何子田
20 2019018 钱明
男
女

图 7-14　选择输入单元格数据

步骤 4：选择工作表中“语文”“数学”和“英语”列区域，打开“数据有效性”对话框，在“允许”下拉列表框中选择“整数”选项，在“数据”下拉列表框中选择“介于”选项，然后在“最小值”和“最大值”数值框中分别输 0 和 100，单击“确定”按钮，如图 7-15 所示。

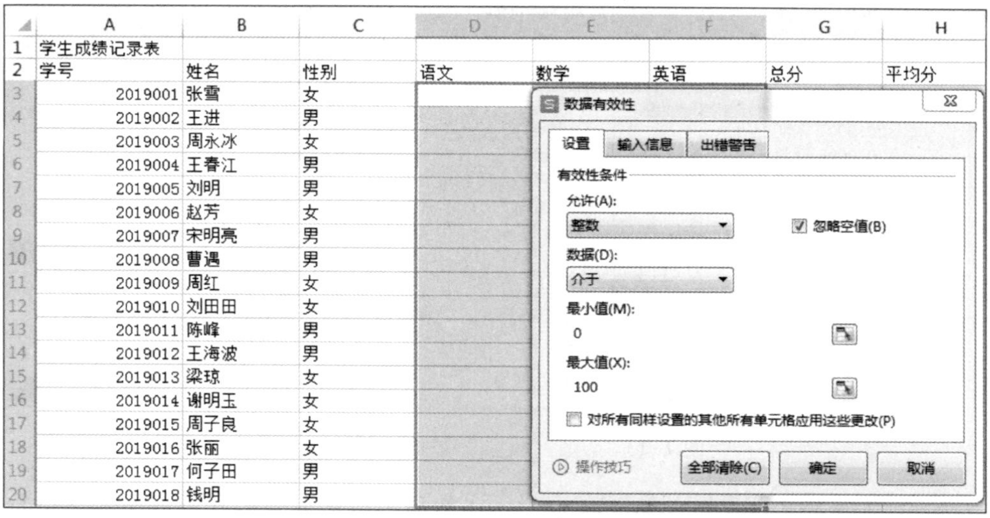
A B C D E F G H
1 学生成绩记录表
2 学号 姓名 性别 语文 数学 英语 总分 平均分
3 2019001 张雪 女
4 2019002 王进 男
5 2019003 周永冰 女
6 2019004 王春江 男
7 2019005 刘明 男
8 2019006 赵芳 女
9 2019007 宋明亮 男
10 2019008 曹遇 男
11 2019009 周红 女
12 2019010 刘田田 女
13 2019011 陈峰 男
14 2019012 王海波 男
15 2019013 梁琼 女
16 2019014 谢明玉 女
17 2019015 周子良 女
18 2019016 张丽 女
19 2019017 何子田 男
20 2019018 钱明 男
数据有效性
设置
输入信息
出错警告
有效性条件
允许(A):
整数
忽略空值(B)
数据(D):
介于
最小值(M):
0
最大值(X):
100
对所有同样设置的其他所有单元格应用这些更改(P)
操作技巧
全部清除(C)
确定
取消

图 7-15　设置分数数据的有效范围

步骤 5：当在单元格中输入的数据不在设置的范围内，系统将发出错误提示，提示用户重新输入，如图 7-16 所示。

	A	B	C	D	E	F	G	H
1	学生成绩记录表							
2	学号	姓名	性别	语文	数学	英语	总分	平均分
3	2019001	张雪	女	90	88			
4	2019002	王进	男	76	66			
5	2019003	周永冰	女	87	811			
6	2019004	王春江	男	89				
7	2019005	刘明	男	79				
8	2019006	赵芳	女	54				
9	2019007	宋明亮	男	98				
10	2019008	曹遇	男	76				
11	2019009	周红	女	45				
12	2019010	刘田田	女	93				
13	2019011	陈峰	男	47				
14	2019012	王海波	男	85				
15	2019013	梁琼	女	78				
16	2019014	谢明玉	女	69				
17	2019015	周子良	女	65				
18	2019016	张丽	女	81				
19	2019017	何子田	男	83				
20	2019018	钱明	男	88				

错误提示　×
您输入的内容，不符合限制条件。
▷ 了解更多

图 7-16　无效数据错误提示

7.3　美化工作表

WPS 表格提供了多种美化工作表的操作，这些操作可以使工作表中的数据表达更清晰，外观更漂亮。

7.3.1　设置字体格式 ···□

设置字体格式是美化工作表外观最基本的方法，字体格式主要包括中英文字体、字号、颜色、字形以及其他特殊效果，可通过以下两种方法对工作表中选中的单元格数据进行字体格式的设置。

（1）如果只对单元格数据的字体、字号、字形等进行设置，可以在"开始"选项卡中单击如图 7-17 所示的字体格式按钮进行操作，快捷方便。

图 7-17　字体格式按钮

（2）如果需要设置上标、下标等特殊效果，可以单击字体格式选项组右下角的对话框启动器⌐，打开如图 7-18 所示的"单元格格式"对话框，在"字体"选项卡中包含所有对字体格式以及特殊效果的设置。设置完成后，单击"确定"按钮即可。

图 7-18 "单元格格式"对话框

7.3.2 设置对齐方式

默认情况下，单元格中的文字是左对齐，数字是右对齐。在"开始"选项卡中提供了常用的水平和垂直方向共 6 种对齐方式按钮，如图 7-19 所示。从左到右依次是"顶端对齐""垂直居中""底端对齐""左对齐""水平居中"和"右对齐"，这 6 种对齐方式按钮基本能满足大多数情况下单元格数据对齐的设置操作。

图 7-19 对齐方式按钮

对齐方式中另一个常用的功能按钮是"合并居中"，它主要用于设置工作表标题在数据区域中的居中显示。操作时首先选择标题所在行与数据等宽的多个单元格，然后单击"合并居中"按钮，此时选中的单元格将合并为一个大的单元格，标题文字在合并后的单元格里居中显示，如图 7-20 所示。

	A	B	C	D	E	F	G	H
1	学生成绩记录表							
2	学号	姓名	性别	语文	数学	英语	总分	平均分
3	2019001	张雪	女	90	88	87		
4	2019002	王进	男	76	66	89		
5	2019003	周永冰	女	87	78	79		

	A	B	C	D	E	F	G	H
1				学生成绩记录表				
2	学号	姓名	性别	语文	数学	英语	总分	平均分
3	2019001	张雪	女	90	88	87		
4	2019002	王进	男	76	66	89		
5	2019003	周永冰	女	87	78	79		

图 7-20 合并居中显示单元格数据

　　如果要选择更多、更复杂的对齐方式，可以单击对齐方式选项组右下角的对话框启动器 ⌐，打开"单元格格式"对话框，在"对齐"选项卡中的"水平对齐"和"垂直对齐"下拉列表框中提供有更多的对齐方式。另外，在"方向"中还可以设置单元格中文本旋转的角度，如图 7-21 所示。

图 7-21　"对齐"选项卡

7.3.3　设置数字格式

　　在单元格中输入数字时，默认情况下被设置为"常规"格式，以键入的方式显示。当输入的数字长度超过 12 位时，"常规"格式将使用科学计数法来表示。除此以外，WPS表格还提供了诸如货币、会计专用、百分比等多种数字格式，用户可以根据应用场景进行设置。具体的操作步骤如下：

　　步骤 1：选择需要设置数字格式的单元格或单元格区域，然后单击鼠标右键，在弹出的快捷菜单中选择执行"设置单元格格式"命令，打开如图 7-22 所示的"单元格格式"对话框。

　　步骤 2：在"分类"列表框中选择一种数字格式，选择完成后右侧的"示例"框中即可显示出与该格式相关的设置项及预览效果，单击"确定"按钮，即可将格式设置应用到所选单元格数据中。

　　除了使用对话框进行单元格数字格式设置外，还可以通过"开始"选项卡中的数字格式按钮进行设置，如图 7-23 所示。在"常规"下拉列表框中选择需要的数字格式，即可快速将该格式的默认设置应用到单元格数据中。另外，数字选项组中还提供了"中文货币符号""百分比样式""千位分隔样式""增加小数位数"和"减少小数位数"等按钮，操作更简单快捷。

图 7-22 "单元格格式"对话框

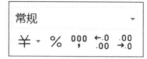

图 7-23 数字格式按钮

7.3.4 设置边框和底纹

1. 设置边框

工作表中默认的单元格边框为网格线，无法显示在打印页面中。为了加强工作表的视觉效果，可以为单元格设置边框，使工作表更加清晰明了。WPS 表格提供了以下 3 种方式为单元格区域添加边框。

（1）单击"开始"选项卡中的"所有框线"下拉按钮，在弹出的下拉列表中选择系统提供的 13 种边框样式中的一种，可以快速为选中的单元格区域添加边框，如图 7-24 所示。

（2）单击"开始"选项卡中的"绘图边框"下拉按钮，在弹出的下拉列表中选择执行"绘图边框"或"绘图边框网格"命令，即可在当前工作表中通过拖动鼠标手动绘制单元格边框。

（3）如果要自定义更详细的边框样式，可以单击"开始"选项卡的"所有框线"下拉按钮，在弹出的下拉列表中选择执行"其他边框"命令，打开"单元格格式"对话框。在"边框"选项卡中可分别设置外边框和内部线条的不同样式和颜色，这里我们设置外边框为粗实线，内部线条为双实线，在"颜色"下拉列表中选择线条颜色为黑色，设置完成后在"边框"区域即可预览设置后的效果，如图 7-25 所示。

设置完成后，单击"确定"按钮即可将设置应用到单元格区域中，如图 7-26 所示。

2. 设置底纹

WPS 表格提供了颜色和图案两种底纹样式，用以突出显示重要数据，增强工作表的视觉效果。具体的操作步骤如下：

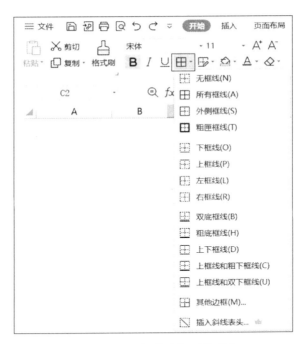

图 7-24　"边框样式"下拉列表

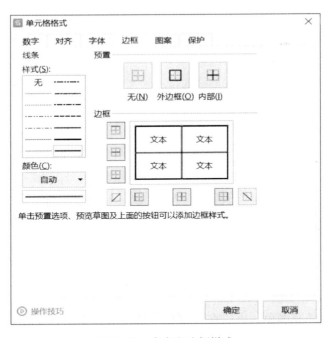

图 7-25　自定义边框样式

　　步骤 1：选择要添加底纹的单元格或单元格区域，单击鼠标右键，在弹出的快捷菜单中选择执行"设置单元格格式"命令，然后在打开的对话框中单击"图案"选项卡，如图 7-27 所示。

	学号	姓名	性别	语文	数学	英语	总分	平均分
1				学生成绩记录表				
2	学号	姓名	性别	语文	数学	英语	总分	平均分
3	2019001	张雪	女	90	88	87.00		
4	2019002	王进	男	76	66	89		
5	2019003	周永冰	女	87	78	79		
6	2019004	王春江	男	89	69	54		
7	2019005	刘明	男	79	65	98		
8	2019006	赵芳	女	54	81	66		
9	2019007	宋明亮	男	98	83	78		
10	2019008	曹遇	男	76	88	69		
11	2019009	周红	女	45	54	56		
12	2019010	刘田田	女	93	98	81		
13	2019011	陈峰	男	47	76	83		
14	2019012	王海波	男	85	45	77		
15	2019013	梁琼	女	78	93	45		
16	2019014	谢明玉	女	69	89	81		
17	2019015	周子良	女	65	79	83		
18	2019016	张丽	女	81	54	88		
19	2019017	何子田	男	83	98	88		
20	2019018	钱明	男	88	77	76		

图 7-26　添加边框后的工作表效果

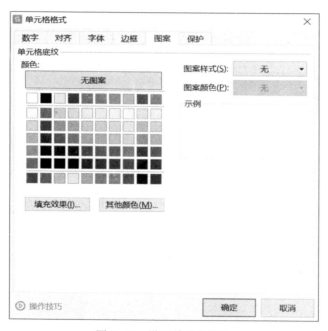

图 7-27　设置单元格底纹

　　步骤 2：如果要填充颜色，可以在"颜色"选项组中单击对应的颜色按钮进行单色填充；单击"填充效果"按钮，在打开的对话框中可以设置从"颜色 1"到"颜色 2"的双色渐变效果填充及样式，如图 7-28 所示。

　　步骤 3：如果要填充图案，可以在图 7-27 所示的对话框中单击"图案颜色"下拉按钮，从弹出的下拉列表中选择图案颜色，然后用同样的方式在"图案样式"下拉列表中选择填充的图案样式。设置完成后，单击"确定"按钮即可。

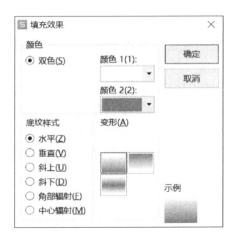

图 7-28 填充渐变效果

7.3.5 使用条件格式

在工作表中使用条件格式功能，可以按指定的条件快速筛选工作表中的数据，并利用颜色对筛选出的数据进行突出显示。

1. 添加数据条

在单元格中添加带颜色的数据条，可以更直观地表示单元格中值的大小。数据条越长，表示该单元格中的值越大，一目了然。具体的操作步骤如下：

步骤 1：在工作表中选择要添加数据条的单元格区域，单击"开始"选项卡中的"条件格式"下拉按钮，在弹出的下拉列表中选择"数据条"选项。

步骤 2：在弹出的级联菜单中提供有"渐变填充"和"实心填充"两种样式，选择其中一个即可为单元格数据添加数据条，如图 7-29 所示。

	A	B	C	D	E	F	G	H
1	学生成绩记录表							
2	学号	姓名	性别	语文	数学	英语	总分	平均分
3	2019001	张雪	女	90	88	87.00		
4	2019002	王进	男	76	66	89		
5	2019003	周永冰	女	87	78	79		
6	2019004	王春江	男	89	69	54		
7	2019005	刘明	男	79	65	98		
8	2019006	赵芳	女	54	81	66		
9	2019007	宋明亮	男	98	83	78		
10	2019008	曹遇	男	76	88	69		
11	2019009	周红	女	45	54	56		
12	2019010	刘田田	女	93	98	81		
13	2019011	陈峰	男	47	76	83		
14	2019012	王海波	男	85	45	77		
15	2019013	梁琼	女	78	93	45		
16	2019014	谢明玉	女	69	89	81		
17	2019015	周子良	女	65	79	83		
18	2019016	张丽	女	81	54	88		
19	2019017	何子田	男	83	98	88		
20	2019018	钱明	男	88	77	76		

图 7-29 使用数据条显示单元格数据

2. 使用项目选取规则

项目选取规则是根据指定的截止值查找单元格区域中的最高值或最低值，或查找高于、低于平均值或标准偏差的值。具体的操作步骤如下：

步骤 1：在工作表中选择使用项目选取规则的单元格区域，单击"开始"选项卡中的"条件格式"下拉按钮，在弹出的下拉列表中选择"项目选取规则"选项。

步骤 2：弹出的级联菜单中包含了系统提供的 6 种规则，选择其中的"高于平均值"规则，系统会自动弹出如图 7-30 所示的"高于平均值"对话框，在该对话框中可以为满足规则的单元格设置填充背景。

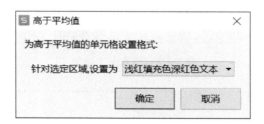

图 7-30 "高于平均值"对话框

步骤 3：单击"确定"按钮，选中的单元格区域中所有高于平均值的单元格，都将以设置的背景色进行填充显示，如图 7-31 所示。

	A	B	C	D	E	F	G	H
1	学生成绩记录表							
2	学号	姓名	性别	语文	数学	英语	总分	平均分
3	2019001	张雪	女	90	88	87.00		
4	2019002	王进	男	76	66	89		
5	2019003	周永冰	女	87	78	79		
6	2019004	王春江	男	89	69	54		
7	2019005	刘明	男	79	65	98		
8	2019006	赵芳	女	54	81	66		
9	2019007	宋明亮	男	98	83	78		
10	2019008	曹遇	男	76	88	69		
11	2019009	周红	女	45	54	56		
12	2019010	刘田田	女	93	98	81		
13	2019011	陈峰	男	47	76	83		
14	2019012	王海波	男	85	45	77		
15	2019013	梁琼	女	78	93	45		
16	2019014	谢明玉	女	69	89	81		
17	2019015	周子良	女	65	79	83		
18	2019016	张丽	女	81	54	88		
19	2019017	何子田	男	83	98	88		
20	2019018	钱明	男	88	77	76		

图 7-31 使用项目选取规则筛选数据

3. 自定义格式规则

除了使用系统定义的项目选取规则外，用户还可以根据需要为选定的单元格区域自定义格式规则，具体的操作步骤如下：

步骤 1：单击"开始"选项卡中的"条件格式"下拉按钮，在弹出的下拉列表中选择

"新建规则"选项，打开如图 7-32 所示的"新建格式规则"对话框。

图 7-32　"新建格式规则"对话框

步骤 2：在"选择规则类型"中选择"只为包含以下内容的单元格设置格式"，然后在"编辑规则说明"中的第 1 个下拉列表框中选择"单元格值"选项，在第 2 个下拉列表框中选择"小于"选项，然后在文本框中输入"60"。单击"格式"按钮，在打开的对话框中为符合条件的单元格设置填充颜色为"黄色"。

步骤 3：设置完成后，单击"确定"按钮，选中的单元格区域中所有满足该规则的单元格被填充为黄色背景，如图 7-33 所示。

	A	B	C	D	E	F	G	H
1	学生成绩记录表							
2	学号	姓名	性别	语文	数学	英语	总分	平均分
3	2019001	张雪	女	90	88	87.00		
4	2019002	王进	男	76	66	89		
5	2019003	周永冰	女	87	78	79		
6	2019004	王春江	男	89	69	54		
7	2019005	刘明	男	79	65	98		
8	2019006	赵芳	女	54	81	66		
9	2019007	宋明亮	男	98	83	78		
10	2019008	曹遇	男	76	88	69		
11	2019009	周红	女	45	54	56		
12	2019010	刘田田	女	93	98	81		
13	2019011	陈峰	男	47	76	83		
14	2019012	王海波	男	85	45	77		
15	2019013	梁琼	女	78	93	45		
16	2019014	谢明玉	女	69	89	81		
17	2019015	周子良	女	65	79	83		
18	2019016	张丽	女	81	54	88		
19	2019017	何子田	男	83	98	88		
20	2019018	钱明	男	88	77	76		

图 7-33　使用自定义规则显示数据

7.4 应用案例：旅游景点人数统计表（1）

微视频 7-4
旅游景点人数
统计表（1）

1. 案例目标

在 WPS 表格中制作"旅游景点人数统计表"，其中涉及的操作有：在单元格中输入和编辑数据、自动填充数字序列、设置数据的有效性、单元格的合并等。通过该案例的操作，能掌握 WPS 表格的编辑与格式化方法。

2. 案例知识点

（1）数据的输入与修改。

（2）插入数据行。

（3）数据序列的自动填充。

（4）设置数据的有效性。

（5）设置单元格格式。

（6）设置边框样式。

3. 操作要求

启动 WPS 表格，在工作表"Sheet1"中输入图 7-34 所示的数据，然后按照下列要求完成工作表的编辑与格式化操作。

	A	B	C	D	E	F	G	H	I	J	K	L
1	编号	地名	地区	2011年	2012年	2013年	2014年	2015年	五年总人数	五年平均人数	排名	是否热门地
2		北京	西部	131274	234410	278740	297330	312050				
3		北京	东部	112200	172700	206800	221100	320925				
4		敦煌	西部	139150	184690	226435	237820	348191				
5		峨眉山	西部	145860	155210	166430	153340	239825				
6		杭州	东部	83600	82555	100320	102410	152047				
7		黄山	东部	22000	35200	73700	96800	127875				
8		九寨沟	西部	58300	85800	75900	107800	137775				
9		拉萨	西部	23100	36960	77385	101640	134265				
10		乐山大佛	西部	171600	182600	195800	180400	282150				
11		丽江	西部	88000	86900	105600	107800	160050				
12		青岛	东部	121000	160600	196900	206800	302775				
13		三亚	东部	145860	224510	268840	287430	417202				
14		厦门	东部	133100	176660	216590	227480	333052				
15		上海	东部	132000	141900	162800	112200	206250				
16		香港	东部	100980	155430	186120	198990	288832				
17		张家界	东部	37400	62700	97900	86900	138600				
18		大理	西部	169150	224690	276435	337820	398191				
19		大连	东部	175860	185210	196430	223340	239825				
20		腾冲	西部	83655	102555	130320	142410	172047				
21		秦皇岛	东部	19020	55200	93700	126800	197875				
22		香格里拉	西部	58210	897660	95905	109806	157175				
23		稻城	西部	23715	39567	117385	151640	214265				
24		华山	西部	221675	242611	255809	260320	288150				
25		桂林	西部	87560	96900	135600	159800	175350				
26		稻城	西部	120321	130650	206900	236800	352775				
27		海螺沟	西部	156660	261510	299640	321130	397202				
28		阳朔	东部	145110	171350	229190	239280	350152				
29		平遥古镇	西部	133210	157810	191010	212200	276250				
30		鸣沙山-月牙泉	西部	91600	122600	165800	191300	232150				

图 7-34 旅游景点人数统计表数据

（1）在第 1 行上方插入新的一行，然后在单元格 A1 中输入"旅游景点人数统计表"。

（2）在"编号"列的单元格区域 A3：A31 中依次填充数据 A00001、A00002、A00003、……。

（3）设置单元格区域 A2：L31 的字体格式为"仿宋、12"，水平对齐方式为"居中"、垂直对齐方式为"居中"。

（4）设置单元格区域 A1：L1 的对齐方式为"合并居中"，字体为"黑体"，字号为"20"。

（5）给单元格区域 A2：L31 添加内外黑色实线边框，外边框为粗实线，内边框为细实线。

（6）给单元格区域 A2：L2 添加底纹：颜色为"浅蓝"，该单元格区域的字体格式为"白色、背景 1""加粗"，字号为"14"。

（7）给单元格区域 A3：L31 添加底纹：颜色为"钢蓝，着色 1，浅色 80%"。

（8）设置单元格区域 A1：L31 每列的列宽为 12。

（9）设置"地区"列的数据输入范围为"东部,西部"。

（10）使用条件格式突出显示 2015 年旅游人数超过 30 万人的景点的单元格数据，并将背景填充为"红色"。

第 8 章

WPS 表格公式与函数应用

WPS 表格提供了强大的计算功能，可以通过公式和函数对单元格中的数据进行计算与分析，特别是 WPS 表格中提供了近 400 个函数，熟练运用其中的部分函数，就可以解决工作中的大多数问题，大大提高工作效率。

8.1 公式的使用

8.1.1 公式的定义

公式是对工作表中的数值进行计算的等式，以"="开始，其后由参与计算的数据和运算符构成。其中，公式中的数据可以是直接输入的数字或文本常量，也可以是一个单元格地址，或者是一个函数；运算符可以是常见的算术运算符，如加、减、乘、除等，也可以是进行大小比较的比较运算符或用于字符连接的文本运算符。

例如，在单元格中输入"=2*PI( )*A1"，其中"2"就是数字常量，"PI( )"是一个函数，其返回值为 3.1415…，"A1"表示引用单元格地址 A1 中的数值，"*"运算符表示相乘。

8.1.2 运算符

1. 运算符类型

WPS 表格提供了以下 4 类运算符。

➤ 算术运算符：用于完成基本的数学运算，如加、减、乘、除、求幂等。

➤ 比较运算符：用于比较两个数据的大小关系，其结果为逻辑值 TRUE 或 FALSE。

➤ 文本运算符：用于将两个或多个文本字符串连接在一起。

➤ 引用运算符：用于将单元格区域合并运算。

WPS 表格中所有的运算符如表 8-1 所示。

表 8-1　WPS 表格中的运算符

运算符类型		含　义	示　　例
算术运算符	+	加	=3+2（单元格返回值为 5）
	−	减	=3−2（单元格返回值为 1）
	*	乘	=3＊2（单元格返回值为 6）
	/	除	=3/2（单元格返回值为 1.5）
	%	百分比	=3%（单元格返回值为 0.03）
	^	幂	=3^2（单元格返回值为 9）
比较运算符	=	等于	=3=2（单元格返回值为 FASLE）
	>	大于	=3>2（单元格返回值为 TRUE）
	>=	大于或等于	=3>=2（单元格返回值为 TRUE）
	<	小于	=3<2（单元格返回值为 FASLE）
	<=	小于或等于	=3<=2（单元格返回值为 FASLE）
	<>	不等于	=3<>2（单元格返回值为 TRUE）
文本运算符	&	连接两个或多个文本字符串	="四川"&"成都"（单元格返回值 为"四川成都"）
引用运算符	:	表示引用区域	A2:B5（表示引用从 A2 到 B5 的所有单元格）
	,	同时引用多个单元格区域	A2:F2,B3:E4（引用 A2:F2 和 B3:E4 两个单元格区域）
	空格	引用同时属于两个区域的单元格	A1:F1　B1:B3（引用 B1 单元格）

2. 运算符的优先级

在公式中如果出现了多个运算符，必须按照运算符的优先级以从高到低的顺序进行计算。对于同一优先级的运算，则按照从左到右的顺序进行计算。表 8-2 中罗列了 WPS 表格中各种运算符及其说明（从上到下优先级依次降低从高到低排列）。

表 8-2　运算符的优先级

运　算　符	说　　明
:	引用运算符
空格	引用运算符
,	引用运算符
%	算术运算符
^	算术运算符
*和/	算术运算符

续表

运　算　符	说　明
+和−	算术运算符
&	文本运算符
=、>、>=、<、<=、<>	比较运算符

8.1.3　公式的输入和编辑

1. 输入公式

如图 8-1 所示，在工作表中双击需要输入公式的单元格 G3，将光标置于该单元格中，然后在单元格中首先输入"＝"符号，接着输入参与计算的其他元素和运算符，输入完成后按 Enter 键即可得到计算结果。

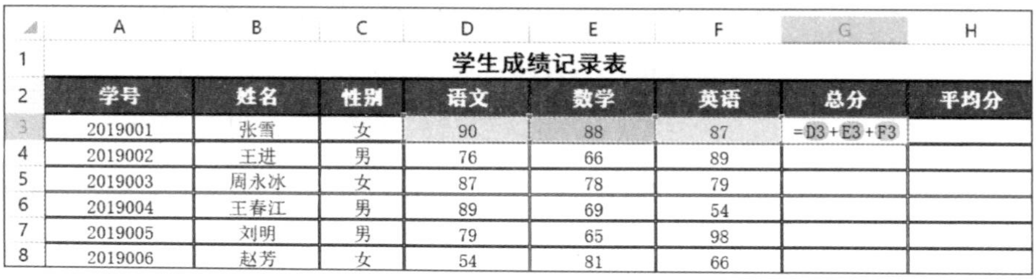

	A	B	C	D	E	F	G	H
1				学生成绩记录表				
2	学号	姓名	性别	语文	数学	英语	总分	平均分
3	2019001	张雪	女	90	88	87	=D3+E3+F3	
4	2019002	王进	男	76	66	89		
5	2019003	周永冰	女	87	78	79		
6	2019004	王春江	男	89	69	54		
7	2019005	刘明	男	79	65	98		
8	2019006	赵芳	女	54	81	66		

图 8-1　在单元格中输入公式

2. 编辑公式

单元格中的公式和单元格中的数据一样，可以进行修改、复制、自动填充等编辑操作。

（1）如果要修改公式，可以双击包含公式的单元格，此时公式会显示在单元格中，直接对其进行修改即可。当公式中所引用的数值或单元格地址发生变化，WPS 表格将根据修改重新计算该公式。

（2）当在多个单元格中需要使用相同公式时，可以通过复制公式的方法快速输入。选择包含公式的单元格，按 Ctrl+C 键进行复制，然后选择目标单元格，按 Ctrl+V 键进行粘贴即可。

（3）如果需要使用相同公式的单元格是一个连续的区域，使用自动填充更便捷。单击包含公式的单元格 G3，然后将光标移至该单元格右下角的填充柄上，当光标变为"+"形状时，按住鼠标左键拖动即可将单元格 G3 的公式填充到 G4 到 G8 单元格中，获得计算结果，如图 8-2 所示。

值得注意的是，在进行复制或者自动填充时，公式中的单元格地址将根据引用的类型而自动发生改变。

图 8-2　在单元格区域中自动填充公式

8.1.4　单元格的引用　···▫

引用的作用在于标识工作表中的单元格或单元格区域，并指明公式中所使用数据的位置。在公式中通过单元格引用，不仅可以使用当前工作表中的数据，还可以使用同一工作簿中不同工作表中的数据，甚至是来自其他工作簿中的数据。

1. 相对引用

相对引用是相对于包含公式的单元格的相对位置，在公式中使用相对引用时，公式所在单元格的位置改变，引用地址也随之改变。如图 8-3 所示，如果将 G3 单元格中的公式复制粘贴到 G4 单元格，公式中的单元格地址会自动进行调整。

图 8-3　公式中的相对引用

2. 绝对引用

在公式中使用绝对引用方式引用某个单元格时，需要在该单元格所在的列标和行号前加 "$" 标记。例如，在公式中引用 A1 单元格时，使用相对引用时可直接输入 "A1"，而使用绝对引用时则需要输入 "$A$1"。在复制和自动填充公式时，公式中的绝对引用不会随着单元格的变化而改变。

3. 混合引用

混合引用具有绝对列和相对行，或是绝对行和相对列。绝对引用列采用诸如 $A1、$B1 等形式，绝对引用行采用诸如 A$1、B$1 等形式。如果公式所在单元格的位置改变，则相对引用改变，而绝对引用不变。如果对公式进行多行或多列复制，相对引用自动调整，而绝对引用不作调整。

4. 引用切换

在 WPS 表格中输入公式时，可以通过 F4 键在单元格的相对引用、绝对引用和混合引用之间进行切换。假设某单元格输入的公式为 "=SUM(B4:B8)"，下面通过具体操作来说明。

步骤 1：选中整个公式，第 1 次按下 F4 键，该公式内容变为 "=SUM($B$4:$B$8)"，表示对横行、纵列单元格均进行绝对引用。

步骤 2：第 2 次按下 F4 键，公式内容又变为 "=SUM(B$4:B$8)"，表示对横行进行绝对引用，对纵列进行相对引用。

步骤 3：第 3 次按下 F4 键，公式则变为 "=SUM($B4:$B8)"，表示对横行进行相对引用，对纵列进行绝对引用。

步骤 4：第 4 次按下 F4 键时，公式变回到初始状态 "=SUM(B4:B8)"，即对横行纵列的单元格均进行相对引用。

需要说明的是，F4 键的切换功能只对选中的公式有效。

5. 三维地址引用

所谓三维地址引用是指在一个工作簿中从不同的工作表中引用单元格，三维引用的一般格式为 "工作表名!+单元格地址"。

例如，在单元格中输入公式 "=Sheet1!E2+Sheet2!B4"，则表示引用工作表 Sheet1 中 E2 单元格数据和工作表 Sheet2 中 B4 单元格数据相加。因此，利用三维地址引用，可以一次性将指定工作表中特定的单元格数据进行汇总。

8.1.5 定义与引用名称 ···

在 WPS 表格中，名称是单元格或者单元格区域有意义的简略表示法，用户可以创建一个新的名称来代表单元格、单元格区域或公式，还可以在公式中使用名字来取代这些数据。记忆单元格的名字远比记忆单元格的地址更为方便，这可以极大地保障公式中引用的正确性。

在名称命名时应注意以下规则：

➢ 名称必须以字母、文字或下画线开头，其余的字符可以是字母、数字、句点或下画线等，但不包括空格。

➢ 名称的命名不能与单元格引用样式相同。

➢ 名称最多可以包含 255 个字符，不区分大小写。

1. 定义名称

定义名称常用的有以下两种方法。

（1）使用名称框命名。名称框位于编辑栏的左侧，用于显示当前活动单元格的引用地址。在工作表中选择要定义名称的单元格或单元格区域，然后单击名称框，输入新定义的名称，按 Enter 键完成命名，如图 8-4 所示。

（2）使用工具栏按钮命名。在工作表中选择要定义名称的单元格或单元格区域，依次单击 "公式" 选项卡→ "名称管理器" 按钮，在打开的 "名称管理器" 对话框中单击 "新建" 按钮，打开如图 8-5 所示的 "新建名称" 对话框。在 "名称" 文本框中输入定义的名称，在 "引用位置" 中输入单元格引用地址，然后单击 "确定" 按钮即可。

2. 使用名称

当一个单元格或单元格区域被命名后，单击名称框右侧的下拉箭头，从列表中选择需

			学生成绩记录表				
学号	姓名	性别	语文	数学	英语	总分	平均分
2019001	张雪	女	90	88	87	265	
2019002	王进	男	76	66	89	231	
2019003	周永冰	女	87	78	79	244	
2019004	王春江	男	89	69	54	212	
2019005	刘明	男	79	65	98	242	
2019006	赵芳	女	54	81	66	201	

图 8-4　使用名称框定义名称

图 8-5　"新建名称"对话框

要的名称，则相应的单元格或单元格区域即被快速选定。

　　在新创建的公式中，如果需要引用工作表中的数据，除了使用单元格地址外，还可以在"公式"选项卡中单击"粘贴"按钮，在弹出的对话框中选择定义好的名称来构建计算公式，使用户更容易理解公式的含义，如图 8-6 所示。

			学生成绩记录表				
学号	姓名	性别	语文	数学	英语	总分	平均分
2019001	张雪	女	90	88	87	265	
2019002	王进	男	76	66	89	231	
2019003	周永冰	女	87	78	79	244	
2019004	王春江	男	89	69	54	212	
2019005	刘明	男	79	65	98	242	
2019006	赵芳	女	54	81	66	201	

图 8-6　在公式中使用名称

8.2　函数的应用

　　函数可以理解为一种特殊的公式，它是按照设置好的某种固定规则进行计算。WPS

表格提供了大量的内置函数，在公式中灵活运用这些函数，不仅可以减少输入的工作量，节省时间，提高效率，而且可以降低输入时出错的概率。

8.2.1 函数的语法及分类 ···□

WPS 表格中的函数是由函数名和位于其后用括号括起来的参数组成，即：函数名(参数 1,参数 2,……)。因此，一般来说，一个函数包括以下 4 个基本要素。

1. 函数名

函数名代表了该函数具有的功能，例如，SUM(A1:A5)用于将单元格区域 A1:A5 中的数值进行累加求和，Max(A1:A5)则用于找出单元格区域 A1:A5 中的最大值。

2. 参数

不同类型的函数要求给定不同类型的参数，参数可以是数字、文本、逻辑值（真或假）或单元格地址等，给定的参数必须能产生有效数值，例如，SUM(A1:A5)要求单元格区域 A1:A5 存放的是数值数据。有些函数没有参数，如 Today()，而绝大多数函数拥有不超过 255 个的参数。

3. 括号

任何一个函数都是用括号把参数括起来的，而且不管函数是否有参数，函数的括号是必不可少的，否则系统将报错。

4. 参数分隔符

当函数拥有多个参数时，各参数之间用英文逗号分隔。

WPS 表格一共提供了财务、逻辑、文本等 10 大类、近 400 多个函数，这些函数集中在"公式"选项卡中，如图 8-7 所示。

图 8-7　WPS 表格函数库

8.2.2 函数的输入和编辑 ···□

1. 输入函数

如果对函数的语法格式和参数非常熟悉，可以采用手动输入的方法。和输入公式一样，双击单元格，首先输入等号"="，然后直接输入函数名和参数，例如，"=SUM(A1:B3)"，按 Enter 键即可显示函数计算结果。

对于比较复杂的函数，可以使用函数向导来指导用户一步一步地输入，避免在输入过程中产生错误，其操作步骤如下：

步骤 1：单击要输入函数的单元格，然后单击"公式"选项卡中的"插入函数"按钮，打开如图 8-8 所示的"插入函数"对话框。

图 8-8　"插入函数"对话框

步骤 2：在"选择类别"下拉列表框中选择要输入的函数类别，然后在"选择函数"列表框中选择需要使用的函数。这里以求平均值函数"AVERAGE"为例，单击"确定"按钮，打开如图 8-9 所示的对话框，在"数值 1"文本框中输入工作表中用于计算平均值的单元格区域，或者单击文本框右侧的 ▓ 按钮，在工作表中选择单元格区域。

图 8-9　输入函数参数

步骤 3：单击"确定"按钮后，即可在工作表的单元格中得到函数计算的结果。单击该单元格，在编辑栏中将显示使用该函数的公式，如图 8-10 所示，H3 单元格中即为 AVERAGE 函数计算的结果。

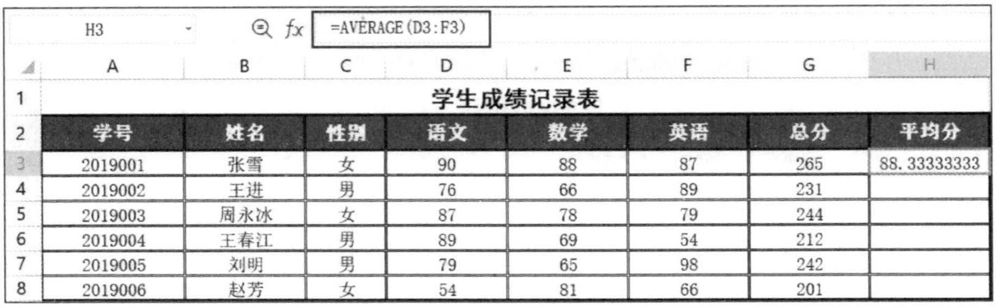

图 8-10　显示函数计算结果

2. 编辑函数

输入函数后，如果要进行修改调整，可以先选中含有公式的单元格，再单击编辑栏，或者直接双击含有公式的单元格，此时公式进入编辑状态。根据需要可以重新选择一个单元格区域作为函数参数，也可以单击编辑栏左侧的"函数"下拉箭头，在弹出的下拉列表中选择要更改使用的函数，如图 8-11 所示。

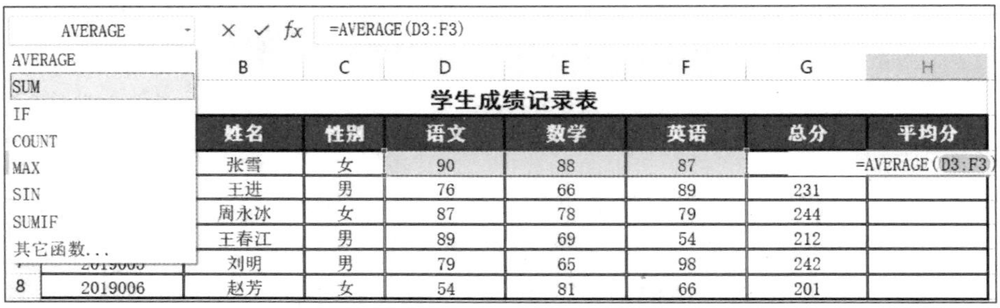

图 8-11　编辑修改函数

8.2.3　函数的嵌套使用

一个函数中通常都有参数，所谓函数的嵌套，就是指在某些情况下，函数的参数由另外一个函数生成，以实现某种复杂的统计功能。下面以 IF 函数为例，IF 函数的语法格式为：IF(条件,结果1,结果2)。

该函数对满足条件的数据进行处理，如果条件满足则输出结果1，不满足则输出结果2。

微视频 8-1
if 嵌套

使用 IF 函数嵌套依据工作表中的平均分数据判定成绩等级：90 分以上（包含 90 分）为"优"，80 分以上（包含 80 分）为"良"，60 分以上（包含 60 分）为"及格"，60 分以下为"差"，其嵌套函数为 "=IF(H3>=90,"优",IF(H3>=80,"良",IF(H3>=60,"及格","差")))"，运行结果如图 8-12 所示。使用自动填充功能，即可得到工作表中其他分数的等级。

I3			⊕ fx	=IF(H3>=90,"优",IF(H3>=80,"良",IF(H3>=60,"及格","差")))				

	A	B	C	D	E	F	G	H	I
1				学生成绩记录表					
2	学号	姓名	性别	语文	数学	英语	总分	平均分	等级
3	2019001	张雪	女	90	88	87	265	88.3	良
4	2019002	王进	男	76	66	89	231	77.0	及格
5	2019003	周永冰	女	87	78	79	244	81.3	良
6	2019004	王春江	男	89	69	54	212	70.7	及格
7	2019005	刘明	男	79	65	98	242	80.7	良
8	2019006	赵芳	女	54	81	66	201	67.0	及格
9	2019007	宋明亮	男	98	83	78	259	86.3	良
10	2019008	曹遇	男	76	88	69	233	77.7	及格
11	2019009	周红	女	45	54	56	155	51.7	差
12	2019010	刘田田	女	93	98	81	272	90.7	优
13	2019011	陈峰	男	47	76	83	206	68.7	及格
14	2019012	王海波	男	85	45	77	207	69.0	及格
15	2019013	梁琼	女	78	93	45	216	72.0	及格
16	2019014	谢明玉	女	69	89	81	239	79.7	及格
17	2019015	周子良	女	65	79	83	227	75.7	及格
18	2019016	张丽	女	81	54	88	223	74.3	及格
19	2019017	何子田	男	83	98	88	269	89.7	良
20	2019018	钱明	男	88	77	76	241	80.3	良

图 8-12　函数的嵌套

8.2.4　常用函数介绍

在工作中经常会使用一些常用函数进行数据计算，例如，求和函数 SUM、平均值函数 AVERAGE、求最大值函数 MAX 等。熟练掌握这些常用函数的语法格式及使用方法，有助于提升工作效率。

1. SUM 函数

SUM 函数主要用于求和计算，其语法格式为：SUM（数值 1,［数值 2］,…），参数"数值 1"是必选项，可以是一个数字、一个单元格引用地址或是一个单元格区域。在工作表中，经常使用 SUM 函数对单元格区域中的所有数据进行求和计算。如图 8-13 所示，G 列中的总分由 SUM 函数计算得到。

微视频 8-2
行列快速求和

	A	B	C	D	E	F	G	H	I
1				学生成绩记录表					
2	学号	姓名	性别	语文	数学	英语	总分	平均分	等级
3	2019001	张雪	女	90	88	87	=SUM(D3:F3)	88.3	良
4	2019002	王进	男	76	66	89	231	77.0	及格
5	2019003	周永冰	女	87	78	79	244	81.3	良
6	2019004	王春江	男	89	69	54	212	70.7	及格
7	2019005	刘明	男	79	65	98	242	80.7	良
8	2019006	赵芳	女	54	81	66	201	67.0	及格

图 8-13　使用 SUM 函数求和

如果 SUM 函数中有多个数值参数，表示对这些参数中的数据进行累加求和计算，例如，"=SUM（D3:F3,D5:F5）"表示对工作表中单元格区域 D3 到 F3 以及 D5 到 F5 中所有的数据进行累加。

微视频 8-3
AVERAGE
函数举例

2. AVERAGE 函数

AVERAGE 函数主要用于计算平均值，其语法格式为：AVERAGE(数值1, [数值2], …)，参数用法和 SUM 函数相同。如图 8-14 所示，在工作表 H 列中可以使用该函数计算单元格区域中数字的平均值。

	A	B	C	D	E	F	G	H	I
1					学生成绩记录表				
2	学号	姓名	性别	语文	数学	英语	总分	平均分	等级
3	2019001	张雪	女	90	88	87		=AVERAGE(D3:F3)	
4	2019002	王进	男	76	66	89	231	77.0	及格
5	2019003	周永冰	女	87	78	79	244	81.3	良
6	2019004	王春江	男	89	69	54	212	70.7	及格
7	2019005	刘明	男	79	65	98	242	80.7	良
8	2019006	赵芳	女	54	81	66	201	67.0	及格

图 8-14　使用 AVERAGE 函数求平均数

如果 AVERAGE 函数有多个数值参数，例如，"=AVERAGE(A2:A6, 5)"表示计算工作表中单元格区域 A2 到 A6 中的数字与数 5 的平均值。

3. MAX 函数和 MIN 函数

MAX 函数和 MIN 函数用于计算最大值和最小值，其语法格式分别为 MAX(数值1, [数值2], …)，MIN(数值1, [数值2], …)，参数用法与 SUM 函数、AVERAGE 函数相同，不再赘述。如图 8-15 所示，使用 MAX 函数和 MIN 函数，即可计算出工作表中总分的最高分和最低分。

	G
2	总分
3	265
4	231
5	244
6	212
7	242
8	201
9	259
10	233
11	155
12	272
13	206
14	207
15	216
16	239
17	227
18	223
19	269
20	241
总分最高分：	=MAX(G3:G20)
总分最低分：	=MIN(G3:G20)

图 8-15　使用 MAX 函数和 MIN 函数

4. LARGE 函数和 SMALL 函数

LARGE 函数和 SMALL 函数的语法格式为：LARGE（数组，K）和 SMALL（数组，K），两个参数都是必选项，其中"数组"可以是一个数据集或者单元格区域，"K"为大于 0 的整数。LARGE 函数用于在指定的数据集或单元格区域中获取第 K 个最大值，当 K 取值为 1 时，该函数的作用等价于 MAX。SMALL 函数用于在指定的数据集或单元格区域中获取第 K 个最小值，当 K 取值为 1 时，该函数的作用等价于 MIN。在工作表中使用 LARGE 函数，即可得到语文成绩的前两名，如图 8-16 所示。

5. COUNT 函数和 COUNTA 函数

COUNT 函数和 COUNTA 函数的语法格式为：COUNT(值 1,[值 2],…)和 COUNTA(值 1,[值 2],…)，其中"值 1"参数为必选项。两个函数都用于统计个数，不同之处在于 COUNT 函数主要用于统计参数中包含数字的单元格个数以及参数列表中数字的个数；COUNTA 函数用于统计参数中不为空的单元格的个数。

如图 8-17 所示，如果以学号列来统计表中的人数，由于学号数据由数字构成，所以可以使用 COUNT 函数；如果以姓名列来统计表中的人数，因为姓名列中没有空值，所以可以使用 COUNTA 函数。

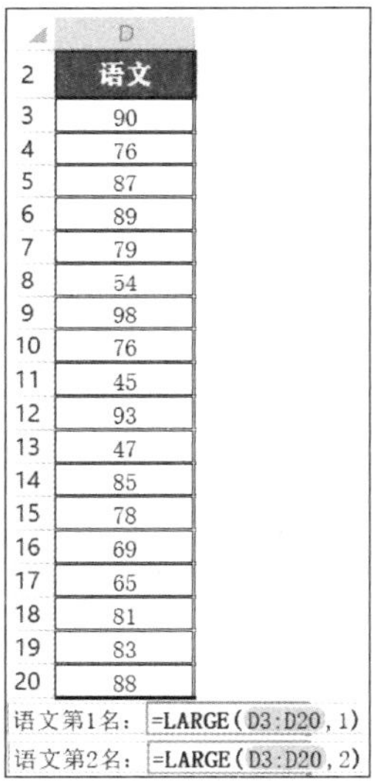

	语文
3	90
4	76
5	87
6	89
7	79
8	54
9	98
10	76
11	45
12	93
13	47
14	85
15	78
16	69
17	65
18	81
19	83
20	88
语文第1名：	=LARGE(D3:D20,1)
语文第2名：	=LARGE(D3:D20,2)

图 8-16　使用 LARGE 函数

	学号	姓名
3	2019001	张雪
4	2019002	王进
5	2019003	周永冰
6	2019004	王春江
7	2019005	刘明
8	2019006	赵芳
9	2019007	宋明亮
10	2019008	曹遇
11	2019009	周红
12	2019010	刘田田
13	2019011	陈峰
14	2019012	王海波
15	2019013	梁琼
16	2019014	谢明玉
17	2019015	周子良
18	2019016	张丽
19	2019017	何子田
20	2019018	钱明
=COUNT(A3:A20)		=COUNTA(B3:B20)

图 8-17　使用 COUNT 函数和 COUNTA 函数

6. COUNTIF 函数

COUNTIF 是一个统计函数，用于统计满足某个条件的单元格的数量，其语法格式为：COUNTIF(区域,条件)，其中参数"区域"表示要统计其中非空单元格数目的单元格区域；参数"条件"表示以数字、表达式或文本形式定义的条件。

如图 8-18 所示，在工作表中使用 COUNTIF 函数，即可在指定单元格区域内分别统计出男生的人数和总分成绩在 240 分及以上的人数。

	C	D	E	F	G	H	I
2	性别	语文	数学	英语	总分	平均分	等级
3	女	90	88	87	265	88.3	良
4	男	76	66	89	231	77.0	及格
5	女	87	78	79	244	81.3	良
6	男	89	69	54	212	70.7	及格
7	男	79	65	98	242	80.7	良
8	女	54	81	66	201	67.0	及格
9	男	98	83	78	259	86.3	良
10	男	76	88	69	233	77.7	及格
11	女	45	54	56	155	51.7	差
12	女	93	98	81	272	90.7	优
13	男	47	76	83	206	68.7	及格
14	男	85	45	77	207	69.0	及格
15	女	78	93	45	216	72.0	及格
16	女	69	89	81	239	79.7	及格
17	女	65	79	83	227	75.7	及格
18	女	81	54	88	223	74.3	及格
19	男	83	98	88	269	89.7	良
20	男	88	77	76	241	80.3	良
21	=COUNTIF(C3:C20,"男")				=COUNTIF(G3:G20,">=240")		

图 8-18　使用 COUNTIF 函数

7. RANK.EQ 函数

RANK.EQ 函数用于返回一个数字在单元格区域中的排位，其语法格式为：RANK.EQ(数值,引用,[排序方式])，其中参数"数值"和"引用"为必选项，"数值"参数表示要进行排位的数据，"引用"参数表示单元格区域。"排序方式"参数为可选项，用于指定数字排位方式，其值为 0 或省略时，WPS 表格对数字的排位按照"引用"参数中指明的单元格区域数据的降序排列；其值为 1 时，排位按"引用"参数中指明的单元格区域数据的升序排列。

微视频 8-4
RANK.EQ
函数举例

如图 8-19 所示，在工作表中以平均分成绩来对每位学生进行排名，在单元格 J3 中输入公式"=RANK.EQ(H3,H3:H20,0)"，其中单元格 H3 表示第 1 位学生的平均分，单元格区域 H3:H20 表示进行排位的范围，0 表示按照单元格区域中数据的降序获得排名。按Enter 键后，即可显示第 1 位学生的排名情况。

	J3		Q fx	=RANK.EQ(H3,H3:H20,0)					
	A	B	C	D	E	F	G	H	I	J
1	学生成绩记录表									
2	学号	姓名	性别	语文	数学	英语	总分	平均分	等级	排名
3	2019001	张雪	女	90	88	87	265	88.3	良	3
4	2019002	王进	男	76	66	89	231	77.0	及格	
5	2019003	周永冰	女	87	78	79	244	81.3	良	
6	2019004	王春江	男	89	69	54	212	70.7	及格	
7	2019005	刘明	男	79	65	98	242	80.7	良	
8	2019006	赵芳	女	54	81	66	201	67.0	及格	

图 8-19　使用 RANK.EQ 函数排名

其他同学的排名可以使用自动填充完成，需要注意的是公式中表示学生平均分成绩的单元格应使用相对引用，在自动填充中其单元格地址将随着行的变化而改变；表示排名范围的单元格区域应使用绝对引用，在自动填充中保持不变。因此，修改第 1 位同学的排名公式为 "=RANK. EQ(H3,$H$3:$H$20,0)"，按 Enter 键确认后，将鼠标指针置于该单元格右下角的填充柄上，当光标变为 "+" 时，按住鼠标左键拖动填充，即可完成所有学生的排名，如图 8-20 所示。

	A	B	C	D	E	F	G	H	I	J
	J3			f_x	=RANK. EQ(H3, $H$3:$H$20, 0)					
1					学生成绩记录表					
2	学号	姓名	性别	语文	数学	英语	总分	平均分	等级	排名
3	2019001	张雪	女	90	88	87	265	88.3	良	3
4	2019002	王进	男	76	66	89	231	77.0	及格	10
5	2019003	周永冰	女	87	78	79	244	81.3	良	5
6	2019004	王春江	男	89	69	54	212	70.7	及格	14
7	2019005	刘明	男	79	65	98	242	80.7	良	6
8	2019006	赵芳	女	54	81	66	201	67.0	及格	17
9	2019007	宋明亮	男	98	83	78	259	86.3	良	4
10	2019008	曹遇	男	76	88	69	233	77.7	及格	9
11	2019009	周红	女	45	54	56	155	51.7	差	18
12	2019010	刘田田	女	93	98	81	272	90.7	优	1

图 8-20　公式的自动填充

8.3　应用案例：旅游景点人数统计表（2）

微视频 8-5
旅游景点人数
统计表（2）

1. 案例目标

在 WPS 表格中打开 "旅游景点人数统计表"，运用公式和函数计算各旅游景点 5 年的总人数、平均人数和总人数排名，以及各年总人数的最大值、最小值和年增长率。通过该案例的操作，掌握 WPS 表格中公式和常用函数的使用。

2. 案例知识点

（1）SUM 函数的使用。

（2）AVERAGE 函数的使用。

（3）RANK. EQ 函数的使用。

（4）IF 函数的使用。

（5）LARGE 函数和 SMALL 函数的使用。

（6）MAX 函数和 MIN 函数的使用。

3. 操作要求

启动 WPS 表格，在工作表 "Sheet1" 中使用公式和函数，按照下列要求完成工作表数据的计算和填充，计算结果如图 8-21 和图 8-22 所示。

（1）计算各旅游景点 5 年总人数。

（2）计算各旅游景点 5 年平均人数。

	A	B	C	D	E	F	G	H	I	J	K	L
1						旅游景点人数统计表						
2	编号	地名	地区	2011年	2012年	2013年	2014年	2015年	五年总人数	五年平均人数	排名	是否热门地
3	A00001	北海	西部	131274	234410	278740	297330	312050	1253804	250760.8	6	是
4	A00002	北京	东部	112200	172700	206800	221100	320925	1033725	206745	11	是
5	A00003	敦煌	西部	139150	184690	226435	237820	348191	1136286	227257.2	7	是
6	A00004	峨眉山	西部	145860	155210	166430	153340	239825	860665	172133	17	否
7	A00005	杭州	东部	83600	82555	100320	102410	152047	520932	104186.4	24	否
8	A00006	黄山	东部	22000	35200	73700	96800	127875	355575	71115	29	否
9	A00007	九寨沟	西部	58300	85800	75900	107800	137775	465575	93115	26	否
10	A00008	拉萨	西部	23100	36960	77385	101640	134265	373350	74670	28	否
11	A00009	乐山大佛	西部	171600	182600	195800	180400	282150	1012550	202510	13	是
12	A00010	丽江	西部	88000	86900	105600	107800	160050	548350	109670	22	否
13	A00011	青岛	东部	121000	160600	196900	206800	302775	988075	197615	14	否
14	A00012	三亚	东部	145860	224510	268840	287430	417202	1343842	268768.4	3	是
15	A00013	厦门	东部	133100	176660	216590	227480	333052	1086882	217376.4	9	是
16	A00014	上海	东部	132000	141900	162800	112200	206250	755150	151030	19	否
17	A00015	香港	东部	100980	155430	186120	198990	288832	930352	186070.4	16	否
18	A00016	张家界	东部	37400	62700	97900	86900	138600	423500	84700	27	否
19	A00017	大理	西部	169150	224690	276435	337820	398191	1406286	281257.2	2	是
20	A00018	大连	东部	175860	185210	196430	223340	239825	1020665	204133	12	是
21	A00019	腾冲	西部	83655	102555	130320	142410	172047	630987	126197.4	21	否
22	A00020	秦皇岛	东部	19020	55200	93700	126800	197875	492595	98519	25	否
23	A00021	香格里拉	西部	58210	897660	95905	109806	157175	1318756	263751.2	4	是
24	A00022	康定	西部	23715	39567	117385	151640	214265	546572	109314.4	23	否
25	A00023	华山	西部	221675	242611	255809	260320	288150	1268565	253713	5	是
26	A00024	桂林	西部	87560	96900	135600	159800	175350	655210	131042	20	否
27	A00025	稻城	西部	120321	130650	206900	236800	352775	1047446	209489.2	10	是
28	A00026	海螺沟	西部	156660	261510	299640	321130	397202	1436142	287228.4	1	是
29	A00027	阳朔	东部	145110	171350	229190	239280	350152	1135082	227016.4	8	是
30	A00028	平遥古镇	西部	133210	157810	191010	212200	276250	970480	194096	15	否
31	A00029	鸣沙山-月牙泉	西部	91600	122600	165800	191300	232150	803450	160690	18	否

图 8-21　计算结果（1）

（3）根据各旅游景点 5 年总人数进行降序排名。

（4）根据各旅游景点 5 年总人数判断该景点是否是热门地——5 年旅游总人数大于 1 000 000 人的在 L 列显示"是"，否则显示"否"。

（5）计算各年总人数的最大值、最小值、第 2 名人数、第 3 名人数、倒数第 2 名人数、倒数第 3 名人数。

（6）使用公式计算各年总人数的增长率，计算公式为：增长率 =（当年的总人数－上一年总人数）÷上一年总人数 * 100%），结果为保留一位小数的百分比样式。

	A	B	C	D	E
36		2012年	2013年	2014年	2015年
37	各年总人数	4867138	5030384	5438886	7353271
38	增长率	55.4%	3.4%	8.1%	35.2%
39	最大值	897660	299640	337820	417202
40	最小值	35200	73700	86900	127875
41	第 2 名	261510	278740	321130	398191
42	第 3 名	242611	276435	297330	397202
43	倒数第 2 名	36960	75900	96800	134265
44	倒数第 3 名	39567	77385	101640	137775

图 8-22　计算结果（2）

第 9 章
WPS 表格数据管理

从功能上讲，WPS 表格不只用来建立、编辑和输出表格，由于其具有很强的数据处理、分析和检索功能，在实际应用中，WPS 表格已经成为数据处理软件，拥有越来越多的数据库功能。本章将介绍使用 WPS 表格进行数据管理的方法。

9.1　数据清单

WPS 表格具备了数据库的一些特点，可以把工作表中的数据看成一个类似数据库的数据清单。数据清单中的列被认为是数据库的字段，数据清单中的列标题被认为是数据库的字段名，数据清单中的每一行被认为是数据库的一条记录，如图 9-1 所示。

	A	B	C	D	E	F	G	H	I	J	K
1					学生成绩记录表						
2	学号	姓名	性别	语文	数学	英语	总分	平均分	等级	排名	① 字段
3	2019001	张雪	女	90	88	87	265	88.3	良	3	
4	2019002	王进	男	76	66	89	231	77.0	及格	10	
5	2019003	周永冰	女	87	78	79	244	81.3	良	5	
6	2019004	王春江	男	89	69	54	212	70.7	及格	14	
7	2019005	刘明	男	79	65	98	242	80.7	良	6	
8	2019006	赵芳	女	54	81	66	201	67.0	及格	17	
9	2019007	宋明亮	男	98	83	78	259	86.3	良	4	
10	2019008	曹通	男	76	88	69	233	77.7	及格	9	
11	2019009	周红	女	45	54	56	155	51.7	差	18	② 记录
12	2019010	刘田田	女	93	98	81	272	90.7	优	15	
13	2019011	陈峰	男	47	76	83	206	68.7	及格	16	
14	2019012	王海波	男	85	45	77	207	69.0	及格	1	
15	2019013	梁琼	女	78	93	45	216	72.0	及格	13	
16	2019014	谢明玉	女	69	89	81	239	79.7	及格	8	
17	2019015	周子良	女	65	79	83	227	75.7	及格	11	
18	2019016	张丽	女	81	54	88	223	74.3	及格	12	
19	2019017	何子田	男	83	98	88	269	89.7	良	2	
20	2019018	钱明	男	88	77	76	241	80.3	良	7	

图 9-1　数据清单

9.1.1 使用记录单快速查看数据 ···□

记录单是数据清单的一种管理工具，使用它可以在数据清单中输入、显示、修改和删除记录，还可以进行数据的查询。使用记录单快速查看数据的操作步骤为：

步骤 1：在数据清单区域或数据清单最后一条记录下方，单击要创建记录单的工作表任意单元格，然后单击"数据"选项卡中的"记录单"按钮，打开记录单对话框，如图 9-2 所示。

图 9-2 记录单对话框

步骤 2：单击对话框中的"上一条"和"下一条"按钮，或者拖动文本框右侧的垂直滚动条，即可快速浏览数据清单中的每一条记录。

9.1.2 使用记录单编辑数据 ···□

在工作表中如果需要录入大量数据，特别是列项目较多超过了屏幕宽度时，用普通的方法输入数据就要上下左右滚动工作表，很不方便。此时使用记录单添加数据十分方便轻松，而且使用记录单能修改和删除数据，还可以用来查找数据。

1. 输入数据

使用记录单输入数据的操作步骤为：

步骤 1：在数据清单中单击任意单元格，打开记录单对话框，在对话框中单击"新建"按钮，然后在每一个字段中输入相应的内容，如图 9-3 所示。

步骤 2：单击"关闭"按钮，记录单中输入的数据将自动添加到数据清单的末尾，如图 9-4 所示。

2. 修改和删除数据

通过记录单对话框不但可以输入数据，而且可以对数据清单中存在的记录进行修改和删除。具体的操作步骤为：

步骤 1：在记录单对话框中单击"上一条"或"下一条"按钮，或者拖动文本框右侧的滚动条，找到要修改或删除的记录。

图 9-3　在记录单中输入数据

学号	姓名	性别	语文	数学	英语	总分	平均分	等级	排名
				学生成绩记录表					
2019001	张雪	女	90	88	87	265	88.3	良	3
2019002	王进	男	76	66	89	231	77.0	及格	11
2019003	周永冰	女	87	78	79	244	81.3	良	6
2019004	王春江	男	89	69	54	212	70.7	及格	15
2019005	刘明	男	79	65	98	242	80.7	良	7
2019006	赵芳	女	54	81	66	201	67.0	及格	18
2019007	宋明亮	男	98	83	78	259	86.3	良	4
2019008	曹遇	男	76	88	69	233	77.7	及格	10
2019009	周红	女	45	54	56	155	51.7	差	19
2019010	刘田田	女	93	98	81	272	90.7	优	1
2019011	陈峰	男	47	76	83	206	68.7	及格	17
2019012	王海波	男	85	45	77	207	69.0	及格	16
2019013	梁琼	女	78	93	45	216	72.0	及格	14
2019014	谢明玉	女	69	89	81	239	79.7	及格	9
2019015	周子良	女	65	79	83	227	75.7	及格	12
2019016	张丽	女	81	54	88	223	74.3	及格	13
2019017	何子田	男	83	98	88	269	89.7	良	2
2019018	钱明	男	88	77	76	241	80.3	良	8
2019019	周学明	男	87	81	78	246	82.0	良	5

图 9-4　在记录单中显示添加的数据

步骤 2：如果要修改数据，直接在字段后的文本框中进行编辑即可。完成修改之后，单击"关闭"按钮关闭记录单对话框，返回数据清单中查看修改结果。

步骤 3：如果要删除数据，可直接单击"删除"按钮，选中的记录将从数据清单中清除。

3. 查找满足条件的记录

通过记录单可以完成单一条件或多个条件的搜索，搜索条件可以是字符串，也可以是表达式。下面举例说明使用记录单搜索语文和数学成绩都在 85 分以上的学生记录，具体的操作步骤为：

步骤 1：打开记录单对话框，单击"条件"按钮，在打开的对话框中输入查找条件。

本例中分别在"语文"和"数学"文本框中输入条件">85",如图 9-5 所示。

步骤 2：单击对话框中的"上一条"或"下一条"按钮，符合条件的记录将显示在记录单对话框中，如图 9-6 所示。继续单击"上一条"或"下一条"按钮，符合条件的记录将交替显示。查找完成后，单击"关闭"按钮，关闭记录单对话框。

图 9-5　输入查找条件

图 9-6　显示查找结果

9.2　数据排序

排序是数据分析必备的功能，WPS 表格提供了强大的数据排序命令，可以将工作表中的数据按指定的规则进行显示，使用户能快速直观地了解数据。

9.2.1　排序规则

日常工作中使用最多的是根据数据清单中字段所在列的数据，按照升序或降序对记录进行排序。在使用升序进行排序时，同一类型的数据使用以下的规则：

➢ 数字类型的数据按从最小的负数到最大的正数排序。

➢ 中文按汉字拼音的首字母进行排序。当第 1 个汉字相同时，则按第 2 个汉字拼音的首字母排序。

➢ 英文以及包含数字的字符，按 0~9、A~Z 顺序排序。

➢ 在逻辑值中，False 排在 True 之前。

➢ 所有错误值的优先级等效。

➢ 空白单元格始终排在最后。

按降序排序时，空白单元格仍然排在最后，而其他顺序与升序相反。另外，在排序时可以指定英文字符是否区分大小写。如果区分大小写，在升序排列时小写字母排列在大写字母之前。中文排序除了根据汉语拼音的字母排序外，还可以指定按汉字的笔画排序。

9.2.2　简单排序

简单排序是指按数据清单中某一字段进行升序或者降序排列。例如，在数据清单中按"语文"成绩的升序进行排序，具体的操作步骤为：

步骤 1：在数据清单中单击字段"语文"所在列的任意单元格。

步骤 2：单击"数据"选项卡→"排序"按钮，此时数据清单中的"语文"列数据默认将按升序排列，如图 9-7 所示。

	学号	姓名	性别	语文	数学	英语	总分	平均分	等级	排名
					学生成绩记录表					
3	2019009	周红	女	45	54	56	155	51.7	差	19
4	2019011	陈峰	男	47	76	83	206	68.7	及格	17
5	2019006	赵芳	女	54	81	66	201	67.0	及格	18
6	2019015	周子良	男	65	79	83	227	75.7	及格	12
7	2019014	谢明玉	女	69	89	81	239	79.7	及格	9
8	2019002	王进	男	76	66	89	231	77.0	及格	11
9	2019008	曹遇	男	76	88	69	233	77.7	及格	10
10	2019013	梁琼	女	78	93	45	216	72.0	及格	14
11	2019005	刘明	男	79	65	98	242	80.7	良	7
12	2019016	张丽	女	81	54	88	223	74.3	及格	13
13	2019017	何子田	男	83	98	88	269	89.7	良	2
14	2019012	王海波	男	85	45	77	207	69.0	及格	16
15	2019003	周冰冰	女	87	78	79	244	81.3	良	6
16	2019019	周学明	男	87	81	78	246	82.0	良	5
17	2019018	钱明	男	88	77	76	241	80.3	良	8
18	2019004	王春江	男	89	69	54	212	70.7	及格	15
19	2019001	张雪	女	90	88	87	265	88.3	良	3
20	2019010	刘田田	女	93	98	81	272	90.7	优	1
21	2019007	宋明亮	男	98	83	78	259	86.3	良	4

图 9-7　数据的升序排列

值得注意的是，在进行简单排序的操作中，一定要先单击排序字段列中的含有数据的单元格，不能单击该列中的空白单元格，否则在排序时系统将会弹出如图 9-8 所示的错误提示窗口。

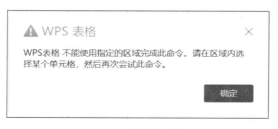

图 9-8　错误提示窗口

9.2.3　复杂排序

简单排序可能会遇到某个字段列具有相同数据的情况，此时可以使用复杂排序。复杂排序允许使用多个字段作为排序关键字，当主要关键字出现数据相同的情况，则按次要关键字进行排序，以此类推。例如，按性别分别对男生女生的数学成绩进行降序排列，具体的操作步骤为：

步骤 1：单击数据清单中的任意单元格，依次单击"数据"选项卡→"排序"按钮右下方的下拉箭头，弹出下拉列表，选择执行其中的"自定义排序"命令，打开如图9-9所示的"排序"对话框。在"主要关键字"下拉列表中选择"性别"字段，在"排序依据"下拉列表中选择"数值"选项，在"次序"下拉列表中选择"升序"选项。

图9-9 "排序"对话框

步骤2：在对话框中单击"添加条件"按钮，添加排序的次要关键字。如图9-10所示，在"次要关键字"下拉列表中选择"数学"字段，在"排序依据"下拉列表中选择"数值"选项，在"次序"下拉列表中选择"降序"选项，表示当"性别"字段中的数据相同时，则按次要关键字"数学"字段中的数据进行降序排列。

图9-10 添加次要关键字

步骤3：设置完成后，单击"确定"按钮，数据清单中的记录将按照"排序"对话框中的设置，以"性别"作为主要关键字，"数学"作为次要关键字进行排序，排序结果如图9-11所示。

学号	姓名	性别	语文	数学	英语	总分	平均分	等级	排名
				学生成绩记录表					
2019017	何子田	男	83	98	88	269	89.7	良	2
2019008	曹遇	男	76	88	69	233	77.7	及格	10
2019007	宋明亮	男	98	83	78	259	86.3	良	4
2019019	周学明	男	87	81	78	246	82.0	良	5
2019018	钱明	男	88	77	76	241	80.3	良	8
2019011	陈峰	男	47	76	83	206	68.7	及格	17
2019004	王春江	男	89	69	54	212	70.7	及格	15
2019002	王进	男	76	66	89	231	77.0	及格	11
2019005	刘明	男	79	65	98	242	80.7	良	7
2019012	王海波	男	85	45	77	207	69.0	及格	16
2019010	刘田	女	93	98	81	272	90.7	优	1
2019013	梁琼	女	78	93	45	216	72.0	及格	14
2019014	谢明玉	女	69	9	81	239	79.7	及格	9
2019001	张雪	女	90	88	87	265	88.3	良	3
2019006	赵芳	女	54	81	66	201	67.0	及格	18
2019015	周子良	女	65	79	83	227	75.7	及格	12
2019003	周永冰	女	87	78	79	244	81.3	良	6
2019009	周红	女	45	54	56	155	51.7	差	19
2019016	张丽	女	81	54	88	223	74.3	及格	13

图9-11 显示复杂排序结果

9.2.4　自定义序列排序 ···□

使用简单排序和复杂排序，可以满足日常工作中大部分的排序需求，但有时需要按照一些特殊的序列进行排序，这时就需要使用 WPS 表格的自定义序列排序功能。例如，按学历排序，要使其按博士、硕士、本科、专科的序列排序，可按以下步骤进行操作。

步骤 1：依次单击执行"数据"选项卡→"排序"按钮→"自定义排序"命令，打开如图 9-12 所示的"排序"对话框。在"主要关键字"下拉列表中选择进行自定义排序的字段，在"排序依据"下拉列表中选择"数值"选项，在"次序"下拉列表中选择"自定义序列"选项。

图 9-12　"排序"对话框

步骤 2：此时系统将打开如图 9-13 所示的"自定义序列"对话框，在"自定义序列"列表框中单击选择"新序列"选项，然后在右侧的"输入序列"文本框中按学历从高到低输入"博士，硕士，本科，专科"，注意序列项间以英文逗号间隔。输入完成后，单击"添加"按钮，将其添加到左侧的"自定义序列"列表中。

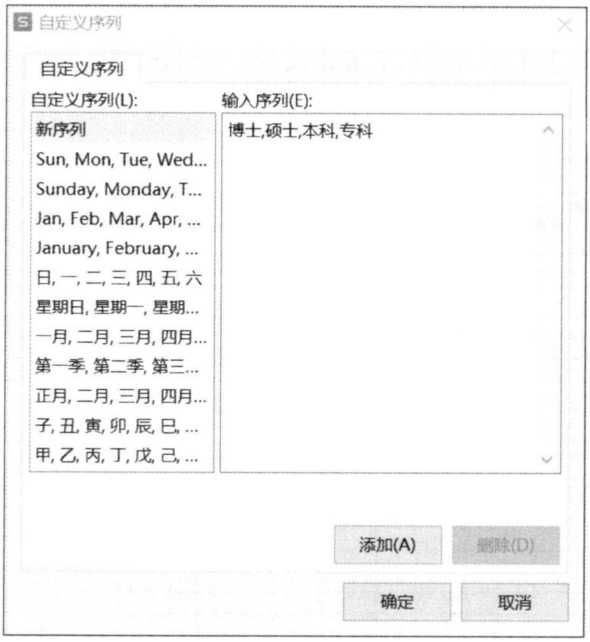

图 9-13　"自定义序列"对话框

步骤3：单击"确定"按钮返回"排序"对话框，在"次序"下拉列表中即可选择用自定义的序列顺序进行排序，如图9-14所示。

图9-14　选择自定义序列排序

9.3　数据筛选

数据筛选是从无序、庞大的数据清单中找到符合指定条件的记录，暂时屏蔽无用数据。WPS表格提供了自动筛选和高级筛选功能，可以快速、准确地查找和显示有用数据。

9.3.1　自动筛选

自动筛选适用于在一个字段上通过设置条件进行筛选，但每次也只能从数据清单中筛选出一组符合条件的记录。自动筛选的操作步骤如下。

步骤1：单击数据清单中的任意单元格，然后依次单击"数据"选项卡→"筛选"按钮，此时数据清单的每个字段名的右上方将出现一个下拉箭头，即筛选按钮，如图9-15所示。

	A	B	C	D	E	F	G	H	I	J
1					学生成绩记录表					
2	学号	姓名	性别	语文	数学	英语	总分	平均分	等级	排名
3	2019001	张雪	女	90	88	87	265	88.3	良	3
4	2019002	王进	男	76	66	89	231	77.0	及格	11
5	2019003	周永冰	女	87	78	79	244	81.3	良	6
6	2019004	王春红	男	89	69	54	212	70.7	及格	15
7	2019005	刘明	男	79	65	98	242	80.7	良	7
8	2019006	赵芳	女	54	81	66	201	67.0	及格	18
9	2019007	宋明亮	男	98	83	78	259	86.3	良	4
10	2019008	曹遇	男	76	88	69	233	77.7	及格	10
11	2019009	周红	女	45	54	56	155	51.7	差	19
12	2019010	刘田田	女	93	98	81	272	90.7	优	1
13	2019011	陈峰	男	47	76	83	206	68.7	及格	17
14	2019012	王海波	男	85	45	77	207	69.0	及格	16
15	2019013	梁琼	女	78	93	45	216	72.0	及格	14
16	2019014	谢明玉	女	69	89	81	239	79.7	良	9
17	2019015	周子良	女	65	79	83	227	75.7	及格	12
18	2019016	张丽	女	81	54	88	223	74.3	及格	13
19	2019017	何子田	男	83	98	88	269	89.7	良	2
20	2019018	钱明	男	88	77	76	241	80.3	良	8
21	2019019	周学明	男	87	81	78	246	82.0	良	5

图9-15　为字段添加筛选按钮

步骤 2：自动筛选可以根据单一条件筛选记录，例如，要筛选出男生的数据，只需单击"性别"字段旁的下拉箭头，在弹出的下拉菜单中勾选"男"复选框，如图 9-16 所示。

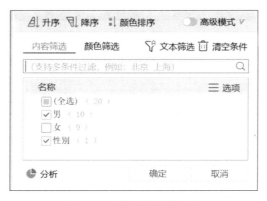

图 9-16　设置性别筛选值

步骤 3：单击"确定"按钮，数据清单中将只保留性别为"男"的数据记录，作为筛选依据的"性别"字段名右侧的下拉箭头旁增加漏斗标记，如图 9-17 所示。

	A	B	C	D	E	F	G	H	I	J
1					学生成绩记录表					
2	学号	姓名	性别	语文	数学	英语	总分	平均分	等级	排名
4	2019002	王进	男	76	66	89	231	77.0	及格	11
6	2019004	王春江	男	89	69	54	212	70.7	及格	15
7	2019005	刘明	男	79	65	98	242	80.7	良	7
9	2019007	宋明亮	男	98	83	78	259	86.3	良	4
10	2019008	曹遇	男	76	88	69	233	77.7	及格	10
13	2019011	陈峰	男	47	76	83	206	68.7	及格	17
14	2019012	王海波	男	85	45	77	207	69.0	及格	16
19	2019017	何子田	男	83	98	88	269	89.7	良	2
20	2019018	钱明	男	88	77	76	241	80.3	良	8
21	2019019	周学明	男	87	81	78	246	82.0	良	5

图 9-17　显示筛选结果

步骤 4：自动筛选不仅可以设置单一筛选条件，也可以设置两个筛选条件，两个条件可通过"与"和"或"运算符进行连接。例如，要筛选出英语成绩在 80 分到 90 分之间的记录，可以单击"英语"字段右侧的下拉箭头，在弹出的下拉菜单中单击执行"数字筛选"中的"自定义筛选"命令，在打开的对话框中设置筛选条件，如图 9-18 所示。

图 9-18　设置筛选条件

步骤 5：单击"确定"按钮，数据清单中只保留满足条件的记录，作为筛选依据的字段名右侧的下拉箭头旁增加漏斗标记，如图 9-19 所示。

如果要取消筛选条件，恢复数据清单原样，只需再次单击"数据"选项卡中的"自动筛选"按钮即可。

	学号	姓名	性别	语文	数学	英语	总分	平均分	等级	排名
					学生成绩记录表					
3	2019001	张雪	女	90	88	87	265	88.3	良	3
4	2019002	王进	男	76	66	89	231	77.0	及格	11
12	2019010	刘田田	女	93	98	81	272	90.7	优	1
13	2019011	陈峰	男	47	76	83	206	68.7	及格	17
16	2019014	谢明玉	女	69	89	81	239	79.7	及格	9
17	2019015	周子良	女	65	79	83	227	75.7	及格	12
18	2019016	张丽	女	81	54	88	223	74.3	及格	13
19	2019017	何子田	男	83	98	88	269	89.7	良	2

图 9-19　显示筛选结果

9.3.2　高级筛选

使用高级筛选可以对数据清单中的多个字段设置多个筛选条件，并将筛选结果复制到工作表的其他区域。高级筛选的条件是由字段和值组成的，需要将条件事先写在单元格中，并在进行高级筛选设置时进行引用。高级筛选的条件要遵循以下 3 个准则。

微视频 9-1
高级筛选

（1）筛选条件的标题要和数据清单中的字段一致。

（2）筛选条件中的值在同一行表示"与"的关系。如图 9-20 所示，筛选条件为语文成绩大于 85 分且总分在 255 分以上。

（3）筛选条件中的值在不同行表示"或"的关系。如图 9-21 所示，筛选条件为语文成绩大于 85 分，或者总分在 255 分以上。

语文	总分
>85	>255

图 9-20　与关系

语文	总分
>85	
	>255

图 9-21　或关系

下面仍以学生成绩记录表为例，使用高级筛选功能，通过设置条件筛选出语文、数学、英语成绩都在 85 分以上，或者总分在 255 分以上的记录。具体的操作步骤如下。

步骤 1：在工作表的空白区域输入筛选字段，然后根据要求设置多个筛选条件之间的"与"和"或"关系，如图 9-22 所示。

步骤 2：单击"数据"选项卡→"筛选"按钮右下方的下拉箭头，弹出下拉列表，选择执行其中的"高级筛选"命令，打开如图 9-23 所示的"高级筛选"对话框。在"方式"选项组中选择"将筛选结果复制到其他位置"单选按钮。

步骤 3：单击"列表区域"文本框右侧的选择区域按钮，用鼠标选择进行筛选的单元格区域，然后在"条件区域"文本框中引用筛选条件的单元格区域，在"复制到"文本框中设置显示筛选结果的起始单元格地址。

学号	姓名	性别	语文	数学	英语	总分	平均分	等级	排名		语文	数学	英语	总分
											>85	>85	>85	
2019001	张雪	女	90	88	87	265	88.3	良	3					>255
2019002	王进	男	76	66	89	231	77.0	及格	11					
2019003	周永冰	女	87	78	79	244	81.3	良	6					
2019004	王春江	男	89	69	54	212	70.7	及格	15					
2019005	刘明	男	79	65	98	242	80.7	良	7					
2019006	赵芳	女	54	81	66	201	67.0	及格	18					
2019007	宋明亮	男	98	83	78	259	86.3	良	4					
2019008	曹通	男	76	88	69	233	77.7	及格	10					
2019009	周红	女	45	54	56	155	51.7	差	19					
2019010	刘田田	女	93	98	81	272	90.7	优	1					
2019011	陈峰	男	47	76	83	206	68.7	及格	17					
2019012	王海波	男	85	45	77	207	69.0	及格	16					
2019013	梁琼	女	78	93	45	216	72.0	及格	14					
2019014	谢明玉	女	69	89	81	239	79.7	及格	9					
2019015	周子良	女	65	79	83	227	75.7	及格	12					
2019016	张丽	女	81	54	88	223	74.3	及格	13					
2019017	何子田	男	83	98	88	269	89.7	良	2					
2019018	钱明	男	88	77	76	241	80.3	良	8					
2019019	周学明	男	87	81	78	246	82.0	良	5					

图 9-22　设置筛选字段和筛选条件

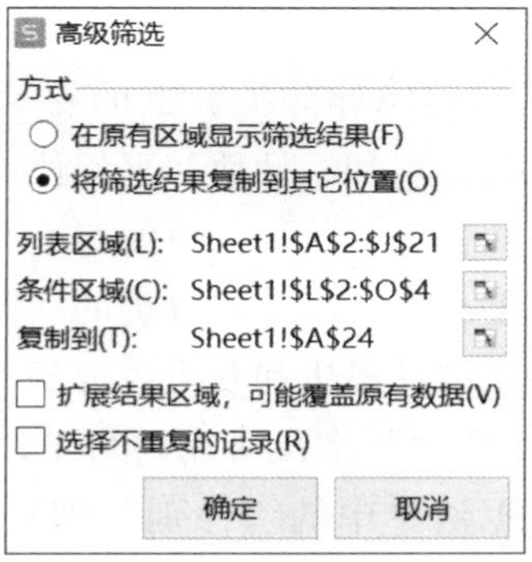

图 9-23　"高级筛选"对话框

步骤 4：单击"确定"按钮，按照对话框中的指定位置显示满足筛选条件的记录，如图 9-24 所示。

图 9-24　在指定位置显示筛选结果

步骤 5：如果在"高级筛选"对话框中选择"在原有区域显示筛选结果"单选按钮，单击"确定"按钮后，满足筛选条件的记录将直接在数据原区域显示，如图 9-25 所示。

	A	B	C	D	E	F	G	H	I	J	K	L	M	N	O
1					学生成绩记录表										
2	学号	姓名	性别	语文	数学	英语	总分	平均分	等级	排名		语文	数学	英语	总分
3	2019001	张雪	女	90	88	87	265	88.3	良	3		>85	>85	>85	
9	2019007	宋明亮	男	98	83	78	259	86.3	良	4					
12	2019010	刘田田	女	93	98	81	272	90.7	优	1					
19	2019017	何子田	男	83	98	88	269	89.7	良	2					

图 9-25　在原数据区域显示筛选结果

9.4　数据分类汇总

微视频 9-2
分类汇总

分类汇总是指在数据清单中快速汇总各项数据的方法，它可以对数据清单中指定的字段进行分类，然后统计分类数据的有关信息，统计的方式根据用户实际需要指定，例如，求和、计数、平均值、最大值和最小值等。

对数据清单进行分类汇总，首先要求数据清单的每个字段都要有字段名，即数据区的每一列都有列标题，其次在分类汇总前，需要对分类的字段进行排序。下面我们以学生成绩记录表为例，使用分类汇总分别统计男生和女生总分的平均分。具体的操作步骤如下。

步骤 1：在数据清单中单击"性别"字段所在列的任意单元格，然后依次单击"数据"选项卡→"排序"按钮，此时数据清单中的"性别"列数据默认按升序排列，如图 9-26 所示。

	A	B	C	D	E	F	G	H	I	J
1					学生成绩记录表					
2	学号	姓名	性别	语文	数学	英语	总分	平均分	等级	排名
3	2019002	王进	男	76	66	89	231	77.0	及格	10
4	2019004	王春江	男	89	69	54	212	70.7	及格	14
5	2019005	刘明	男	79	65	98	242	80.7	良	6
6	2019007	宋明亮	男	98	83	78	259	86.3	良	4
7	2019008	曹遇	男	76	88	69	233	77.7	及格	9
8	2019011	陈峰	男	47	76	83	206	68.7	及格	16
9	2019012	王海波	男	85	45	77	207	69.0	及格	15
10	2019017	何子田	男	83	98	88	269	89.7	良	2
11	2019018	钱明	男	88	77	76	241	80.3	良	7
12	2019001	张雪	女	90	88	87	265	88.3	良	3
13	2019003	周永冰	女	87	78	79	244	81.3	良	5
14	2019006	赵芳	女	54	81	66	201	67.0	及格	17
15	2019009	周红	女	45	54	56	155	51.7	差	18
16	2019010	刘田田	女	93	98	81	272	90.7	优	1
17	2019013	梁琼	女	78	93	45	216	72.0	及格	13
18	2019014	谢明玉	女	69	89	81	239	79.7	及格	8
19	2019015	周子良	女	65	79	83	227	75.7	及格	11
20	2019016	张丽	女	81	54	88	223	74.3	及格	12

图 9-26　分类字段排序

步骤 2：依次单击"数据"选项卡→"分类汇总"按钮，打开如图 9-27 所示的"分类汇总"对话框。在"分类字段"下拉列表中选择"性别"选项，在"汇总方式"下拉列表中选择"平均值"选项，在"选定汇总项"列表框中勾选"总分"复选框。

图 9-27　"分类汇总"对话框

步骤 3：单击"确定"按钮，分类汇总的结果如图 9-28 所示。

	A	B	C	D	E	F	G	H	I	J
1	学生成绩记录表									
2	学号	姓名	性别	语文	数学	英语	总分	平均分	等级	排名
3	2019002	王进	男	76	66	89	231	77.0	及格	11
4	2019004	王春江	男	89	69	54	212	70.7	及格	15
5	2019005	刘明	男	79	65	98	242	80.7	良	7
6	2019007	宋明亮	男	98	83	78	259	86.3	良	4
7	2019008	曹遇	男	76	88	69	233	77.7	及格	10
8	2019017	何子田	男	83	98	88	269	89.7	良	2
9	2019018	钱明	男	88	77	76	241	80.3	良	8
10	2019019	周学明	男	87	81	78	246	82.0	良	5
11	2019011	陈峰	男	47	76	83	206	68.7	及格	17
12	2019012	王海波	男	85	45	77	207	69.0	及格	16
13			男　平均值				234.6			
14	2019001	张雪	女	90	88	87	265	88.3	良	3
15	2019003	周永冰	女	87	78	79	244	81.3	良	6
16	2019013	梁琼	女	78	93	45	216	72.0	及格	14
17	2019014	谢明玉	女	69	89	81	239	79.7	及格	9
18	2019015	周子良	女	65	79	83	227	75.7	及格	12
19	2019016	张丽	女	81	54	88	223	74.3	及格	13
20	2019006	赵芳	女	54	81	66	201	67.0	及格	18
21	2019009	周红	女	45	54	56	155	51.7	差	19
22	2019010	刘田田	女	93	98	81	272	90.7	优	1
23			女　平均值				226.8888889			
24			总平均值				230.9473684			

图 9-28　显示分类汇总结果

步骤 4：在进行了分类汇总的数据清单中，数据将分级显示。单击一级数据按钮 1，将显示分类项的总计数据；单击二级数据按钮 2，将增加显示各分类项的汇总值；单击三级数据按钮 3，将显示数据清单的所有数据。

步骤 5：如果要清除分类汇总，可单击数据清单中的任意单元格，然后重新打开"分类汇总"对话框，单击"全部删除"按钮即可。

9.5 应用案例：旅游景点人数统计表（3）

微视频 9-3
旅游景点人数
统计表（3）

1. 案例目标

在 WPS 表格中打开"旅游景点人数统计表"，根据要求对表中的数据进行排序、筛选、分类汇总等操作，从而掌握 WPS 表格中数据管理的基本方法。

2. 案例知识点

（1）简单排序的使用。

（2）复杂排序的使用。

（3）自动筛选的使用。

（4）高级筛选的使用。

（5）分类汇总的使用。

3. 操作要求

启动 WPS 表格，在工作表"Sheet1"中按照下列要求完成工作表数据的数据管理操作。

（1）将工作表 Sheet1 中的区域 A1：L31 分别复制到工作表 Sheet2、Sheet3、Sheet4、Sheet5 和 Sheet6 的区域 A1：L31 中。

（2）将 Sheet2 中的数据按"2015 年"列从高到低排序，然后将工作表 Sheet2 重命名为"简单排序"。

（3）将 Sheet3 中的数据先按"地区"列为主要关键字升序排序，再按"五年总人数"列为次要关键字降序排序，然后将工作表 Sheet3 重命名为"复杂排序"。

（4）将 Sheet4 中的"是否热门地"列筛选出"是"热门地的行，然后将工作表 Sheet4 重命名为"筛选"。

（5）在 Sheet5 表中筛选出西部地区 2011～2015 年旅游人数均超过 150 000 人的数据，然后将工作表 Sheet5 重命名为"高级筛选"。

（6）在 Sheet6 中使用"分类汇总"计算出东部和西部"2012 年"的平均人数，然后将工作表 Sheet6 重命名为"分类汇总"。

第 10 章
WPS 表格数据可视化

WPS 表格提供了大量的图表类型，可以将工作表中的数据可视化，快速建立一个既美观又实用的图表，清楚地体现数据之间的各种相对关系，从而使数据层次分明、条理清晰、易于理解。

10.1 认识图表

在 WPS 表格中图表是以图形化方式直观地表示工作表中的数据，图表便于用户清楚地了解各个数据的大小及变化情况，对数据进行对比和分析，具有良好的视觉效果。

10.1.1 图表的类型

WPS 表格内置的图表有 10 大类：柱形图、折线图、饼图、条形图、面积图、散点图（XY）、股价图、雷达图、气泡图和组合图，每种图表类型下还包含不同的子图表类型。不同类型的图表表现数据的意义和作用是不相同的，下面介绍几种常用的图表类型。

1. 柱形图

柱形图是最常见的图表类型，它的适用场合是二维数据集，即每个数据点包含 X、Y 两个方向值，但只有一个维度需要比较的情况。如图 10-1 所示，柱形图通常沿水平轴组织类别，而沿垂直轴组织数值，利用柱子的高度反映数值的差异。由于肉眼对高度差异很敏感，柱形图辨识效果非常好，也容易解读，但柱形图的局限在于只适用于中小规模数据集。

2. 条形图

条形图可以看作是柱形图逆时针旋转 90° 后形成的图表，主要用于显示各项目之间的数据差异，不同的是，柱形图是在水平方向依次展现数据，条形图是在垂直方向依次展示数据，如图 10-2 所示。条形图的分类项在垂直方向表示，数值在水平方向表示。这样的方式可以突出数值的比较，而淡化时间的变化。条形图可以应用于轴标签过长的图表绘制，以免出现柱形图中对长分类标签省略的情况。还有一点，与柱形图相比，条形图更适合于展现排名。

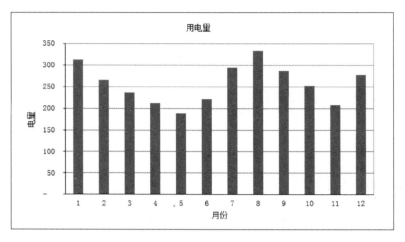

图 10-1 柱形图

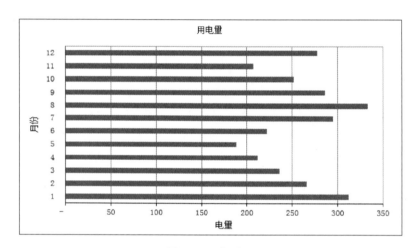

图 10-2 条形图

3. 折线图

折线图是将同一数据系列的数据点在图上用直线连接起来，用来显示数据的变化趋势，如图 10-3 所示。与柱形图相比，当数据很多时，折线图更适用，因此折线图更适合二维的大数据集，由于折线图更容易分析数据的变化趋势，对于那些趋势比单个数据点更重要的情景，折线图是首选。

4. 散点图（XY）

如图 10-4 所示，散点图（XY）主要用于显示单个或多个数据系列中各数值之间的相互关系，或者将两组数字绘制为 XY 坐标的一个系列。两组数字中的一组数字表示为 X 轴上对应的值，另一组数字表示为 Y 轴上对应的值，这样一个散点就有了 X 值和 Y 值。一般情况下，散点图用这些数值构成多个坐标点，通过观察坐标点的分布，即可判断变量间的关系。

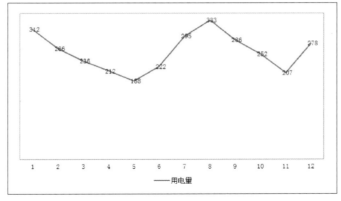

图 10-3　折线图

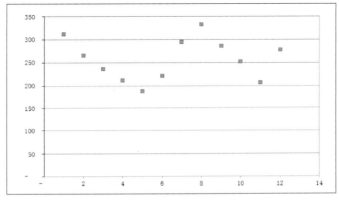

图 10-4　散点图（XY）

5. 面积图

面积图与折线图类似，可以显示多组数据系列，只是将连线与分类轴之间用图案填充，主要用于表现数据的趋势，如图 10-5 所示。不同的是，折线图只能单纯地反映每个样本的变化趋势，而面积图可以通过面积反映总体数据的变化趋势，常用于引起人们对总值趋势关注的情况。通过显示所绘制值的总和，面积图还可以显示部分与整体的关系。

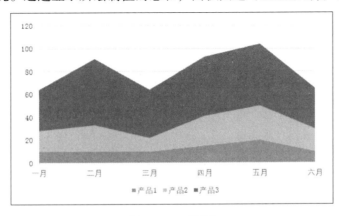

图 10-5　面积图

6. 饼图

当需要反映某个部分占整体比重多少时，就可以使用饼图，如图 10-6 所示。饼图会先将某个数据系列中单独的数据转换为数据系列总和的百分比，然后按照百分比将数据绘制在一个圆形上，数据点之间用不同颜色的图案填充，缺点是只能显示一个系列。一般在仅有一个要绘制的数据系列，即仅排列在工作表的一列或一行中的数据，且要绘制的数值中不包含负值的情况下，才使用饼图图表。由于各类别分别代表整个饼图的一部分，因此饼图中最好不要超过 7 个类别，否则就会显得杂乱，也不好识别其大小。

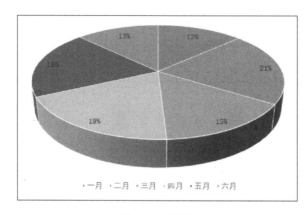

图 10-6 饼图

除了以上常用的图表类型外，WPS 表格还提供了雷达图、气泡图和股价图。由于这些图相对用得较少，只作简单介绍。

➤ 雷达图：又称为蜘蛛网图，它用于显示独立数据系列之间以及某个特定系列与其他系列的整体关系，适用于多维数据（四维以上）且每个维度必须可以排序。

➤ 气泡图：散点图的变形，能够反映 3 个变量间的关系，气泡的面积大小也能反映一个维度的数值大小。

➤ 股价图：主要用于描绘股票价格走势，也用于描绘其他科学数据，如每天的气温变化。

10.1.2 图表的组成 ···□

图表主要由图表区域及区域中的图表对象组成，其中图表对象包括标题、图例、垂直坐标轴、水平坐标轴、数据系列等对象，如图 10-7 所示。在图表中，每个数据系列都与工作表中的单元格数据相对应，而图例则显示了图表数据的种类与对应的颜色。

1. 图表区

图表区是图表中最大的白色区域，是其他图表元素的容器。除了图表区之外，其他的组成部分都称为图形区，用来具体展示相应的图表内容。

2. 图表标题

图表标题是用来说明图表内容的文字，它可以在图表中任意移动，还可以对其字体、

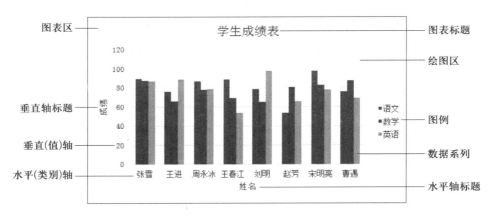

图 10-7　图表的组成

字形、字号及字体颜色等进行设置。

3. 绘图区

绘图区是图表区中的一部分，即显示图形的矩形区域，可改变绘图区的填充颜色以便为图表展示更好的图形效果。

4. 图例

图例是指示图表中系列区域的符号、颜色或形状定义数据系列所代表的内容。图例由两部分构成：图例标志和图例项。图例标志代表数据系列的图案，即不同颜色的小方块；图例项是与图例标志对应的数据系列名称，一种图例标志只能对应一种图例项。

5. 数据系列

在数据区域中，同一列（或同一行）数值数据的集合构成一组数据系列，也就是图表中相关数据点的集合。图表中可以有一组到多组数据系列，多组数据系列之间通常采用不同的图案、颜色或符号来区分。在图 10-7 中，语文、数学和英语就是数据系列，它们分别以不同的颜色来加以区分。

6. 坐标轴及标题

图表中的坐标轴分为水平（类别）轴和垂直（值）轴，水平（类别）轴用来表示图表中需要比较的各个对象。垂直（值）轴是根据工作表中数据的大小来自定义数据的单位长度，它是用来表示数值大小的坐标轴。坐标轴标题用来说明坐标轴的分类及内容。

10.2　创建图表

微视频 10-1
创建图表

WPS 表格提供了两种创建图表的方法：一是直接在"插入"选项卡中单击相应的图表类型按钮进行创建；二是单击"插入"选项卡中的"全部图表"按钮，然后在弹出的对话框中选择图表类型进行创建。创建图表的具体操作步骤如下。

步骤 1：在工作表中选择要创建图表的数据区域，如图 10-8 所示。如果数据区域是不连续的，可以先用鼠标选择第 1 个区域，然后按住 Ctrl 键不放，再拖动鼠标指针选择其他区域。

	A	B	C	D	E	F	G	H	I	J
1					学生成绩记录表					
2	学号	姓名	性别	语文	数学	英语	总分	平均分	等级	排名
3	2019001	张雪	女	90	88	87	265	88.3	良	3
4	2019002	王进	男	76	66	89	231	77.0	及格	11
5	2019003	周永冰	女	87	78	79	244	81.3	良	6
6	2019004	王春江	男	89	69	54	212	70.7	及格	15
7	2019005	刘明	男	79	65	98	242	80.7	良	7
8	2019006	赵芳	女	54	81	66	201	67.0	及格	18
9	2019007	宋明亮	男	98	83	78	259	86.3	良	4
10	2019008	曹遇	男	76	88	69	233	77.7	及格	10
11	2019009	周红	女	45	54	56	155	51.7	差	19
12	2019010	刘田田	女	93	98	81	272	90.7	优	1
13	2019011	陈峰	男	47	76	83	206	68.7	及格	17
14	2019012	王海波	男	85	45	77	207	69.0	及格	16
15	2019013	梁琼	女	78	*93	45	216	72.0	及格	14
16	2019014	谢明玉	女	69	89	81	239	79.7	及格	9
17	2019015	周子良	女	65	79	83	227	75.7	及格	12
18	2019016	张丽	女	81	54	88	223	74.3	及格	13
19	2019017	何子田	男	83	98	88	269	89.7	良	2
20	2019018	钱明	男	88	77	76	241	80.3	良	8
21	2019019	周学明	男	87	81	78	246	82.0	良	5

图 10-8 选择创建图表的数据区域

步骤 2：以创建柱形图为例，依次单击"插入"选项卡中的"全部图表"按钮，在打开的"图表"对话框中选择"柱形图"类型，然后在右侧单击"簇状柱形图"按钮，如图 10-9 所示。

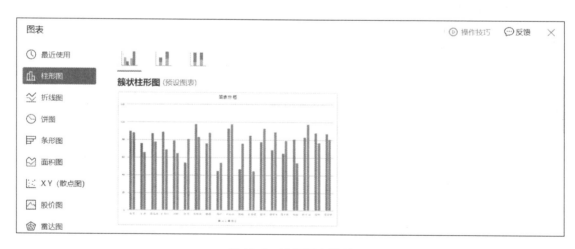

图 10-9 选择图表类型

步骤 3：系统会根据选择的数据区域和图表类型自动生成图表，如图 10-10 所示。

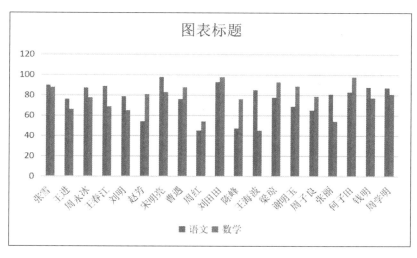

图 10-10　创建好的图表

10.3　编辑及修饰图表

创建完图表后，为了使图表具有美观的效果，需要对系统生成的图表进行编辑和修饰操作，使之更符合用户的需求。

10.3.1　编辑图表

1. 更换图表类型

对于创建好的图表，如果想更换一下图表类型，可以直接在已建立的图表上进行更改，而不必重新创建图表。但是在更改图表类型时，要根据当前数据判断选择合适的图表类型。更换图表类型的具体操作如下。

步骤 1：在工作表中单击要更改类型的图表，然后单击"图表工具"选项卡中的"更改类型"按钮，如图 10-11 所示。

图 10-11　单击"更改类型"按钮

步骤 2：在打开的"更改图表类型"对话框中选择要更改的图表类型，本例中选择"折线图"类型中的"带数据标记的折线图"，如图 10-12 所示。

步骤 3：单击"确定"按钮即可将原来的柱形图表更改为折线图，如图 10-13 所示。

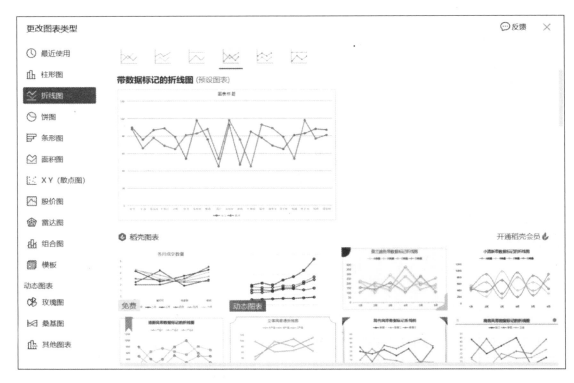

图 10-12　选择图表类型

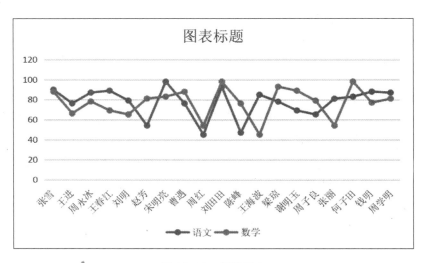

图 10-13　折线图表

2. 设置图表和坐标轴标题

为了让图表和坐标轴表达的意思更明确，可以为图表和坐标轴分别设置标题，具体的操作步骤如下。

步骤 1： 在工作表中单击选中图表，然后单击图表右上方的按钮 ，

微视频 10-2
添加标题

在弹出的快捷菜单中勾选"轴标题"和"图表标题"复选框，如图 10-14 所示。

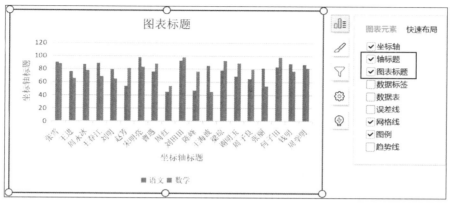

图 10-14　添加标题选项

步骤 2：此时图表中将添加图表标题和坐标轴标题编辑框，用鼠标单击对应的编辑框，即可输入标题文字，如图 10-15 所示。对于输入的标题文字，可以像操作普通文字一样，进行字体、字号和颜色等样式的设置。

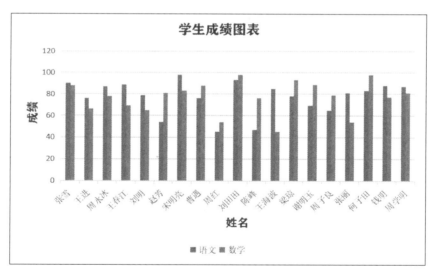

图 10-15　输入图表和坐标轴标题

3. 添加或删除数据系列

根据需要，可以将工作表中的数据系列添加到已创建的图表中，也可以将添加好的数据系列从图表中删除。下面以在"学生成绩图表"中添加"英语"数据系列为例，具体的操作步骤如下。

步骤 1：在工作表中单击要添加数据系列的图表，然后依次选择"图表工具"选项卡→"选择数据"按钮，打开如图 10-16 所示的"编辑数

微视频 10-3
添加数据系列

据源"对话框。

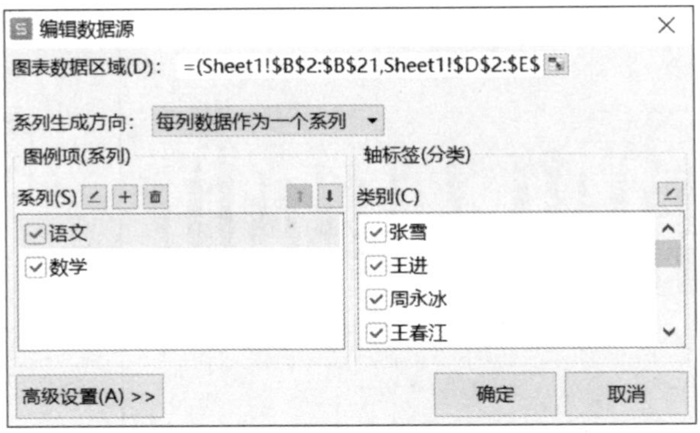

图 10-16 "编辑数据源"对话框

步骤 2：在对话框中单击"系列"右侧的+按钮，打开"编辑数据系列"对话框。单击"系列名称"文本框右侧的编辑按钮，在工作表中选择"英语"所在的单元格作为数据系列的名称，然后单击"系列值"文本框右侧的编辑按钮，在工作表中选择"英语"列中的分数区域作为数据系列的值，如图 10-17 所示。

图 10-17 输入数据系列的名称和值

步骤 3：设置完成后单击"确定"按钮，此时将把设置的"英语"数据系列添加到图表中，如图 10-18 所示。

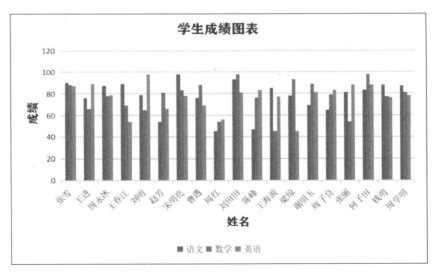

图 10-18 显示图表中添加的数据系列

步骤 4：如果要从图表中删除某个数据系列的显示，可以直接用鼠标在图表中单击选择该数据系列，然后按 Delete 键即可。值得注意的是，图表中数据系列的删除不会影响工作表中的数据。

4. 图表筛选显示

默认情况下，在创建图表时会显示工作表中选取的所有数据系列。根据需要可以像数据清单筛选数据一样，在图表中对数据系列进行筛选显示，暂时屏蔽其他数据。以图 10-18 所示的图表为例，如果要在图表中只显示前 5 位同学的数学成绩，可通过以下操作完成。

步骤 1：在工作表中单击选中图表，然后在图表右上方单击 按钮，在弹出的快捷菜单中取消勾选"系列"和"类别"选项中的"全选"复选框，勾选"语文""数学""英语"复选框和前 5 位同学的名字，如图 10-19 所示。

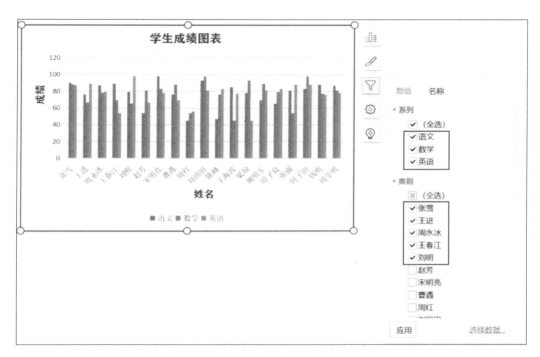

图 10-19　筛选图表显示的数据系列

步骤 2：单击"应用"按钮，图表中只显示筛选出来的前 5 位同学的数学成绩图例和数据系列，如图 10-20 所示。

5. 添加数据标签

在生成的图表中，工作表中的数据都是通过图例的方式来呈现数据之间的对比或者趋势情况，而不会显示每个图例具体的数据。为了让图表的信息能清晰显示，在制作完成后，可以为图表添加数据标签。具体的操作步骤如下。

步骤 1：在工作表中单击选中图表，然后依次单击"图表工具"选项卡→"添加元素"按钮，在弹出的下拉菜单中单击执行"数据标签"命令，在打开的级联菜单中提供了多种数据标签显示位置的选项，如图 10-21 所示。

步骤 2：选择其中的"数据标签外"选项，即可将数据添加到数据系列的上方，如图 10-22 所示。

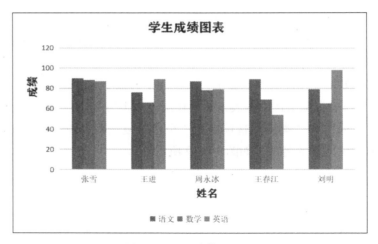

图 10-20　图表筛选显示

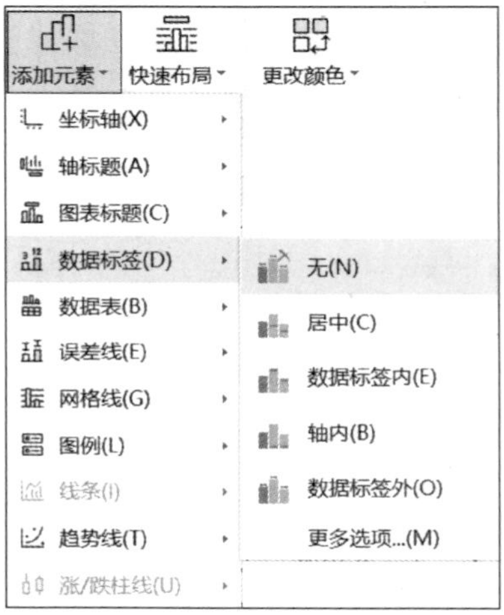

图 10-21　"数据标签"选项

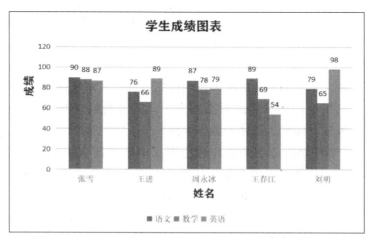

图 10-22　为图表添加数据标签

6. 移动图表位置

默认情况下，WPS 表格中生成的图表作为对象嵌入到当前工作表中。如果要将图表移动到工作簿的其他工作表中或者创建一个新的图表工作表，可通过以下操作步骤完成。

步骤 1：在工作表中单击选中图表，然后依次单击"图表工具"选项卡→"移动图表"按钮，打开如图 10-23 所示的"移动图表"对话框。

步骤 2：在对话框中选择"新工作表"选项，并在其后的文本框中输入工作表名称，即可创建一个新的图表工作表；选择"对象位于"选项，单击其后的下拉按钮，在弹出的下拉列表中选择工作簿中的其他工作表名，即可将图表移动到指定的工作表中。

图 10-23　"移动图表"对话框

10.3.2　修饰图表

对创建好的图表，可以分别对图表的各个组成部分设置填充颜色、边框颜色、边框样式、阴影等效果，从而达到美化图表的目的。

1. 设置图表区格式

使用鼠标右键单击图表的空白区域，在弹出的快捷菜单中选择"设置图表区域格式"选项，打开设置图表区域格式窗格，如图 10-24 所示。

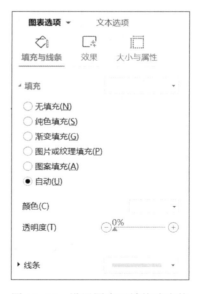

图 10-24　设置图表区域格式窗格

步骤 1：单击"填充与线条"图标，展开其中的"填充"选项组，可以对图表区进行纯色填充、渐变填充、图片或纹理填充以及图案填充等。展开"线条"选项组，可以设置图表区的边框线条样式及颜色。

步骤2：如图10-25所示，单击"效果"图标⬚，通过"阴影"选项组、"发光"选项组和"柔化边缘"选项组，可以设置图表区边缘的阴影效果、发光效果以及边缘柔化效果。

步骤3：如图10-26所示，单击"大小和属性"图标⬚，可以通过设置具体值或缩放比例，修改图表的大小以及对齐方式。

图 10-25　设置图表效果

图 10-26　设置图表大小

步骤4：设置图表区格式后的图表效果如图10-27所示。

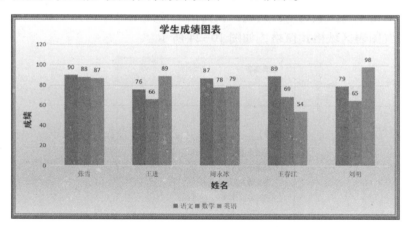

图 10-27　设置图表区格式后的效果

2. 设置坐标轴格式

默认情况下，垂直（值）轴是根据工作表中数据的大小来自定义数据的单位长度，根据需要，可重新设置坐标轴的边界值和单位长度。

步骤1：在图表中用鼠标右键单击垂直（值）轴，在弹出的快捷菜单中选择"设置坐标轴格式"选项，打开设置坐标轴格式窗格，如图10-28所示。

步骤2：在"边界"选项组中可重新定义坐标轴的最小值和最大值，在"单位"选项组中可以设置主要坐标轴和次要坐标轴的单位长度。

图 10-28　设置坐标轴格式窗格

3. 设置数据系列格式

数据系列是图表中重要的组成部分，它把工作表中的具体数据以图形化的方式直观地呈现在图表中，可以通过设置数据系列的外观形状，达到美化的效果。

步骤 1：在图表中用鼠标右键单击要设置的数据系列，在弹出的快捷菜单中选择"设置数据系列"选项，打开设置数据系列窗格。与设置图表区格式相同，单击"填充与线条"图标 ◇，展开其中的"填充"选项组，可以对选中的数据系列进行纯色填充、渐变填充、图片或纹理填充等。展开"线条"选项组，可以设置数据系列的边框样式及颜色，如图 10-29 所示。

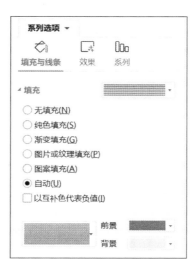

图 10-29　设置数据系列窗格

步骤 2：单击"效果"图标 □，通过"阴影"选项组、"发光"选项组和"柔化边缘"选项组，可以分别设置数据系列的阴影效果、发光效果以及边缘柔化效果。

步骤 3：单击"系列"选项组，可以选择数据系列绘制在主坐标轴或次坐标轴，以及设置系列重叠及分类间距百分比，如图 10-30 所示。

图 10-30　设置数据系列重叠及间距格式

步骤 4：设置数据系列后的图表效果如图 10-31 所示。

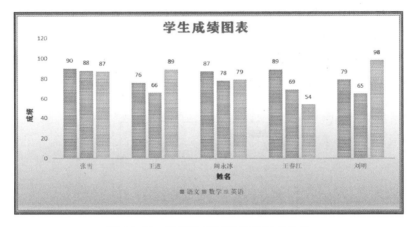

图 10-31　设置数据系列后的图表效果

4. 套用图表样式

除了手动设置图表中各个组成部分的外观样式外，WPS 表格也内置了一些图表样式，可以用来快速设置图表中对象区域的外观和颜色属性。

步骤 1：在工作表中单击选择图表，然后在"图表工具"选项卡中打开"预设样式"下拉列表，其中罗列了 14 种预设的图表样式缩略图，如图 10-32 所示。

步骤 2：单击其中一种样式，即可应用到图表中。图 10-33 所示的是应用"样式 8"得到的图表效果。

步骤 3：如果用户是 WPS 稻壳会员，可以在"图表工具"选项卡中单击"在线图表"按钮，在打开的"在线图表"对话框中根据创建的图表类型选择为稻壳会员提供的精美图表样式，如图 10-34 所示。

需要注意的是，在套用图表样式之后，之前所设置的填充颜色、文字格式等效果将自

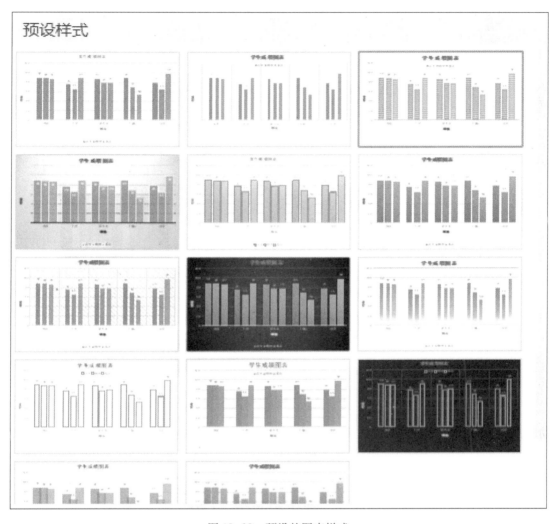

图 10-32　预设的图表样式

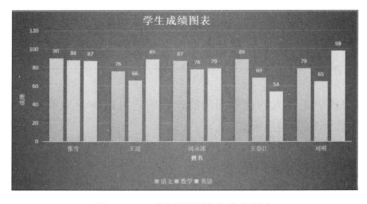

图 10-33　使用预设样式美化图表

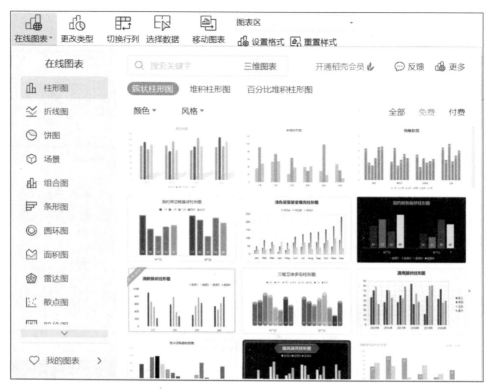

图 10-34　精美的在线图表样式

动取消。因此如果想通过图表样式美化图表，应该在创建图表后立即套用，然后再进行局部修改。

10.4　创建和编辑迷你图

如果工作表中的数据量比较少，且数据结构不太复杂，可以考虑用迷你图来替代图表，这不仅更直观，而且也更便于对照图、表查看趋势。

10.4.1　创建迷你图

在 WPS 表格中提供了强大的迷你图功能，利用它可以在一个单元格中绘制微型图表。在工作表中创建迷你图的操作步骤如下。

步骤 1：在"插入"选项卡中，WPS 表格中统提了折线、柱形、盈亏 3 种迷你图类型，如图 10-35 所示。

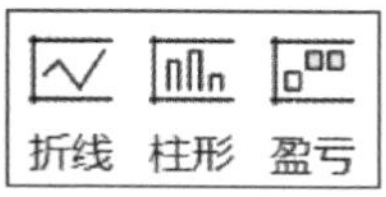

步骤 2：以创建折线迷你图为例，单击"折线"按钮，打开"创建迷你图"对话框。在对话框中分别编辑"数据范围"和"位置范围"两个参数，如图 10-36 所示。"数据范围"是指迷你图的数据来源，"位置范围"

图 10-35　迷你图类型

指将要放置迷你图的单元格地址，用户可通过鼠标直接在工作表中选取。

图 10-36　设置迷你图参数

步骤 3：单击"确定"按钮，即可在指定的单元格地址中插入折线迷你图。使用鼠标拖动迷你图所在单元格右下角的填充手柄，将其复制到其他单元格中，从而快速创建一组迷你图，如图 10-37 所示。

	A	B	C	D	E	F	G	H	I	J
1	学生成绩记录表									
2	学号	姓名	性别	语文	数学	英语	总分	平均分	等级	排名
3	2019001	张雪	女	90	88	87	265	88.3	良	3
4	2019002	王进	男	76	66	89	231	77.0	及格	11
5	2019003	周永冰	女	87	78	79	244	81.3	良	6
6	2019004	王春江	男	89	69	54	212	70.7	及格	15
7	2019005	刘明	男	79	65	98	242	80.7	良	7
8	2019006	赵芳	女	54	81	66	201	67.0	及格	18
9	2019007	宋明亮	男	98	83	78	259	86.3	良	4
10	2019008	曹遇	男	76	88	69	233	77.7	及格	10
11	2019009	周红	女	45	54	56	155	51.7	差	19
12	2019010	刘田田	女	93	98	81	272	90.7	优	1
13	2019011	陈峰	男	47	76	83	206	68.7	及格	17
14	2019012	王海波	男	85	45	77	207	69.0	及格	16
15	2019013	梁琼	女	78	93	45	216	72.0	及格	14
16	2019014	谢明玉	女	69	89	81	239	79.7	及格	9
17	2019015	周子良	女	65	79	83	227	75.7	及格	12
18	2019016	张丽	女	81	54	88	223	74.3	及格	13
19	2019017	何子田	男	83	98	88	269	89.7	良	2
20	2019018	钱明	男	88	77	76	241	80.3	良	8
21	2019019	周学明	男	87	81	78	246	82.0	良	5
22										

图 10-37　在单元格中创建迷你图

10.4.2　编辑迷你图

迷你图是工作表单元格内的微型图表，可以通过更改其外观样式、类型以及设置显示迷你图中的特殊点，将数据中潜在的信息醒目地呈现在单元格中。

1. 设置迷你图颜色

如果要修改系统预设的迷你图颜色，可按以下步骤进行操作。

步骤 1：选中单元格中的迷你图，单击"迷你图工具"选项卡中的"迷你图颜色"按钮，在弹出的下拉菜单中可设置迷你图颜色，如图 10-38 所示。如果是折线迷你图，还可以在"粗细"下拉列表中设置线条的粗细。

图 10-38　设置迷你图颜色和线条粗细

步骤 2：重新设置了颜色和线条粗线的迷你折线图效果如图 10-39 所示。

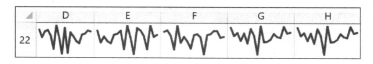

图 10-39　修改后的迷你折线图效果

2. 添加迷你图数据标记

折线图一般用于显示数据的变化趋势，在折线迷你图中添加数据标记，可以使变化趋势反馈更清晰。具体的操作步骤如下。

步骤 1：选中单元格中的迷你图，单击"迷你图工具"选项卡，勾选其中的"标记"复选框，然后在"标记颜色"下拉列表中选择"标记"选项，设置标记颜色，如图 10-40 所示。

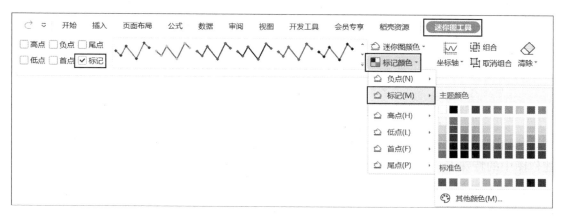

图 10-40　设置迷你图数据标记

步骤 2：添加了数据标记的折线迷你图效果如图 10-41 所示。

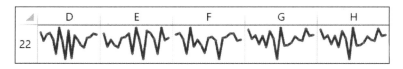

图 10-41　添加数据标记的折线迷你图效果

3. 添加迷你图特殊点标记

迷你图特殊点包括数据的高点、低点等，添加这些特殊点有助于快速在迷你图中显示数据的最大值、最小值。具体的操作步骤如下。

步骤 1：选中单元格中的迷你图，在"迷你图工具"选项卡中勾选其中的"高点"复选框，然后在"标记颜色"下拉列表中选择"高点"选项，设置其标记颜色为红色，如图 10-42 所示。

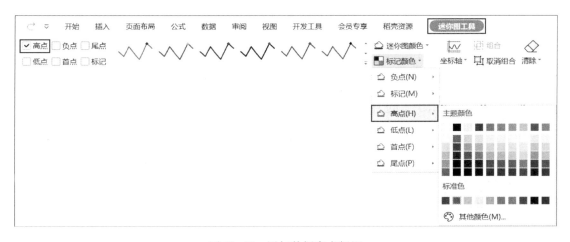

图 10-42　添加数据高点标记

步骤 2：重复上述操作，在"显示"选项组中勾选"低点"复选框，然后在"标记颜色"下拉列表中选择"低点"选项，设置其标记颜色为绿色，即可以将数据中的特殊点——最大值和最小值醒目地添加到迷你折线图中，如图 10-43 所示。

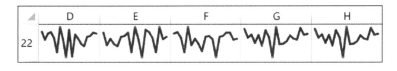

图 10-43　添加数据高点和低点的折线迷你图效果

4. 更换迷你图类型

WPS 表格提供了折线、柱形和盈亏 3 种迷你图类型，盈亏迷你图主要用于数据中存在负数的情况。根据工作表中数据的实际情况，可以在 3 种迷你图之间进行切换显示。

步骤 1：如果要将图 10-43 所示的折线迷你图更换为柱形图，依次单击"迷你图工具"选项卡→"柱形"按钮，即可得到柱形迷你图，如图 10-44 所示。

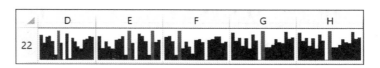

图 10-44　更换迷你图类型

步骤 2：如果要对不同单元格中的迷你图单独设置类型，可单击"迷你图工具"选项卡中的"取消组合"按钮，然后逐一选择迷你图类型进行设置，如图 10-45 所示。

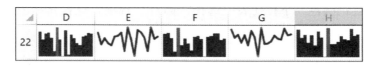

图 10-45　设置不同的迷你图类型

微视频 10-4
旅游景点人数
统计表（4）

10.5　应用案例：旅游景点人数统计表（4）

1. 案例目标

在 WPS 表格中打开"旅游景点人数统计表"，根据表中的数据创建图表，并对图表进行编辑和格式化，从而掌握 WPS 表格中数据可视化的基本方法。

2. 案例知识点

（1）建立独立图表。

（2）图表数据源的选择。

（3）设置图表系列。

（4）编辑图表标题。

（5）设置图例位置。

（6）设置图表数据标签。

（7）应用图表样式。

3. 操作要求

启动 WPS 表格，在工作表"Sheet1"中按照下列要求创建图表，完成数据可视化的操作。

（1）使用工作表 Sheet1 中的区域 A36:E36 和 A38:E39 作为数据源，绘制带数据标记的折线图。

（2）设置图表标题为"游客人数分析"并显示在图表上方。

（3）设置数据系列"最大值"为"次坐标轴"，更改系列"最大值"的图表类型为"簇状柱形图"。

（4）设置折线图的数据标签显示方式为"上方"，柱形图的数据标签的显示方式为"数据标签内"。

（5）设置图表样式为"样式 6"，并将图例调整到图表右侧。

（6）将图表作为一张新工作表，工作表名为"游客量分析图"。

第 11 章

WPS 表格数据处理与分析

WPS 表格提供了丰富的数据处理功能，使用这些功能可以对表格中的原始数据进行深入的处理和分析，以获取所需的信息。本章将介绍 WPS 表格中的数据透视表、数据透视图的使用，模拟分析运算以及获取外部数据的方法。

11.1 使用数据透视表

数据透视表是一种可以从源数据列表中快速提取并汇总大量数据的交互式表格，具有计算、汇总和分析数据的强大功能。数据透视表是一种动态工作表，它提供了一种以不同角度查看数据的简便方法。

11.1.1 创建数据透视表

若要创建数据透视表，必须先创建其源数据，数据透视表是根据源数据列表生成的。源数据列表的创建必须符合一定的规则：第一行为标题行，每一列都必须有标题；列表中不能有空白行或空白列，也不能有合并单元格；如果表格中含有文本型数据（无法参与计算）、不规范日期（无法使用筛选排序）等，都应该先将它们设置成正确的格式。图 11-1 所示是一张规范的源数据列表（该图只截取了部分数据）。

本小节以图 11-1 所示的源数据列表为基础创建数据透视表，步骤如下。

步骤 1：选定如图 11-1 所示的源数据列表中的任意一个单元格。

步骤 2：依次单击"插入"选项卡→"数据透视表"按钮，弹出如图 11-2 所示的"创建数据透视表"对话框，对话框中已默认选择了数据源区域，也可以根据需要重新选择数据源。在"请选择放置数据透视表的位置"区域中可选择"新工作表"或"现有工作表"存放创建的数据透视表，若选择"新工作表"，数据透视表将被放置在新插入的新工作表中；如果选择"现有工作表"，则必须在已有工作表中选定一个显示数据透视表的区域，本例中选择"新工作表"。单击"确定"按钮即可生成一张新工作表。

	A	B	C	D	E	F	G	H	I	J	K	L	M
1	员工编号	姓名	性别	部门	职务	出生日期	年龄	学历	入职时间	工龄	基本工资	工龄工资	基础工资
2	DF001	王碧	女	管理	总经理	1963年01月02日	53	博士	2001年2月1日	19	40000	750	40750
3	DF002	李丹丹	女	行政	文秘	1989年03月04日	27	大专	2012年3月1日	8	3500	200	3700
4	DF003	何红梅	女	管理	研发经理	1977年12月12日	38	硕士	2003年7月1日	17	12000	600	12600
5	DF004	魏文轩	女	研发	员工	1975年10月09日	40	本科	2003年7月2日	17	5600	600	6200
6	DF005	王明羽	女	人事	员工	1972年09月02日	43	本科	2001年6月1日	19	5600	700	6300
7	DF006	陈潘	女	研发	员工	1978年12月12日	37	本科	2005年9月1日	15	6000	500	6500
8	DF007	徐韬光	男	管理	部门经理	1964年12月27日	51	硕士	2001年3月1日	19	10000	750	10750
9	DF008	罗小晓	男	管理	销售经理	1973年05月12日	43	硕士	2001年10月1日	19	15000	700	15700
10	DF009	王俊	男	行政	员工	1986年07月31日	29	本科	2010年5月1日	10	4000	300	4300
11	DF010	陈新华	男	研发	员工	1973年10月07日	42	本科	2006年5月1日	14	5500	500	6000
12	DF011	郭培沛	男	研发	员工	1979年08月27日	36	本科	2011年4月1日	9	5000	250	5250
13	DF012	付海龙	男	销售	员工	1985年04月04日	31	大专	2013年1月1日	7	3000	150	3150
14	DF013	杨瑞东	男	研发	项目经理	1972年02月21日	44	硕士	2003年8月1日	17	12000	600	12600
15	DF014	谭春堂	男	研发	员工	1981年11月02日	34	本科	2009年5月1日	11	4700	350	5050
16	DF015	李学文	女	管理	人事行政经理	1974年09月28日	41	硕士	2006年12月1日	14	9500	450	9950
17	DF016	廖大伟	男	研发	员工	1983年10月12日	32	硕士	2010年4月1日	10	5500	300	5800
18	DF017	杨余钧	男	研发	项目经理	1964年10月02日	51	博士	2001年6月1日	19	18000	700	18700
19	DF018	杨钒	女	销售	员工	1981年11月09日	34	中专	2008年12月28日	12	3500	350	3850
20	DF019	代小驰	男	行政	员工	1979年12月03日	36	本科	2007年1月1日	13	4500	450	4950
21	DF020	曾文兵	男	研发	员工	1985年08月09日	30	硕士	2010年1月1日	10	8500	300	8800
22	DF021	李盛	女	研发	员工	1978年09月12日	37	本科	2010年3月2日	10	7500	300	7800
23	DF022	余小美	女	行政	员工	1980年10月12日	35	高中	2010年3月3日	10	2500	300	2800

图 11-1　源数据列表

图 11-2　"创建数据透视表"对话框

　　步骤 3：新工作表包含空白的数据透视表，并在右侧显示"数据透视表"任务窗格，如图 11-3 所示。窗格上半部分为字段列表，列表中显示可以使用的字段名，即源数据区域中的列标题；下半部分为"数据透视表区域"，包含"筛选器""列""行""值"4 个区域，将不同的字段添加到 4 个区域中即可得到不同的分析结果。

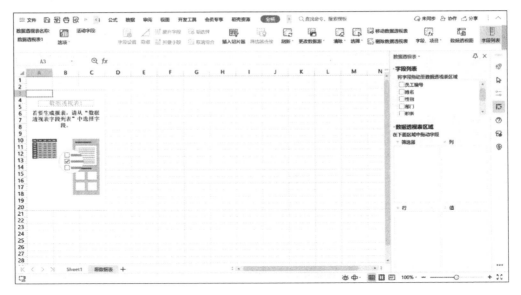

图 11-3　空白的数据透视表

步骤 4：若勾选字段列表中的字段，可将被勾选的字段添加到"数据透视表区域"的默认区域中，默认情况下，非数值字段会被自动添加到"行"区域，数值字段会被添加到"值"区域。若要自行添加字段到特定区域，可直接将字段名从字段列表中拖曳到"数据透视表区域"的某个区域中，或选中字段列表中要添加的字段，单击鼠标右键打开快捷菜单，然后选择执行快捷菜单中的相应命令进行添加。

例如，将"部门"字段添加到"行"区域，将"性别"字段添加到"列"区域，将"员工编号"添加到"值"区域，可统计各部门各性别的人数。其中，勾选"部门"字段，该字段被自动添加到"行"区域，将"性别"和"员工编号"使用鼠标拖曳或快捷菜单中的命令分别添加到"列"和"值"区域。图 11-4 是创建的数据透视表，单击"行标签"或"列标签"右侧的筛选箭头可进行筛选。

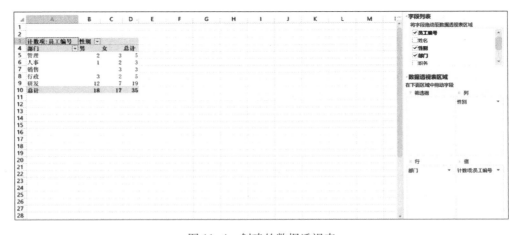

图 11-4　创建的数据透视表

11.1.2　设置数据透视表

1. 更改数据透视表的汇总方式

如果默认的汇总方式不符合要求，可以重新选择合适的汇总方式。例如，以图 11-1 所示的列表为源数据，计算各部门各学历的平均基本工资。步骤如下。

步骤 1：在新工作表中创建一个空的数据透视表。（具体方法见 11.1.1 节）

步骤 2：将“部门”字段添加到“行”区域，“学历”字段添加到“列”区域，“基本工资”字段添加到“值”区域。如图 11-5 所示，“值”区域的“基本工资”的汇总方式默认为求和。

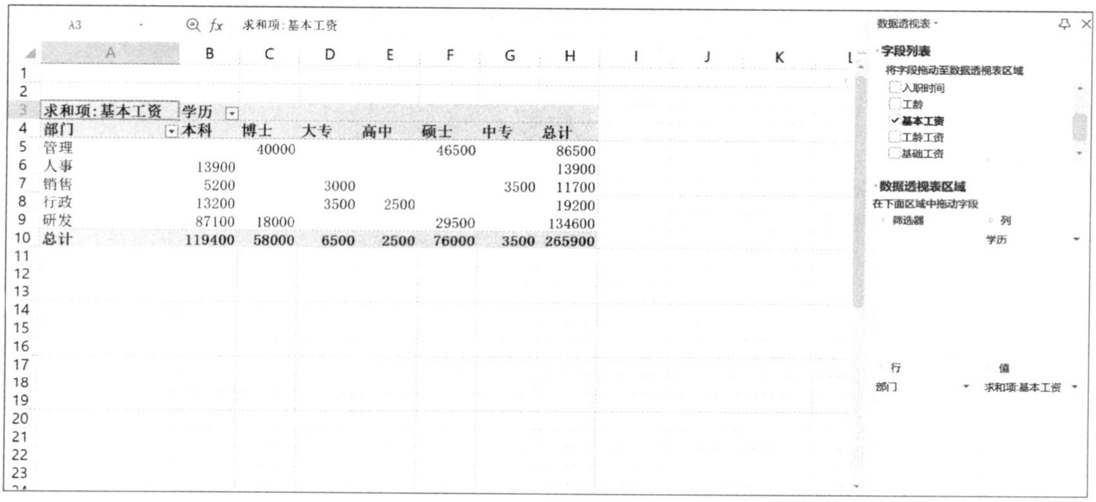

求和项:基本工资	学历						
部门	本科	博士	大专	高中	硕士	中专	总计
管理		40000			46500		86500
人事	13900						13900
销售	5200		3000			3500	11700
行政	13200		3500	2500			19200
研发	87100	18000			29500		134600
总计	119400	58000	6500	2500	76000	3500	265900

图 11-5　默认汇总方式为求和

步骤 3：单击“值”区域的下拉箭头，出现图 11-6（a）所示的下拉菜单，单击执行“值字段设置”命令，打开图 11-6（b）所示的“值字段设置”对话框。

步骤 4：在“值字段设置”对话框的“值汇总方式”选项卡下，单击选择“值字段汇总方式”列表中的“平均值”选项，最后单击“确定”按钮。本例中将单元格数字格式设置为 0 位小数，数据透视表如图 11-7 所示。

说明

在“值字段设置”对话框中，可在“自定义名称”编辑框中修改值字段的名称，在“值显示方式”选项卡中设置值的显示方式。

2. 查看和隐藏明细数据

数据透视表默认显示的是汇总数据，如果想查看某项汇总数据对应的明细数据，可将鼠标移至该数据上，单击鼠标右键打开快捷菜单，单击执行快捷菜单中的“显示详细信息”命令，将会自动生成一张包含明细数据的新工作表。如果要隐藏明细数据，可删除或

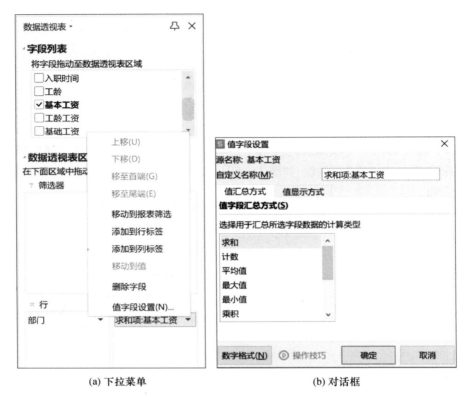

(a) 下拉菜单   (b) 对话框

图 11-6 "值字段设置"下拉菜单和"值字段设置"对话框

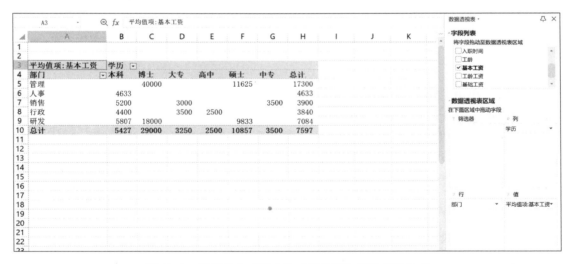

图 11-7 将汇总方式更改为"平均值"的数据透视表

隐藏该工作表。

　　除了使用快捷菜单命令，也可直接双击某个汇总项生成包含明细数据的新工作表。

　　显示明细数据的功能可以设置为禁用或启用，WPS 表格默认该功能为启用状态。设置方法为：选中数据透视表中的某个单元格，在如图 11-8 所示的"分析"选项卡中，依次单击执行"选项"按钮→"选项"命令，打开"数据透视表选项"对话框。单击对话框中的"数据"选项卡，对话框如图 11-9 所示。在"数据透视表数据"区域，取消勾选"启用显示明细数据"复选框，可禁止显示明细数据，若要启用，则勾选该复选框即可。

图 11-8　"分析"选项卡

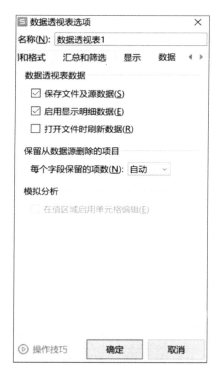

图 11-9　"数据透视表选项"对话框

3. 刷新数据透视表

在创建数据透视表后，如果更改了源数据列表中的数据，需要在图 11-8 所示的"分析"选项卡中单击"刷新"按钮，数据透视表中的数据才会被更新。

4. 更改数据源

如果要更改数据透视表的数据源区域，可在如图 11-8 所示的"分析"选项卡中单击"更改数据源"按钮，打开如图 11-10 所示的"更改数据透视表数据源"对话框，在其中可重新选择或输入新的数据源区域。

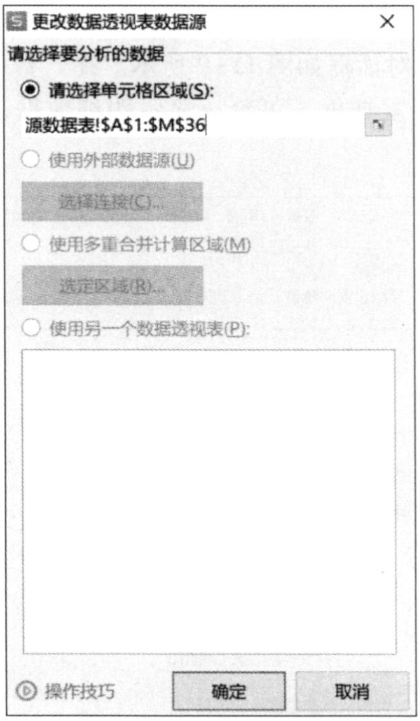

图 11-10 "更改数据透视表数据源"对话框

11.1.3 格式化数据透视表 ⋯⋯⋯⋯⋯⋯⋯⋯⋯⋯⋯⋯⋯⋯⋯⋯⋯⋯⋯□

创建好数据透视表后，为了使数据透视表更美观，可以对其进行格式化。数据透视表本身就是个表格，可以像格式化普通表格一样使用"开始"选项卡中的命令对其进行格式化；也可以选中数据透视表中的任意一个单元格，然后单击如图 11-11 所示的"设计"选项卡，在"设计"选项卡中，可选择合适的预设样式应用到当前的数据透视表上，也可以使用功能区中的命令按需要进行设置。

图 11-11 "设计"选项卡

11.2 使用数据透视图

11.2.1 认识数据透视图 ⋯⋯⋯⋯⋯⋯⋯⋯⋯⋯⋯⋯⋯⋯⋯⋯⋯⋯⋯⋯⋯□

数据透视图以图表的形式形象、直观地显示数据透视表中的数据，用户在数据透视图中可以查看不同级别的明细数据，也可对数据进行筛选。数据透视图的数据源来自相关联的数据透视表，其字段与数据透视表的字段相互对应，如果更改了数据透视表中的数据或字段布局，数据透视图也会随之更改。数据透视图与作为数据源的数据透视表必须位于同一个工作簿中。

与前面介绍的普通图表相同，数据透视图也包含数据系列、数据标签、坐标轴、图表标题、图例等元素，可以对这些元素进行设置，方法与普通图表类似。

11.2.2　创建数据透视图

创建数据透视图有两种方法，一是根据已有的数据透视表创建，二是通过选择数据源创建。下面以图 11-12 所示的数据列表为数据源（该图只显示了部分数据）介绍数据透视图的创建方法。

	A	B	C	D	E	F	G	H	I	J
1	行政院系	行政班	学号	姓名	性别	单选题	程序改错与填空	编程总分	总分	答题时间
2	电子工程学院	电信工程201	2020021001	何红梅	女	8	7.5	48.7	64.2	145
3	电子工程学院	电信工程201	2020021002	魏文轩	女	17	15	47.9	79.9	126
4	电子工程学院	电信工程201	2020021003	王明羽	女	18	12.5	37	67.5	110
5	电子工程学院	电信工程201	2020021004	陈潘	女	15	15	65	95	105
6	电子工程学院	电信工程201	2020021005	徐韬光	女	17	12.5	57.2	86.7	110
7	电子工程学院	电信工程201	2020021006	罗小晓	女	19	15	65	99	101
8	电子工程学院	电信工程201	2020021007	王俊	女	17	15	65	97	119
9	电子工程学院	电信工程201	2020021008	陈新华	女	17	12.5	50	79.5	148
10	电子工程学院	电信工程201	2020021009	郭培沛	男	14	10	50	74	133
11	电子工程学院	电信工程201	2020021010	付海龙	男	15	15	65	95	105
12	电子工程学院	电信工程201	2020021011	杨瑞东	男	19	12.5	62.6	94.1	135
13	电子工程学院	电信工程201	2020021012	谭春堂	男	16	10	65	91	111
14	电子工程学院	电信工程201	2020021013	李学文	男	15	0	28	43	141
15	电子工程学院	电信工程201	2020021014	廖大伟	男	14	15	53.3	82.3	114
16	电子工程学院	电信工程201	2020021015	杨余钧	男	16	7.5	54.8	78.3	139
17	电子工程学院	电信工程201	2020021016	杨钒	男	14	15	52	81	140
18	电子工程学院	电信工程201	2020021018	代小驰	男	15	10	18.4	43.4	140
19	电子工程学院	电信工程201	2020021019	曾文兵	男	12	15	65	92	90
20	电子工程学院	电信工程201	2020021023	李盛	男	13	7.5	50	70.5	77
21	电子工程学院	电信工程201	2020021025	余小美	男	20	12.5	65	97.5	64

图 11-12　创建数据透视图的源数据

创建数据透视图步骤如下。

步骤 1：选中如图 11-12 所示的源数据列表中的任意一个单元格，依次单击"插入"选项卡→"数据透视图"按钮，打开如图 11-13 所示的"创建数据透视图"对话框。

步骤 2：在对话框中已默认选取源数据区域，数据透视图的默认放置位置为"新工作表"。本例中均使用默认选项。单击"确定"按钮，在工作簿中自动生成一张包含空白数据透视图的新工作表，如图 11-14 所示。

步骤 3：在"数据透视图"字段列表中选取相应的字段。本例中选取"行政院系""性别""总分"和"答题时间"4 个字段，对各学院的男生和女生的平均总分和平均答题时间进行比较分析。将"行政院系"字段拖动到"轴（类别）"区域，将"性别"字段拖动到"筛选器"区域，勾选"总分"和"答题时间"字段，这两个字段会被自动添加到值区域。将"总分"和"答题时间"的汇总方式更改为"平均值"，更改方法见本章11.1.2 节。设置完毕，工作表中显示出数据透视表（图 11-15 左）及相关联的数据透视

图 11-13 "创建数据透视图"对话框

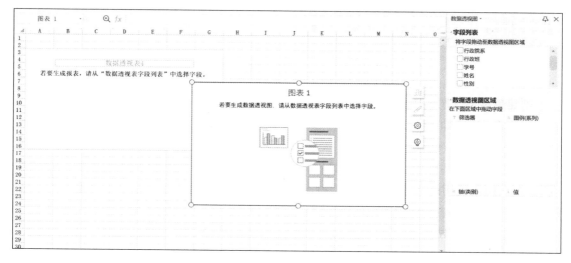

图 11-14 空白的"数据透视图"

图（图 11-15 右），该数据透视图显示了 4 个学院学生的平均总分和平均答题时间。

步骤 4：单击数据透视图左上角的"性别"筛选按钮，可对性别进行筛选，单击左下

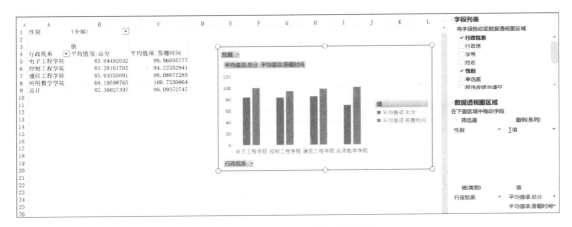

图 11-15　创建的"数据透视图"

角的"行政院系"筛选按钮，可对院系进行筛选。例如，查看"通信工程学院"和"应用数学学院"女生的平均总分和平均答题时间，可在"性别"筛选列表中勾选"女"，在"行政院系"筛选列表中勾选"通信工程学院"和"应用数学学院"，数据透视表及相关联的数据透视图均发生了更改，如图 11-16 所示。

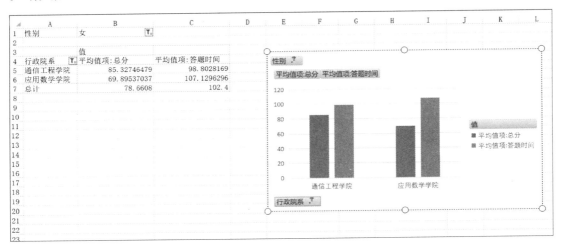

图 11-16　对"数据透视图"进行筛选后的结果

　　上面介绍了通过数据源创建数据透视图的方法，对于已经创建好的数据透视表，也可以直接在数据透视表中插入数据透视图。方法是：首先选中数据透视表中的任意一个单元格，在"分析"选项卡中，单击"数据透视图"按钮，打开"图表"对话框，在对话框中选择图表类型，即可在数据透视表所在的工作表中插入数据透视图。

　　数据透视图创建好后，如果想做进一步的设置，例如，移动图表位置、更改图表标题、更改图表类型、美化图表等，可选中数据透视图，然后使用"分析""绘图工具""文本工具""图表工具"4 个选项卡中的命令进行设置。

11.3　模拟分析运算

模拟分析是指通过更改表格单元格中的数值来观察这些更改对工作表中公式所产生结果的影响的过程，从而帮助用户做出更为精准的预测分析和商业决策。WPS 表格提供了两种模拟分析工具：单变量求解和规划求解。

11.3.1　单变量求解 ···□

如果已知公式计算出的结果，需要由结果计算出公式中某个变量的值，可以使用单变量求解。

例如，某家电子公司对某电子产品进行市场分析，该电子产品销售单价为每件 49 元，成本价为每件 31 元，如果希望获得的利润值为 1 500 000 元，请测算销量为多少时才能达到预定的利润目标。

微视频 11-1
单变量求解

> 提示
>
> 利润＝（单价−成本）×销量

计算步骤如下。

步骤 1：新建一张工作表，在工作表中输入原始数据，如图 11-17 所示。

步骤 2：选中 B6 单元格（该单元格用于存放目标利润值），在该单元格中输入公式"＝（B3−B4）＊B5"后按 Enter 键，该公式中 B3 单元格的值为销售单价，B4 单元格的值为成本，B5 单元格的值为销量。

步骤 3：选中 B6 单元格，依次单击"数据"选项卡→"模拟分析"按钮，打开如图 11-18 所示的"单变量求解"对话框。

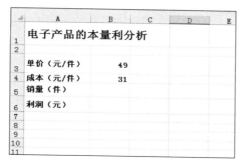

图 11-17　在工作表中输入数据

图 11-18　"单变量求解"对话框

步骤 4：在"目标值"编辑框中输入目标利润值 1 500 000，在"可变单元格"编辑框中输入 B5，单击"确定"按钮，销量被计算出并显示在 B5 单元格中，同时窗口中出现如图 11-19 所示的"单变量求解状态"对话框。单击"单变量求解状态"对话框中的"确

定"按钮，完成单变量求解的计算

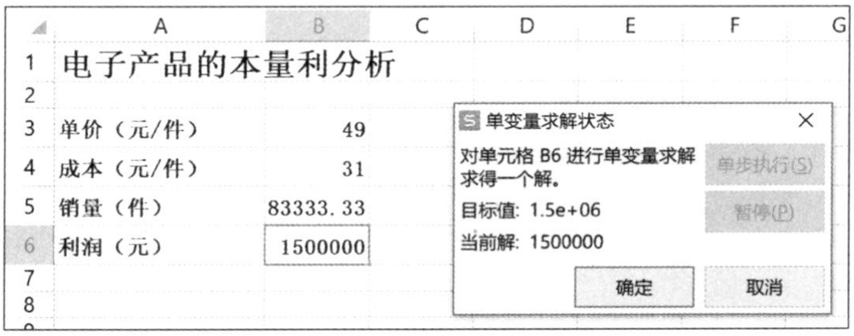

图 11-19　计算结果

11.3.2　规划求解

微视频 11-2
规划求解

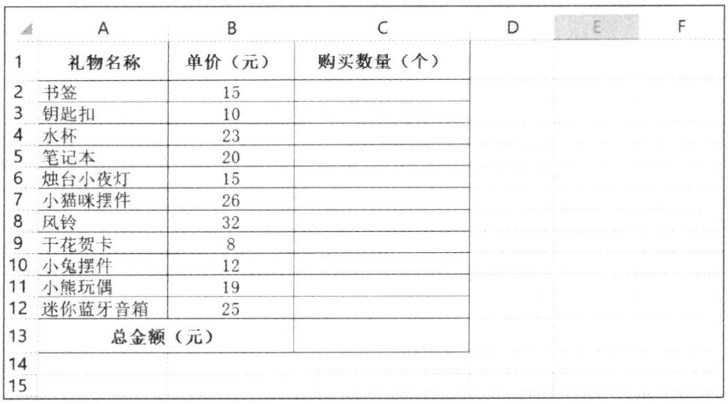

规划求解是 WPS 表格中一个非常强大的功能，其作用是通过调整可变单元格中的值，从而使目标单元格中的公式产生所期望的结果。使用规划求解，可以帮助用户求得问题的最优解，最优解可能不止一个，所以多次求解可能会得到不同的结果。例如，张梅想用 2 000 元购买一些小礼物，礼物的名称和单价如图 11-20 所示，请计算不同礼物的购买数量。

	礼物名称	单价（元）	购买数量（个）
2	书签	15	
3	钥匙扣	10	
4	水杯	23	
5	笔记本	20	
6	烛台小夜灯	15	
7	小猫咪摆件	26	
8	风铃	32	
9	干花贺卡	8	
10	小兔摆件	12	
11	小熊玩偶	19	
12	迷你蓝牙音箱	25	
13	总金额（元）		

图 11-20　基础数据

补充知识：SUMPRODUCT 函数的功能是在给定的几组数组中，将数组间对应的元素相乘，并返回乘积之和。函数形式为：SUMPRODUCT(array1, array2, array3, …)，其中array1、array2、…为数组，最多可以有 30 个数组。需要注意的是，数组参数必须具有相同的维数。

计算步骤如下：

步骤 1：在工作表中输入如图 11-20 所示的基础数据。

步骤 2：在单元格 C13 中输入公式" = SUMPRODUCT (B2：B12，C2：C12)"并按Enter 键。

步骤 3：依次单击执行"数据"选项卡→"模拟分析"右侧下拉箭头→"规划求解"

命令，打开如图 11-21 所示的"规划求解参数"对话框。

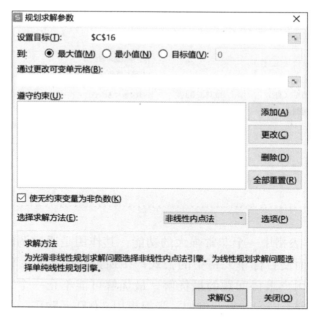

图 11-21 "规划求解参数"对话框

步骤 4：在"设置目标"编辑框中输入目标单元格名称"$C$13"，然后单击"目标值"单选按钮，并在"目标值"编辑框中输入 2000。

步骤 5：在"通过更改可变单元格"编辑框中输入可变单元格区域名称"$C$2:$C$12"。如果有多个可变单元格或可变单元格区域，用逗号（半角）进行分隔，可变单元格必须直接或间接与目标单元格相关联。

步骤 6：单击"添加"按钮，打开"添加约束"对话框，在"单元格引用"编辑框中输入可变单元格区域名称"$C$2:$C$12"，单击"约束"左下角的下拉箭头，在打开的下拉列表中选择"int"为约束条件，表示区域$C$2:$C$12 中的值为整数，参数设置完毕，"添加约束"对话框如图 11-22 所示。

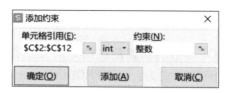

图 11-22 "添加约束"对话框

步骤 7：单击"确定"按钮，返回如图 11-23 所示的"规划求解参数"对话框，对话框中已根据需要设置好参数，并添加了要应用的约束。单击"更改"或"删除"按钮可分别更改或删除已设置的约束条件。

步骤 8：在如图 11-23 所示的"规划求解参数"对话框中，单击"选择求解方法"下拉箭头，在下拉列表中提供了"非线性内点法"和"单纯线性规划"两种求解方法，选

图 11-23　已设置好参数的"规划求解参数"对话框

择不同的方法可能得到不同的结果。本例中选择"非线性内点法"。

步骤 9：单击"求解"按钮即开始运算，运算结束后弹出如图 11-24 所示的"规划求解结果"对话框，同时工作表中显示求解结果。如果想保留工作表中的求解结果，选择"保留规划求解的解"并单击"确定"按钮，返回"规划求解参数"对话框并在工作表中显示求解结果，如图 11-25 所示。单击"关闭"按钮可关闭对话框。如果取消勾选图 11-24中的"返回'规划求解参数'对话框"复选框，那么单击"确定"按钮即可关闭对话框并返回工作表。

图 11-24　"规划求解结果"对话框

如果选择如图 11-24 所示"规划求解结果"对话框中的"还原初值"并单击"确定"按钮，或单击"取消"按钮，工作表都将恢复到初始状态，即使用规划求解之前的状态。

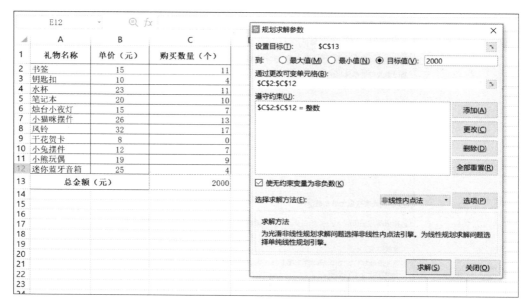

图 11-25　规划求解结果

11.4　获取外部数据

使用 WPS 表格时，可以在工作表中直接输入数据，也可以使用导入数据功能从外部数据源快速获取数据。

11.4.1　导入文件中的数据

WPS 表格的"导入数据"功能支持导入多种格式的数据源文件（例如，文本文件、Access 数据库文件、Excel 文件、WPS 表格文件等），但 DOC、DOCX 格式的文件不能作为数据源导入。下面以导入文本文件"学生成绩"中的数据为例介绍导入文本文件中数据的方法。步骤如下。

步骤 1：打开需要导入数据的工作表，选中要导入数据的起始单元格，例如，选择 A1 单元格。

步骤 2：依次单击"数据"选项卡→"导入数据"按钮，打开下拉列表，选择执行下拉列表中的"导入数据"命令，如果弹出一个提示对话框，确认内容后单击"确定"按钮。随即出现如图 11-26 所示的"第一步：选择数据源"对话框，对话框中提供了 4 种连接数据源的方式，本例中选择"直接打开数据文件"方式。

步骤 3：单击"选择数据源"按钮，弹出"打开"对话框，在对话框中选择需要导入的文本文件"学生成绩"，单击"打开"按钮，打开如图 11-27 所示的"文件转换"对话框，在其中选择合适的文本编码，本例中使用默认选项。

图 11-26　"第一步：选择数据源"对话框

图 11-27　"文件转换"对话框

步骤 4：单击"下一步"按钮，打开如图 11-28 所示的"文本导入向导 - 3 步骤之 1"对话框，根据文件中数据之间是否有分隔符选择"分隔符号"或"固定宽度"选项，本例中选择默认选项"分隔符号"。

步骤 5：单击"下一步"按钮，打开"文本导入向导 - 3 步骤之 2"对话框，由于本

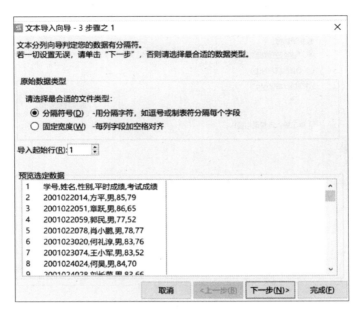

图 11-28 "文本导入向导 - 3 步骤之 1"对话框

例中的文本文件"学生成绩"中的数据之间的分隔符是逗号，因此在"分隔符号"区域中取消勾选默认的选项"Tab 键"，勾选"逗号"复选框，设置完毕，在"数据预览"区域中可以预览分列显示的数据，如图 11-29 所示。

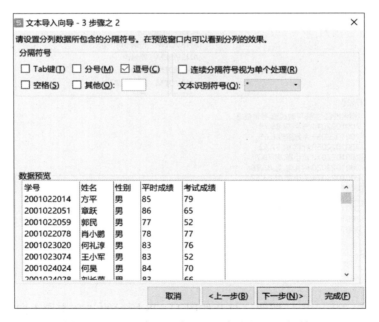

图 11-29 "文本导入向导 - 3 步骤之 2"对话框

步骤 6：单击"下一步"按钮，打开如图 11-30 所示的"文本导入向导 - 3 步骤之 3"对话框，在"列数据类型"区域中可以设置各列数据的类型，在"目标区域"编辑框中输入导入数据在工作表中存放的起始单元格名称，本例均使用默认设置。在"数据预览"
框中可以预览导入的数据。

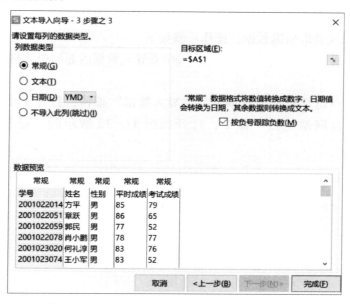

图 11-30　"文本导入向导 – 3 步骤之 3"对话框

步骤 7：单击"完成"按钮即可将数据导入工作表中，如图 11-31 所示（仅显示部分
数据）。

	A	B	C	D	E	F	G	H
1	学号	姓名	性别	平时成绩	考试成绩			
2	2001022014	方平	男	85	79			
3	2001022051	章跃	男	86	65			
4	2001022059	郭民	男	77	52			
5	2001022078	肖小鹏	男	78	77			
6	2001023020	何礼淳	男	83	76			
7	2001023074	王小军	男	83	52			
8	2001024024	何昊	男	84	70			
9	2001024028	刘长茵	男	83	66			
10	2001024032	何晓帆	男	82	65			
11	2001024040	王小刚	男	84	79			
12	2001024052	何磊磊	男	86	65			
13	2001024062	刘俊	男	77	63			
14	2001024070	方文科	男	83	75			
15	2001024076	刘妙苗	男	84	79			
16	2001031048	梁童	男	88	79			
17	2001031091	王伟	男	83	78			
18	2001031071	赵挺	男	85	89			
19	2001032001	姚少飞	男	84	94			
20	2001032018	王平	男	78	69			
21	2001032019	蒋小杨	男	86	68			
22	2001032020	柳马渊	男	85	99			
23	2001032021	王德龙	男	85	80			
24	2001032026	何坤	男	99	99			
25	2001032058	杨波	男	83	78			
26	2001033049	段标彬	男	78	68			
27	2001081021	吴俊	男	92	65			
28	2010045023	方祥希	男	84	78			
29	2001081025	龙熙	男	86	79			
30	2001081028	何小田			94			

图 11-31　导入工作表中的数据

11.4.2 从互联网上获取数据 ⸺⸺⸺⸺⸺⸺⸺⸺⸺⸺⸺⸺⸺⸺⸺⸺⸺□

如果需要收集网页上的数据到工作表中，可以使用 WPS 表格工具将网页上的数据直接导入工作表以快速获取所需数据。操作步骤如下。

步骤 1：打开需要导入数据的工作表，选中要导入数据的起始单元格，例如，选择 A1 单元格。

步骤 2：依次单击"数据"选项卡→"导入数据"按钮，打开下拉列表，选择执行下拉列表中的"自网站链接"命令，打开如图 11-32 所示的"新建 Web 查询"对话框。

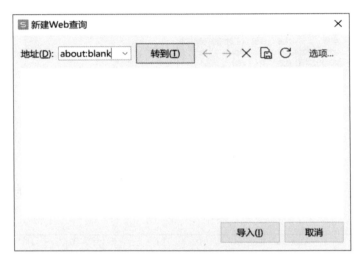

图 11-32 "新建 Web 查询"对话框

步骤 3：在地址栏中输入网址，单击"转到"按钮，该网址对应内容将显示在对话框中。

步骤 4：单击对话框中的"导入"按钮，出现如图 11-33 所示的"导入数据"对话框。在"数据的放置位置"编辑框中输入存放导入数据的起始单元格名称，本例中使用默认位置 A1。单击"确定"按钮即可将网页数据导入工作表中，本例数据如图 11-34 所示。

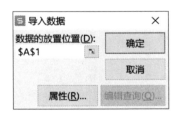

图 11-33 "导入数据"对话框

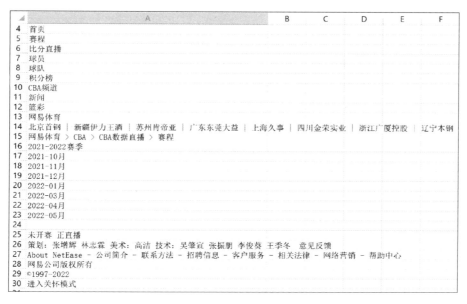

图 11-34　从网页导出的数据

11.4.3　数据的自动更新 ⋯⋯⋯⋯⋯⋯⋯⋯⋯⋯⋯⋯⋯⋯⋯⋯⋯⋯⋯⋯⋯⋯⋯⋯⋯⋯⋯⋯⋯⋯⋯□

默认情况下，从外部数据源导入工作表中的数据与外部数据源保持连接关系，当外部数据源发生改变时，可以通过刷新来更新工作表中的数据。刷新数据有两种方式：后台自动刷新和手动刷新。

1. 后台自动刷新

选中已导入数据的工作表中的任意一个单元格（本例中导入的是文本文件中的学生成绩），依次单击执行"数据"选项卡→"导入数据"按钮→"数据区域属性"命令，打开如图 11-35 所示的"外部数据区域属性"对话框，在对话框的"刷新控件"区域中可设置自动刷新参数，例如，勾选"刷新频率"复选框并输入刷新时间，系统会根据设置的时间自动刷新工作表中的数据。

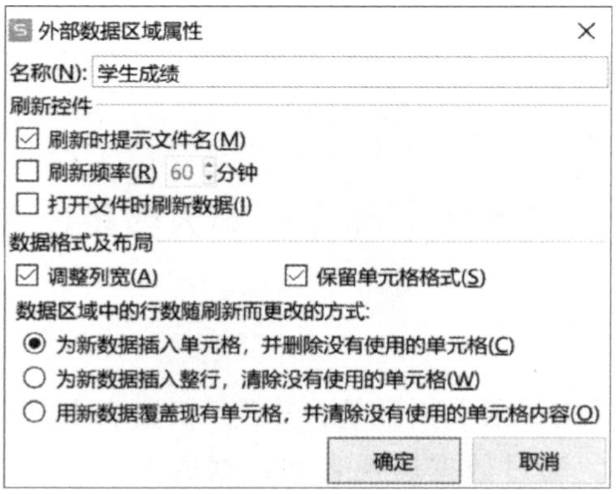

图 11-35　"外部数据区域属性"对话框

2. 手动刷新

如果工作簿中有多组连接到外部数据源的数据，单击"数据"选项卡中的"全部刷新"按钮，可刷新所有连接的数据；若只想刷新某个连接，先选中要刷新的数据区域中的任意一个单元格，单击"全部刷新"按钮的下拉箭头，打开如图 11-36 所示的下拉列表，单击执行其中的"刷新数据"命令，可从连接到活动单元格的来源获取最新的数据。

图 11-36　刷新数据

3. 取消与外部数据的连接

如果想取消工作表中的导入数据与外部数据源之间的连接关系，使工作表中的数据不会随源数据的变化而改变，可依次单击执行"数据"选项卡→"导入数据"按钮→"跨工作簿连接"命令，打开如图 11-37 所示的"工作簿连接"对话框，在列表中单击选中要取消的连接，单击"删除"按钮，在随之打开的提示框中单击"确定"按钮，即可断开该导入数据与外部源数据之间的连接。

图 11-37　"工作簿连接"对话框

11.5　应用案例：旅游景点人数统计表（5）

微视频 11-3
旅游景点人数
统计表（5）

1. 案例目标

在 WPS 表格中打开"旅游景点人数统计表"，根据表中的数据建立数据透视表和数据透视图，通过数据透视表和数据透视图可根据需要查看和分析数据。

2. 案例知识点

（1）建立数据透视表。

（2）建立数据透视图。

3. 操作要求及操作步骤

在 WPS 表格中打开"旅游景点人数统计表"，在工作表"Sheet1"中按照下列要求创建数据透视表和数据透视图。具体操作步骤请扫描二维码观看。

（1）使用工作表 Sheet1 中的数据源 A2:L31 创建数据透视表，行标签为"地名"，筛选器为"地区"和"是否热门地"，值为"五年平均人数"，汇总方式为"平均值"。要求：将数据透视表放置于新工作表中，并将该工作表命名为"数据透视表"。

（2）使用已创建的数据透视表创建数据透视图，要求：图表类型为"簇状柱形图"；将数据透视图与数据透视表放置于相同的工作表中。

第 12 章
WPS 演示文稿

演示文稿是把静态文件制作成动态文件浏览，把复杂的问题变得形象易懂，使之更生动，产生引人注目的视觉效果，使得信息传达高效，给人留下深刻印象。WPS 提供的演示文稿强大功能，是办公自动化不可缺少的有利工具，用于会议、教学、演讲、培训、企业宣传、产品推广等。本章从演示文稿制作与设计的角度，讲解该软件实际应用的方法与技巧。

12.1　开始使用 WPS 演示文稿

12.1.1　新建演示文稿

打开 WPS 演示，新建一个演示文稿，经常使用的方法是单击选择 WPS 首页左侧导航栏→"新建"按钮→"新建"窗口→"新建演示"选项→"新建空白演示"选项，如图 12-1 所示，根据需要可以从白色、灰色渐变和黑色 3 种色系中任选一种，选择完成后，系统自动创建名为"演示文稿 1"的空白演示文稿，如图 12-2 所示。

也可以通过以下方法新建演示文稿。

● 单击选择 WPS 程序上方的"+"按钮→"新建"窗口→"新建演示"选项→"新建空白演示"选项。

● 在演示文稿中，按 Ctrl+N 键。

● 在演示文稿中，单击执行快速访问工具栏中"新建"命令。

● 单击选择"文件"菜单→"新建"命令→"新建"选项→"新建"窗口→"新建演示"选项→"新建空白演示"选项。

● 在桌面或文件夹窗口中的空白处单击鼠标右键，在弹出的快捷菜单中执行"新建"命令，然后选择扩展菜单中的"PPT 演示文稿"选项或"PPTX 演示文稿"选项。

图 12-1　WPS 窗口

图 12-2　演示文稿的工作界面

12.1.2 切换演示文稿视图 ··□

视图主要是用来调整幻灯片的呈现形式，以对幻灯片进行编辑、调整、预览与播放。视图有 5 种形式：普通视图（默认、常用）、幻灯片浏览、阅读视图、放映视图和演讲者视图。

1. 不同视图介绍

（1）普通视图：默认打开方式，主要由上方功能区、左侧缩略图与中间工作区 3 个部分构成，完成幻灯片的编辑与调整，这是制作幻灯片最主要的视图。

（2）幻灯片浏览视图：将所有幻灯片以缩略图的形式呈现，便于快速查看幻灯片内容，不能编辑。

（3）阅读视图：在 WPS 演示窗口中播放幻灯片，以查看动画和切换效果，无须切换到全屏幻灯片放映状态，可以任意调整窗口大小。

（4）放映视图：全屏放映幻灯片的状态，用于呈现汇报观看幻灯片播放时的效果。

（5）演讲者视图：担心忘词或者提示下一页内容时使用，在"放映"选项卡，勾选"显示演讲者视图"。

2. 切换视图方式

普通视图、幻灯片浏览、阅读视图可以在"视图"选项卡中切换，放映视图和演讲者视图可以在"放映"选项卡中切换。普通视图、幻灯片浏览、阅读视图、放映视图也可以在状态栏的右侧的"视图按钮"区域进行切换，如图 12-3 所示。

图 12-3　状态栏上的视图按钮

12.2　开始操作幻灯片

一个演示文稿由多张幻灯片组成，本节针对幻灯片进行操作，如选择、添加和删除幻灯片等。幻灯片的基本操作通常在普通视图或幻灯片浏览视图中进行。

12.2.1 幻灯片的基本操作 ··□

1. 添加

添加幻灯片的方法有多种，首先，确定添加幻灯片的位置，方法有两种：单击左侧"大纲/幻灯片"窗格中的某张幻灯片，则表示在该幻灯片之后添加，或者单击两张幻灯片之间的区域；然后，通过以下方法完成添加。

➢ 单击鼠标右键，在弹出的快捷菜单中选择执行"新建幻灯片"命令；或按 Enter 键；或按 Ctrl+M 键。

➢ 单击"开始"选项卡→"新建幻灯片"按钮的上半部分，或"新建幻灯片"旁的下拉按钮，在弹出的窗格中选择用不同的模板创建幻灯片。

➢ 单击选中的幻灯片右下方的"+"按钮，在弹出的窗口中选择用不同的模板创建幻灯片。

2. 选中

在对幻灯片进行修改、复制、移动、删除等操作之前，需要在普通视图下窗口左侧的"大纲 幻灯片"窗格中先选中幻灯片，该窗格中的幻灯片以缩略图形式呈现，被选中的幻灯片的外围有红色边框，用以指示其被选中，选中幻灯片的方法如下。

➢ 选中单张幻灯片：直接单击需要选中的幻灯片。

➢ 选中多张不连续的幻灯片：按住 Ctrl 键的同时单击要选中的各张幻灯片。

➢ 选中连续的一组幻灯片：先选择第一张幻灯片，然后按住 Shift 键，最后单击最后一张幻灯片。

➢ 选中所有的幻灯片：先单击任意一张幻灯片，然后按 Ctrl+A 键。

3. 删除

先在左侧"大纲 幻灯片"窗格中选中需要删除的幻灯片，再使用以下任一方法进行删除。

➢ 单击鼠标右键，在弹出的快捷菜单中执行"删除幻灯片"命令。

➢ 按 Backspace 或 Delete 键。

➢ 单击"开始"选项卡→"剪切"按钮。

➢ 单击鼠标右键，在弹出的快捷菜单中执行"剪切"命令。

➢ 按 Ctrl+X 键。

4. 移动

先在左侧"大纲 幻灯片"窗格中选中需要移动的幻灯片，再使用以下任一方法进行移动。

➢ 按住鼠标左键不放，拖动幻灯片至目标位置，然后释放鼠标左键。

➢ 单击"开始"选项卡→"剪切"按钮，在目标位置，单击"开始"选项卡"粘贴"按钮。

➢ 单击鼠标右键，执行弹出快捷菜单中的"剪切"命令，在目标位置，单击鼠标右键，执行弹出快捷菜单中的"粘贴"命令。

➢ 按下 Ctrl+X 键，在目标位置，按下 Ctrl+V 键。

5. 复制

在制作演示文稿时，有一些相同或相似的幻灯片需要再次使用，通过复制或重用的方法，可以提高工作效率。

（1）复制

先在左侧"大纲 幻灯片"窗格中选择需要复制的幻灯片，再使用以下任一方法进行复制。

➤ 单击"开始"选项卡→"复制"按钮，在目标位置，单击"开始"选项卡→"粘贴"按钮。

➤ 单击鼠标右键，执行弹出快捷菜单中的"复制"命令，在目标位置，单击鼠标右键，执行弹出快捷菜单中的"粘贴"命令。

➤ 按下 Ctrl+C 键，在目标位置，按下 Ctrl+V 键。

➤ 单击鼠标右键，执行弹出快捷菜单中的"复制幻灯片"命令。

（2）重用幻灯片

利用"重用幻灯片"功能，可以添加来自其他演示文稿中的幻灯片。操作步骤如下：

步骤 1：单击"开始"选项卡→"新建幻灯片"下拉按钮，在弹出的窗格中选择"重用幻灯片"选项。或者单击鼠标右键，执行弹出快捷菜单中的"重用幻灯片"命令。

步骤 2：在幻灯片编辑区的右侧弹出"重用幻灯片"窗格，单击"请选择文件"按钮，弹出"选择文件"对话框。

步骤 3：在"选择文件"对话框中，选中要重用幻灯片所在的演示文稿，单击"打开"按钮，返回"重用幻灯片"窗格。

步骤 4：所选中的演示文稿的所有幻灯片显示在右侧的"重用幻灯片"窗格中，单击选中需要的幻灯片，则选中的幻灯片被自动添加到当前演示文稿中。

6. 隐藏/取消隐藏

在放映幻灯片时，如果有的幻灯片不需要播放，可将这些幻灯片隐藏，需要播放时，再取消隐藏。

先在左侧"大纲 幻灯片"窗格中选择需要隐藏的幻灯片，单击"放映"选项卡→"隐藏幻灯片"按钮，这时"隐藏幻灯片"按钮呈灰色；或单击鼠标右键，执行弹出快捷菜单中的"隐藏幻灯片"命令。如果左侧"大纲 幻灯片"窗格中的数字上有叉号，代表这一张幻灯片是隐藏的，在放映状态下，不会出现。如果想要恢复隐藏幻灯片，只需再次单击"放映"选项卡→"隐藏幻灯片"按钮，或单击鼠标右键，执行弹出快捷菜单中的"隐藏幻灯片"命令，这时"隐藏幻灯片"按钮恢复正常颜色。

12.2.2 设置幻灯片的大小和方向

打开演示文稿，默认幻灯片大小为"宽屏（16:9）"，方向为横向，可以根据实际需要更改幻灯片的大小和方向。

1. 设置幻灯片大小

WPS 演示文稿提供了"标准（4:3）"和"宽屏（16:9）"两种幻灯片大小。这对于需要制作某些特殊幻灯片的用户来说，就限制了他们的发挥。因此，WPS 提供了用户自定义幻灯片大小的功能，操作步骤如下。

步骤 1：打开需要修改幻灯片大小的演示文稿，单击"设计"选项卡→"幻灯片大小"按钮，弹出下拉列表。

步骤 2：在下拉列表中提供了"标准（4:3）""宽屏（16:9）"和"自定义大小"3

个选项。如需要自行定义幻灯片大小，单击"自定义幻灯片"按钮。

步骤 3：打开"页面设置"对话框，在"幻灯片大小"下拉框中选择"自定义"选项，再根据需求设置幻灯片的宽度和高度等参数，如图 12-4 所示。

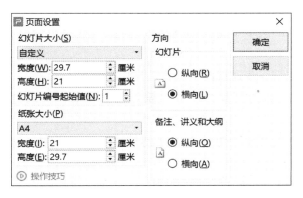

图 12-4　"页面设置"对话框

步骤 4：设置完毕后，单击"确定"按钮，弹出"页面缩放选项"对话框，根据实际需求，选择"最大化"或"确保适合"选项，如图 12-5 所示。

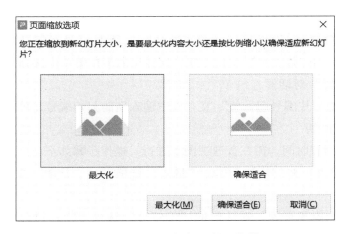

图 12-5　"页面缩放选项"对话框

2. 设置幻灯片方向

一个演示文稿中只能有一个方向，要么是纵向，要么是横向。幻灯片的方向默认是横向，如果要调整方向为纵向，操作步骤如下。

步骤 1：打开需要修改幻灯片方向的演示文稿，单击"设计"选项卡→"幻灯片大小"按钮。

步骤 2：在下拉菜单中选择"自定义幻灯片"选项。

步骤 3：打开"页面设置"对话框，在"方向"选项组中选择"纵向"。

12. 2. 3 组织和管理幻灯片 ··

一个演示文稿通常由多张幻灯片组成，为了能更加有效地组织和管理幻灯片，需要掌握为幻灯片编号，以及添加时期和时间等操作。特别是通过将幻灯片分节，可以更加有效地细分和导航一份复杂的演示文稿，WPS 演示文稿在结构上也会更加清晰。

1. 添加编号

添加幻灯片编号，需在普通视图下进行。操作步骤如下：

步骤 1：选中任意一张幻灯片，单击"插入"选项卡→"幻灯片编号"按钮，打开"页眉和页脚"对话框。

步骤 2：在"页眉和页脚"对话框的"幻灯片"选项卡中，勾选"幻灯片编号"复选框。

步骤 3：如果希望首页幻灯片（封面）不出现编号，则应同时勾选"标题幻灯片不显示"复选框。

步骤 4：如果只希望为当前选中的幻灯片添加编号，则单击"应用"按钮；如果希望为所有幻灯片添加编号，则单击"全部应用"按钮。

幻灯片的默认起始编号为 1，也可以将幻灯片起始编号修改为其他值。操作步骤如下。

步骤 1：选中任意一张幻灯片，单击"设计"选项卡→"页面设置"按钮，或单击"设计"选项卡→"幻灯片大小"下拉按钮，在弹出的下拉菜单中选择"自定义大小"选项，打开"页面设置"对话框。

步骤 2：在"幻灯片编号起始值"文本框中输入新的起始编号，单击"确定"按钮。

2. 添加日期和时间

添加幻灯片日期和时间，需在普通视图下进行。操作步骤如下。

步骤 1：选中任意一张幻灯片，单击"插入"选项卡→"日期"按钮，打开"页眉和页脚"对话框。

步骤 2：在"页眉和页脚"对话框的"幻灯片"选项卡中，勾选"日期和时间"复选框。如果选中"自动更新"单选按钮，设置适当的语言和日期格式，会在每次打开或打印演示文稿时将日期和时间自动更新为当前的；如果选中"固定"单选按钮，在其下方文本框中输入期望的日期，将会显示固定不变的日期。

步骤 3：如果希望首页幻灯片（封面）不出现日期和时间，则应同时勾选"标题幻灯片不显示"复选框。

步骤 4：如果只希望为当前选中的幻灯片添加日期和时间，则单击"应用"按钮；如果希望为所有幻灯片添加日期和时间，则单击"全部应用"按钮。

3. 设置节

节是对幻灯片逻辑上的划分，便于幻灯片的分类和管理，如图 12-6 左侧"大纲/幻灯片"窗格所示，将幻灯片分为："基本情况""第一部分：总概"和"第三部分：分类"

共 3 节，其中每节由一张或多张幻灯片组成，例如，"第一部分：总概"由 6 张幻灯片组成。

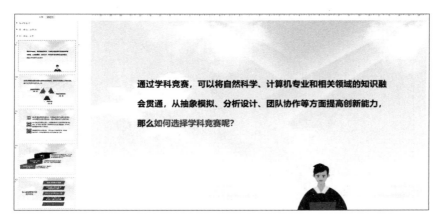

图 12-6　节示例

用户可以对节进行相应操作，节操作包括：新增节、重命名节、折叠/展开节、移动节、删除节、删除所有节、删除节和幻灯片，通过在"大纲/幻灯片"窗格中合适的位置右击鼠标，选择弹出的快捷菜单中的对应命令来完成。用户单击不同的位置，弹出的快捷菜单中的命令有所不同，具体如下：

（1）单击幻灯片之间的空白处，弹出"新增节"命令。

（2）单击已存在的节名称，弹出"重命名节""删除节""删除节和幻灯片""删除所有节""向上移动节""向下移动节""全部折叠"和"全部展开"命令。

单击节名称左侧的三角形图标，可完成"折叠节"或"展开节"操作。

12.3　添加幻灯片元素

每张幻灯片由文字、艺术字、图片、图表、表格及图形等元素组成。

12.3.1　文本

1. 添加占位符文本

在幻灯片中，往往都有一个或多个虚框，虚框内有"单击此处添加标题""单击此处添加文本"之类的提示语，如图 12-7 所示，这就是占位符，在占位符中单击鼠标左键，提示语自动消失，即可输入文本内容。

2. 添加文本框文本

如果幻灯片中的占位符不够用，可以利用文本框来添加文本。操作步骤如下。

步骤 1：单击"插入"选项卡→"文本框"下拉按钮，在弹出的下拉列表中根据需要选择"横排文本框"或"垂直文本框"选项。

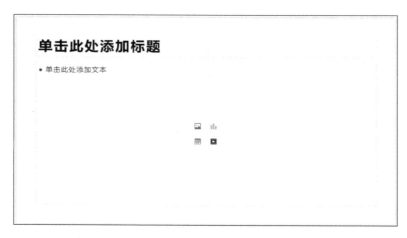

图 12-7　占位符

步骤 2：在幻灯片编辑区，按住鼠标左键拖曳绘制一个矩形框，松开鼠标左键，出现文本框，可在其中输入文本内容。

3. 字体的选择

不同风格的幻灯片需要搭配不同的字体。推荐的字体搭配如表 12-1 所示。

表 12-1　推荐的字体搭配

风格	搭　配　1	搭　配　2	搭　配　3
商务风格	思源黑体 H 和 思源黑体 R	阿里巴巴普惠体 H 和 阿里巴巴普惠体 R	OPPOSans H 和 OPPOSans R
学术风格	华康俪金黑 和 黑体	微软雅黑 和 微软雅黑	思源黑体 H 和 思源黑体 M
政务风格	思源黑体 H 和 思源黑体 R	汉仪新人文宋 75 W 和 汉仪新人文宋 55 W	汉仪雅酷黑 95 W 和 汉仪雅酷黑 55 W
科技风格	优设标题黑 和 阿里巴巴普惠体 R	庞门正道标题体 和 微软雅黑	演示镇魂行楷 和 阿里巴巴普惠体 R
中国风格	方正清刻本悦宋 和 华文中宋	思源黑体 H 和 思源黑体 R	演示新手书 和 方正宋刻本秀楷简
可爱风格	华康海报体 W12 和 浪漫雅园	汉仪糯米团简 和 汉仪橄榄简	庞门正道轻松体 和 优设好身体

（1）字体的下载、安装与嵌入

如果计算机中没有推荐的字体，这时就需要去网上查找相关的字体并下载、安装。

（2）批量更改字体

单击"开始"选项卡→"替换"下拉按钮，在弹出的下拉列表中选择"替换字体"选项，或单击"设计"选项卡→"演示工具"下拉按钮，在弹出的下拉列表中选择"替换字体"选项，弹出"替换字体"对话框，如图 12-8 所示，在对话框中替换字体即可。

（3）批量设置字体

单击"设计"选项卡→"演示工具"下拉按钮，在弹出的下拉列表中选择"批量设置字体"选项，弹出"批量设置字体"对话框，如图 12-9 所示，设置完成后单击"确定"按钮。

➤ 替换范围：根据需求选择幻灯片的替换范围。

➤ 选择目标：根据实际情况选择，选中后呈现黄色。

➤ 设置样式：设置字体、字号、字色等格式。

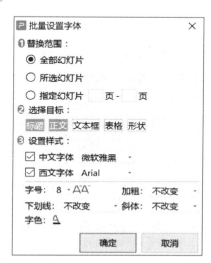

图 12-8　"替换字体"对话框　　　　图 12-9　"批量设置字体"对话框

4. 添加艺术字

艺术字的作用是增加文字的观赏性，增强表达效果。操作步骤如下：

步骤 1：单击"插入"选项卡→"艺术字"下拉按钮，弹出"预设样式"窗格。

步骤 2：在"预设样式"窗格中，根据需要选择一种合适的艺术字样式，选择后系统会自动在幻灯片中添加一个"请在此处输入文字"文本框，用户可以在该文本框中输入内容。

步骤 3：在联网状态下，可在艺术字"预设样式"窗格的"稻壳艺术字"选项组中选择更多样式。

用户还可以利用"文本工具"选项卡中的功能对艺术字的字号、字体、内部填充色、外部轮廓、外观效果等进行修改。

5. 添加符号和特殊字符

在输入一些符号和特殊字符时，往往不能使用输入法直接输入。输入方法如下。

将光标选中定位在需要输入符号或特殊字符的位置，单击"插入"选项卡→"符号"按钮，打开"符号"对话框。在"字体"列表框中选择一种需要的符号字体，然后在"字体"下方的列表框中找到并选中需要的符号，单击"插入"按钮。

提示

如果需要插入的符号在近期使用过，可以单击"符号"下拉按钮，在弹出的"近期使用过的符号"栏中快速找到。

6. 添加上标和下标

在输入数学公式或做引用标注时，常常需要添加上标和下标。添加方法如下。

选中需要设置上标或下标的内容，按"Ctrl+Shift+="键将其设置为上标，按"Ctrl+="组合键将其设置为下标，再次按"Ctrl+Shift+="键或"Ctrl+="键，即可取消设置。

7. 使用项目符号

项目符号是指在文档中的并列内容前添加统一的符号，使文章条理分明、清晰易读。添加方法如下。

将光标放到需要添加项目符号的文本中的任意位置，单击"开始"选项卡→☰·按钮右侧的下拉箭头，在弹出的窗格中选择需要的项目符号。

用户也可以自定义项目符号，具体方法为：在"项目符号"窗格中选择执行"其他项目符号"命令，打开"项目符号与编号"对话框，单击"项目符号"选项卡→"自定义"按钮，打开"符号"对话框，选择合适的符号，单击"插入"按钮。（或单击"图片"按钮，打开"打开文件"对话框，选择合适的图片作为项目符号后，单击"打开"按钮。）

如果需要取消项目符号，选中文本，单击"开始"选项卡→☰·按钮右侧的下拉箭头，在弹出的"项目符号"窗格中选择"无"选项，或者直接单击☰·按钮。

8. 使用编号

对于文档中一些内容连贯的段落，使用自动编号功能对其进行编号。方法如下。

将光标放到需要添加编号的文本中的任意位置，单击"开始"选项卡→☰·按钮右侧的下拉箭头，在弹出的窗格中选择需要的编号样式。

如果需要取消编号，先选中文本，然后单击"开始"选项卡→☰·按钮右侧的下拉箭头，在弹出的窗格中选择"无"选项。

9. 更改项目符号或编号的大小和色彩

项目符号或编号的大小、色彩是可以根据需要自行设置的。操作步骤如下。

步骤1：选中需要更改大小和颜色的项目符号或编号的文本，单击"开始"选项卡→☰·按钮右侧的下拉箭头，在弹出的"项目符号"窗格中选择"其他项目符号"选项，打开"项目符号与编号"对话框。

步骤2：如果是项目符号，切换到"项目符号"选项卡（如果是编号，切换到"编号"选项卡），在"大小"微调框中输入一个合适的大小值，接着在"颜色"下拉框中选择合适的颜色。单击"确定"按钮即可。

10. 更改起始编号

默认情况下，演示文稿中的编号是从"1"开始的。若需要更改起始编号，可按如下步骤操作。

步骤 1：选中需要更起始编号的文本，单击"开始"选项卡→三按钮右侧的下拉箭头，在弹出的窗格中选择"其他编号"选项，打开"项目符号与编号"对话框→到"编号"选项卡，如图 12-10 所示。

图 12-10　起始编号为 1 的"项目符号和编号"对话框

步骤 2：在"开始于"文本框中输入任意起始值，如"6"，即可看到各种样式的编号的起始值都变成了"6"，如图 12-11 所示，单击"确定"按钮即可完成更改。

图 12-11　起始编号为 6 的"项目符号和编号"对话框

12.3.2　图片

在幻灯片设计中，有一个原则是：能用图，不用表；能用表，不用字。因此，插入精美的图片，能使演示文稿更具表现力和吸引力。

插入图片的方法为：单击"插入"选项卡→"图片"按钮，弹出"插入图片"对话框，在对话框中选择所需的图片，单击"打开"按钮，该图片被插入到幻灯片中。

插入图片后，根据需要可对图片进行大小设置、旋转、裁剪等操作。

1. 设置图片的大小

（1）直接调整图片大小。选中需要调整大小的图片，在图片的四周出现 8 个控制点，将光标移至控制点上直至出现双向箭头时，按住鼠标左键进行拖曳即可调整图片大小。

（2）精确调整图片大小。选中需要调整大小的图片，通过"图片工具"选项卡设置图片的高度和宽度。

提示

按住 Shift 键拖动图片 4 个对角点中的 1 个，则可同比例调整图片大小，防止变形。

2. 旋转图片

旋转图片能使图片按照不同方向倾斜，有手动旋转、固定角度旋转和精确旋转 3 种方式。

（1）手动旋转图片。选中图片，图片正上方出现灰色旋转按钮，按住鼠标左键拖动该按钮即可将图片旋转到任意角度。

（2）固定角度旋转图片。选中图片，单击"图片工具"选项卡→"旋转"下拉按钮，弹出下拉列表，从中选择固定角度旋转方式即可。

（3）精确旋转图片。选中图片，单击鼠标右键，执行弹出快捷菜单中的"设置对象格式"命令（或单击右侧 ⇲ 按钮），页面右侧出现"对象属性"任务窗格。在"对象属性"任务窗格中的"大小与属性"选项卡→"大小"选项组中，拖动"旋转"角度盘中的角度控制点或在右侧角度数值旋转输入旋转角度值。

3. 图片效果

为图片设置不同的格式效果，可以增强图片的表现力。选中图片，在"图片工具"选项卡中进行以下设置。

➢ 图片轮廓：为图片设置不同颜色的轮廓边框。

➢ 图片效果：为图片设定阴影、倒影、发光、柔化边缘、三维旋转等特效，如图 12-12 所示。

4. 裁剪图片

用户有时需要将图片裁剪成希望的大小和形状。操作步骤如下。

步骤 1：选中需要裁剪的图片，单击"图片工具"选项卡→"裁剪"按钮，图片周围出现黑色裁剪控制线，表示进入裁剪模式，用户可以选择下述任意一种方法对图片进行裁剪。

➢ 自由裁剪：按住鼠标左键拖动裁剪控制线进行裁剪。

图 12-12　"对象属性"任务窗格

➢ 按形状裁剪：单击按钮，打开裁剪窗格，选择"按形状裁剪"选项卡，选择所需形状后，再按住鼠标左键拖动裁剪控制线进行裁剪。

➢ 按比例裁剪：单击按钮，打开裁剪窗格，选择"按比例裁剪"选项卡，选择所需比例后，再拖动裁剪控制线进行裁剪。

步骤 2：完成裁剪后，单击幻灯片空白区域，退出裁剪模式。

5. 处理图片的小技巧

在实际工作中，常用的处理图片的小技巧有以下 4 种。

（1）将大量图片插入到同一个演示文稿中的不同幻灯片中。

（2）将演示文稿中的大量图片快速导出。

（3）将演示文稿导出为图片。

（4）压缩图片以减少演示文稿大小。

12.3.3　图形

在幻灯片中添加一个形状或者合并多个形状可以生成一个绘图或一个更为复杂的形状。添加一个或多个形状后，还可以在其中添加文字、项目符号、编号和快速样式等内容。

1. 绘制形状

绘制形状的操作步骤如下。

步骤 1：单击"插入"选项卡→"形状"下拉按钮，在弹出的下拉列表中选择合适的形状。

步骤 2：在幻灯片编辑区的合适位置单击鼠标左键拖曳出形状。

步骤 3：在形状上单击鼠标右键，弹出快捷菜单，执行其中的"编辑文字"命令，可在形状中输入文字，执行其中的"编辑顶点"命令，按住鼠标左键拖放顶点，可修改形状外观。

2. 排列形状

在幻灯片中插入形状后，还可以对形状进行调整，包括调整形状的大小和位置。选中形状后，按住鼠标左键拖曳即可适当调整形状的大小和位置。

提示

在调整形状的大小和位置时，也可以通过单击执行"绘图工具"选项卡中的各个命令选项来完成，包括上移一层、下移一层、对齐、旋转等。

3. 组合形状

依次选择需要组合的形状，单击鼠标右键，选择弹出的快捷菜单中的"组合"选项，或按快捷键 Ctrl+G，或单击"绘图工具"选项卡中的"组合"按钮。

提示

若需要取消形状组合，或按快捷键 Shift+Ctrl+G，或单击"绘图工具"选项卡中的"组合"下拉按钮，在弹出的下拉列表中选择"取消组合"选项。

4. 合并形状

用户可以用两个或两个以上的形状合并出新的形状。先选中需要合并的形状，然后单击"图片工具"→"合并形状"下拉按钮，在弹出的下拉列表中选择"结合""组合""相交""拆分""剪除"选项中的任意一个。

提示

在进行"剪除"操作时，保留先选的图形。先选的是保留下来的，最后的样式是保留第 1 个的格式。

12.3.4 智能图形

智能图形是信息和观点的视觉表示形式，可以直接展示各种层次关系、流程以及列表，从而快速、轻松和有效地传达信息。

1. 创建

创建智能图形的操作步骤如下。

步骤 1：单击"插入"选项卡→"智能图形"按钮，打开"选择智能图形"对话框。

步骤 2：选择合适的智能图形，单击"插入"按钮，如图 12-13（a）所示。

步骤 3：在幻灯片编辑区输入相应内容，如图 12-13 所示。

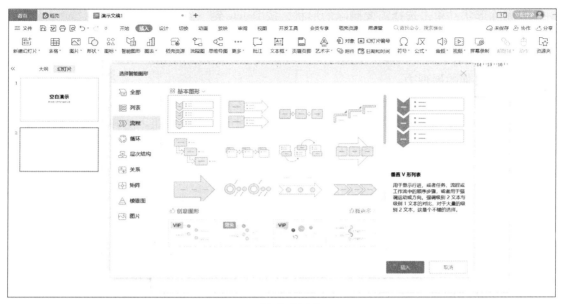

(a) 选择智能图形

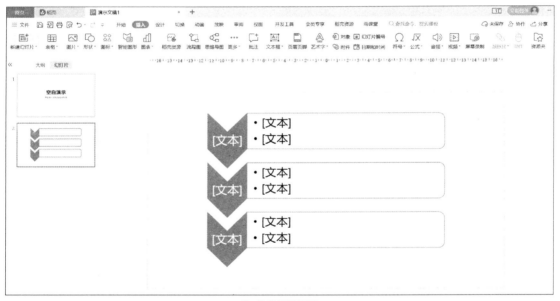

(b) 编辑智能图形

图 12-13　智能图形示例

2. 添加和删除形状

插入的智能图形一般都是固定的形状，可能不符合要求，可以通过添加和删除来改变。

● 添加形状：将光标定位在需要添加形状的位置，单击"设计"选项卡→"添加项目"下拉按钮，选择添加位置。

● 删除形状：单击选择需要删除的形状，按 Delete 键（或 Backspace 键）。

3. 文字快速转化成智能图形

在 WPS 演示文稿中，提供快速将文字转换成智能图形的功能，借助该功能可使幻灯片内容具有更强的展现力。

首先，选中文本或待转换的文本框，然后，用以下方法进行快速转化。

方法 1：单击"文本工具"选项卡→"转智能图形"下拉按钮，从弹出的下拉列表中选择合适的图形，或者选择"更多智能图形"选项，按照分类进行选择。

方法 2：单击"文本工具"选项卡→"转换成图示"下拉按钮，在弹出的下拉列表中选择合适的图示效果。

12. 3. 5　图表 ···□

图表是将数据直观、形象地"可视化"，为数据分析提供很大方便，相比文字，数据更易于理解。在 WPS 演示文稿中，可以插入幻灯片中的图表包括柱形图、折线图、饼图、条形图等。从"图表"对话框中可以了解图表的分类情况，如图 12-14 所示。

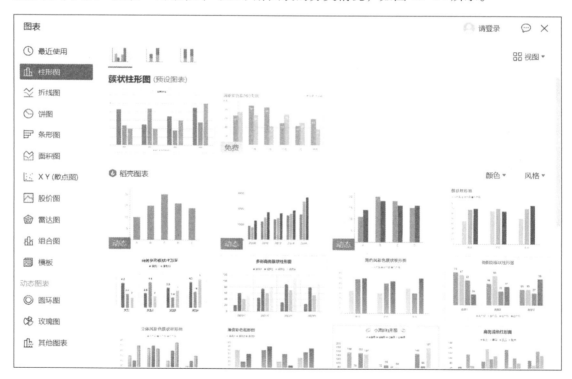

图 12-14　"图表"对话框

1. 插入图表

插入图表的操作步骤如下。

步骤 1：选中需要插入图表的幻灯片，单击"插入"选项卡→"图表"按钮，打开"图表"对话框。

步骤 2：在"图表"对话框中，单击选择所需的图表。

步骤 3：选中图表，单击"图表工具"选项卡→"编辑数据"按钮，打开名为"WPS 演示中的图表"的表格，在表中输入所需的数据，输入完毕后，一定要让蓝色边框覆盖整个数据区域，关闭电子表格。图表创建完成。

2. 插入 Excel 图表

插入 Excel 图表的操作步骤如下：

步骤 1：选中需要插入 Excel 图表的幻灯片，单击"插入"选项卡→"对象"按钮，打开"插入对象"对话框。

步骤 2：在"插入对象"对话框中，选择"对象类型"列表中的"Microsoft Graph Chat"选项，单击"确定"按钮。

步骤 3：在弹出的"Microsoft Graph"对话框中编辑表格数据，完成后关闭表格即可。

12.3.6　表格 ···□

一份完整的演示文稿，不仅可以插入文本、图片和形状等对象，还可以插入表格，规范数据的表达。

1. 插入表格

插入表格的操作步骤如下：

步骤 1：选中需要插入表格的幻灯片，执行下列任意一个操作插入表格。

➢ 在带有内容占位符的版式中单击"插入表格"按钮▦，在弹出的"插入表格"对话框输入行数和列数，然后单击"确定"按钮插入表格。

➢ 单击"插入"选项卡→"表格"下拉按钮，打开"插入表格"窗格，在窗格中移动鼠标确定行数和列数后单击鼠标左键插入表格。

➢ 单击"插入"选项卡→"表格"下拉按钮，选择"插入表格"选项，在弹出的"插入表格"对话框输入行数和列数，然后单击"确定"按钮插入表格。

步骤 2：当表格插入到幻灯片中后，拖动表格四周的尺寸控制点可改变其大小，拖动单元格间隔线可改变行高和列宽，拖动表格外边框可移动表格位置。

2. 插入 Excel 表格

默认情况下，插入的表格功能比较单一。如果需要对表格进行复杂的格式设置或公式运算等操作，就要利用 Excel 表格来完成了。插入 Excel 表格的操作步骤如下。

步骤 1：选中需要插入表格的幻灯片，单击"插入"选项卡→"对象"按钮，打开"插入对象"对话框。

步骤 2：在"插入对象"对话框中，在"对象类型"列表中选择"Microsoft Excel 97—2003"选项，单击"确定"按钮。

步骤 3：打开名为"工作表在×××（×××为演示文稿文件名）"的表格，在其中输入所需数据，输入完毕后，关闭表格。Excel 表格创建完成。

在文稿中双击插入的表格，则可编辑数据。

也可将已经制作好的 Excel 表格文件插入到文稿中，插入方法为：在"插入对象"对话框中，选择"由文件创建"选项，单击"浏览"按钮，在浏览窗口中打开表格文件，返回"插入对象"对话框，单击"确定"按钮即可。

3. 从 WPS 文字或表格组件中复制和粘贴表格

在文字或表格组件中操作完成的表格，可直接复制到幻灯片中。操作方法为：打开文字或表格文件，选中表格并复制，打开演示文稿，粘贴即可。

12.3.7 媒体

在幻灯片中插入各种多媒体元素，如声音、影片或动画等，既可以丰富幻灯片的内容，也可使观众在视觉和听觉上产生不同的感受。

1. 音频

（1）添加音频

添加音频的操作步骤如下。

步骤 1：选中需要添加音频的幻灯片，单击"插入"选项卡→"音频"下拉按钮，从打开的下拉列表中根据需求选择"嵌入音频""链接到音频""嵌入背景音乐""链接背景音乐"等选项。

步骤 2：在打开的"插入音频"对话框中选定所需的音频文件，双击打开。

步骤 3：插入到幻灯片中的音频剪辑以图标 ◀ 的形式显示，拖动该图标可移动其位置。

步骤 4：选中声音图标，单击音频图标下方的"播放/暂停"按钮，如图 12-15 所示，可以在幻灯片上播放或暂停音频。

链接到音频与嵌入音频的主要区别是在将音频添加到演示文稿后，数据的存储位置不同。

➤ 链接到音频：演示文稿中仅存储源文件的位置，并显示链接数据的一种表现形式。如果演示文稿需要在其他设备中播放，在分享前需要将文件打包，再将打包

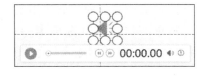

图 12-15 播放/暂停音频

后的文件发送到其他设备才可以播放。如果要考虑文件大小，请使用链接。

➤ 嵌入音频：嵌入的音频会成为演示文稿的一部分，将演示文稿发送到其他设备中也可以正常播放。

（2）设置播放方式

在幻灯片上选中声音图标，在"音频工具"选项卡中设置音频的播放方式，如图 12-16 所示。

➤ 自动：在放映该幻灯片时自动开始播放音频。

➤ 单击：可在放映幻灯片时单击音频图标来手动播放。

➤ 跨幻灯片播放：在放映演示文稿时单击切换到下一张幻灯片时音频继续播放。

➤ 循环播放，直至停止：在放映当前幻灯片时连续播放同一音频直至手动停止播放或

转到下一张幻灯片为止。

➢ 放映时隐藏：放映幻灯片时隐藏声音图标。

图 12-16 设置音频的播放方式

（3）编辑音频

添加音频后，可以试听并编辑音频文件以达到满意的效果。编辑音频的操作步骤如下。

步骤 1：选中已添加音频的幻灯片，单击声音图标。

步骤 2：单击"音频工具"选项卡→"剪裁音频"按钮，打开"剪裁音频"对话框。

步骤 3：在打开的"剪裁音频"对话框中，如图 12-17 所示，设置开始时间和结束时间，然后单击"确定"按钮。

（4）删除音频

切换到要删除音频的幻灯片，单击选中声音图标，按 Delete 键即可。

图 12-17 "裁剪音频"对话框

2. 视频

（1）嵌入视频或链接到视频

操作步骤如下。

步骤 1：切换到需要添加视频的幻灯片，单击"插入"选项卡→"视频"下拉按钮，从打开的下拉列表中根据需求选择"嵌入视频"或"链接到视频"选项。

步骤 2：在打开的"插入视频"对话框中选定所需的视频文件，双击打开。

步骤 3：视频插入到幻灯片后，可通过拖动移动其位置，拖动其四周的尺寸控制点还可改变其大小。

步骤 4：选中视频，单击视频图标下方的"播放/暂停"按钮，如图 12-18 所示，可以在幻灯片上预览视频。

（2）设置播放方式

在幻灯片上选中视频图标，在"视频工具"选项卡中可设置视频的播放方式，如图 12-19 所示。

（3）编辑视频文件

添加视频后，可以试看并编辑视频文件以达到满意的效果。编辑视频文件的操作步骤如下。

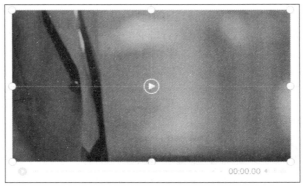

图 12-18　预览视频

图 12-19　设置视频的播放方式

步骤 1：切换到已添加视频的幻灯片，单击播放图标。

步骤 2：单击"视频工具"选项卡→"裁剪视频"按钮，打开"裁剪视频"对话框。

步骤 3：在打开的"裁剪视频"对话框中，如图 12-20 所示，设置开始时间和结束时间，然后单击"确定"按钮。

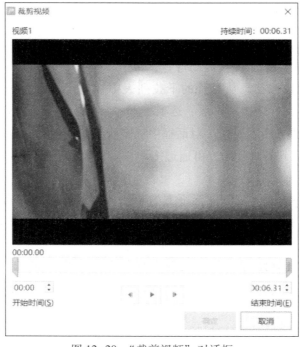

图 12-20　"裁剪视频"对话框

12.3.8　链接

添加链接是为了实现在放映演示文稿时，可以从一张幻灯片跳转到另一张幻灯片或其他演示文稿、网页、文件等。链接分为超链接和动作按钮两类。

1. 添加超链接

在演示文稿中，超链接用于从一张幻灯片跳转到本文档的另一张幻灯片或其他演示文稿、网页、文件等，可以为文本、图片、图形、形状和艺术字等对象创建超链接。操作步骤如下。

步骤 1：选中需要创建超链接的对象，单击"插入"选项卡→"超链接"按钮（或在对象上单击鼠标右键，执行弹出快捷菜单中的"超链接"命令，或按快捷键 Ctrl+K），打开"插入超链接"对话框，如图 12-21 所示。

图 12-21　"插入超链接"对话框

步骤 2：在对话框左侧的"链接到："列表框中可以指定链接类型，在右侧列表框中可指定链接的文件、幻灯片或电子邮件地址。

步骤 3：单击"确定"按钮，即可为指定的文本或对象添加超链接，在幻灯片放映时单击该超链接即可实现跳转。

如果要改变超链接的设置，可右击设置了超链接的对象，选择弹出的快捷菜单中的"超链接"选项，在弹出的级联菜单中执行"编辑超链接"命令，可重新进行设置，执行"取消超链接"命令，可删除已创建的超链接，执行"超链接颜色"命令，可更改链接显示外观。

2. 创建动作

通过创建动作的方式，可以实现跳转到其他幻灯片或文件等的操作。

（1）添加动作：选中需要添加动作的对象，单击"插入"选项卡→"动作"按钮，打开"动作设置"，如图 12-22 所示。

（2）创建动作按钮：单击"插入"选项卡→"形状"下拉按钮，弹出"预设"下拉列表，从"动作按钮"选项组中选择相应的动作按钮。在幻灯片适当的位置按住鼠标左键拖曳出一个矩形框，松开鼠标左键后弹出"动作设置"对话框，如图 12-22 所示。

在如图 12-22 所示的"动作设置"对话框中，可对"单击鼠标"或"鼠标移过"时的动作进行设置。

图 12-22 "动作设置"对话框

12.4 设计演示文稿

12.4.1 母版

在进行演示文稿制作之前，首先需要有统一的外观与标准，通过对幻灯片母版的设计和制作，可以实现演示文稿的风格统一。

母版是指用于定义演示文稿中所有幻灯片的页面格式的幻灯片视图，规定了演示文稿（幻灯片、讲义及备注）的文本、背景、日期及页码格式。对母版的任何修改都会体现在幻灯片上，所以每张幻灯片的相同内容往往用母版来做，这样可以提高效率。WPS 演示文稿提供了 3 种母版：幻灯片母版、讲义母版和备注母版，下面分别对其进行介绍。

➢ 幻灯片母版：用于存储幻灯片的主题及版式信息，包括背景、颜色、字体、效果、占位符大小、位置等。用户可以将要在每张幻灯片中都出现的 LOGO、页码、作者、单位、徽标、图形、文字等放在幻灯片母版上，使幻灯片具有一致的外观。

➢ 讲义母版：主要用于控制幻灯片以讲义形式打印的格式，用于添加或修改在每页讲义中出现的页眉和页脚信息。

➤ 备注母版：主要用于设置备注页的版式及备注文字的格式，一般是用来打印输出。

每份演示文稿至少应包含一个幻灯片母版，也可以包含多个幻灯片母版，每个幻灯片母版可应用不同的主题模板。通过幻灯片母版进行修改的主要好处是可以对演示文稿的每张幻灯片进行统一和元素更改。

1. 幻灯片母版设计

母版决定了每一页幻灯片的基本排版方式，使用母版可以方便地统一幻灯片的风格。但是，当幻灯片处于编辑状态时，母版是修改不了的。

打开演示文稿，单击"视图"选项卡→"幻灯片母版"按钮，如图 12-23 所示。左侧窗格的第 1 张幻灯片为基础幻灯片，其下的幻灯片是对应于基础幻灯片的不同版式。在基础幻灯片上的任何设置对不同版式的幻灯片都有效，而在不同版式的幻灯片的任何设置只对该版式的幻灯片有效。

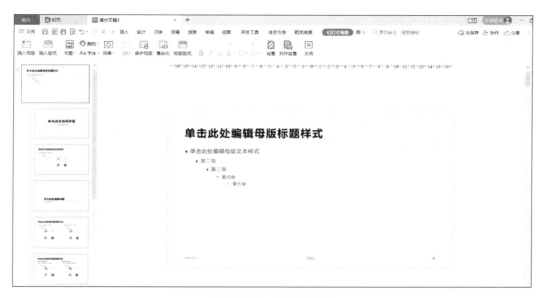

图 12-23　幻灯片母版

2. 讲义母版设计

设计讲义母版格式的目的是用于更改幻灯片的打印设置和版式，例如，可以设置讲义的方向和每页打印的幻灯片数量。操作步骤如下。

步骤 1：打开演示文稿，单击"视图"选项卡→"讲义母版"按钮。

步骤 2：单击"讲义母版"选项卡→"讲义方向"下拉按钮，在弹出的下拉列表中选择讲义方向为横向或纵向。

步骤 3：单击"讲义母版"选项卡→"每页幻灯片数量"下拉按钮，在弹出的下拉列表中选择每页打印的幻灯片的数量。

步骤 4：设置完成后，单击"讲义母版"选项卡→"关闭"按钮。

在"讲义母版"选项卡中还可以对幻灯片的大小、页眉、页脚、日期和页码等进行设置。

12.4.2 版式

幻灯片的版式是指幻灯片的布局结构，即定义幻灯片显示内容的位置和格式。方便使用者更加合理、快捷地组织内容。版式由占位符组成，放置文字、表格、图表、图形、形状等幻灯片内容。

WPS 演示包含标题幻灯片、标题和内容、节标题等 11 种内置幻灯片版式。也可以创建满足特定需求的自定义版式，并与其他人共享。

1. 应用内置版式

（1）添加新幻灯片，选择幻灯片版式

单击"开始"选项卡→"新建幻灯片"下拉按钮，在弹出的窗格中选择所需的版式即可。

（2）更改幻灯片版式

➢ 在"普通视图"或"幻灯片浏览"视图下，选中需要更换版式的幻灯片，单击"开始"选项卡→"版式"下拉按钮，选择所需的版式即可。

➢ 在视图窗格或幻灯片编辑区，用鼠标右键单击需要更换版式的幻灯片，在弹出的快捷菜单中选择"版式"选项，在弹出的窗格中单击选择所需版式即可。

2. 创建自定义版式

用户可以自定义符合需求的幻灯片版式。操作步骤如下。

步骤 1：单击"视图"选项卡→"幻灯片母版"按钮，切换至幻灯片母版视图，左侧窗格显示各种版式的缩略图。

步骤 2：单击"幻灯片母版"选项卡→"插入版式"按钮，添加一张新的幻灯片后，即可在此幻灯片上编辑所需组件，快速制作新的幻灯片版式。

步骤 3：复制所需的占位符，并将其粘贴到新建的幻灯片版式的幻灯片编辑区，如图 12-24 所示，分别复制粘贴了"图片"和"内容"占位符。

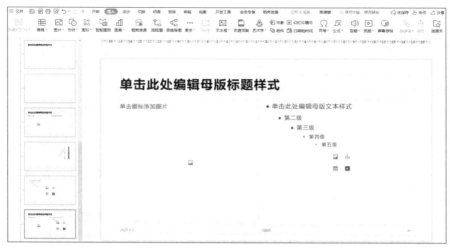

图 12-24　插入占位符

步骤4：单击"幻灯片母版"选项卡→"重命名"按钮，或单击鼠标右键，在弹出的快捷菜单中选择执行"重命名版式"命令，打开"重命名"对话框，如图 12-25 所示，输入版式名称，单击"重命名"按钮。

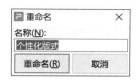

图 12-25　定义版式名称

步骤5：单击"幻灯片母版"选项卡→"关闭"按钮，退出母版视图。

步骤6：单击"开始"选项卡→"版式"下拉按钮，在弹出的窗格中选择"个性化版式"选项，如图 12-26 所示，将其应用到幻灯片中。

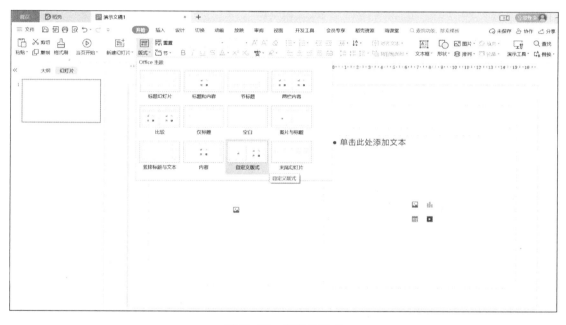

图 12-26　自定义版式

12.4.3　配色方案与背景

WPS 演示提供了内置配色方案以及背景，在联网时还可获取更多的在线配色方案。

1. 应用配色方案

WPS 演示提供的内置配色方案，可帮助用户快速应用不同的颜色搭配。单击"设计"选项卡→"配色方案"下拉按钮，在弹出的下拉列表中选择所需的配色，当选择不同的配色方案时，幻灯片的色板会随着变化，相应的图形、表格、背景等颜色也会同步变化，或单击"设计"选项卡→"智能美化"下拉按钮，在弹出的下拉列表中选择"智能配色"

选项（或单击"设计"选项卡→"更多设计"按钮），打开"全文美化"对话框，如图 12-27 所示，在对话框左侧选择"智能配色"选项卡，在中间区域选择一种配色，在右侧"美化预览"区域中选择要配色的幻灯片，单击"应用美化"按钮。

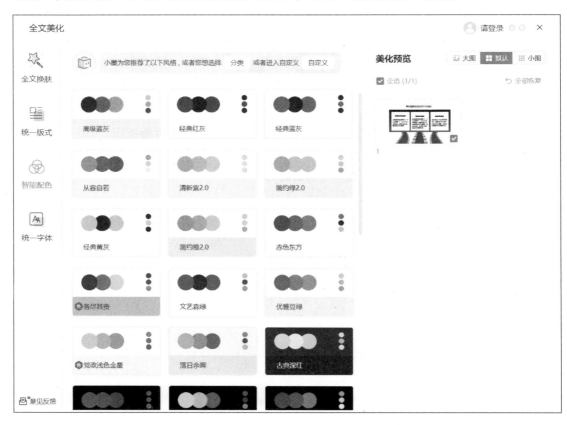

图 12-27 "全文美化"对话框

2. 设置幻灯片背景颜色

为了使幻灯片版面更美观，可以为演示文稿中的幻灯片重新设置背景。背景包括纯色背景、渐变色、纹理和图案等。操作步骤如下。

步骤 1：选择需要更改背景的幻灯片，单击"设计"选项卡→"背景"按钮，在右侧弹出"对象属性"任务窗格，如图 12-28 所示。

步骤 2：在"对象属性"任务窗格中，选择填充方案，然后对选中的填充方案做进一步的设置。

步骤 3：如果需要将自定义的背景应用于整个幻灯片，则单击"全部应用"按钮。

3. 取色器

利用取色器可以复制想要的任意颜色，高效完成颜色设置。操作方法为：选中需要更改颜色的文本框或者图片，单击"开始"选项卡→"填充"右侧下拉按钮，单击"取色器"图标，将取色器光标移至想要的颜色处，单击即可。

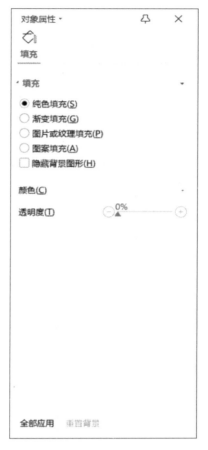

图 12-28　"对象属性"任务窗格

12.5　设　计　交　互

WPS 演示中，不仅可以为幻灯片的各种对象设置放映时的动画效果，还可以为每张幻灯片设置放映时的切换效果。在放映演示文稿时将会更加生动和富有感染力。

切换和动画的区别如下。

➢ 切换效果：针对幻灯片切换时所设置的动态效果。

➢ 动画效果：针对幻灯片中的对象，如文字、图片、形状、表格等所设置的动画。

12.5.1　动态切换幻灯片 ···□

幻灯片切换效果是指在放映幻灯片时，进入或离开屏幕时幻灯片的呈现方式。切换效果可使幻灯片之间的播放衔接更加生动。

1. 添加幻灯片切换效果

添加幻灯片切换效果的操作步骤如下。

步骤 1：选中需要添加切换效果的幻灯片，单击"切换"选项卡，在切换方式列表中选择一种切换效果。

步骤 2：单击"切换"选项卡→"预览效果"按钮，可查看当前幻灯片的切换效果。

步骤 3：如果希望在全部幻灯片中应用这种切换方式，单击"全部应用"按钮。

2. 设置幻灯片切换属性

幻灯片切换属性包括切换效果选项、切换效果的持续时间、幻灯片切换声音效果、幻灯片的自动换片时间，下面将逐一对其进行介绍。

（1）切换效果选项

选中已添加切换效果的幻灯片，单击"切换"选项卡→"效果选项"下拉按钮，在打开的下拉列表中选择一种切换效果属性。

提示

　效果选项的设置与所选切换效果的类型有关，不同类型的切换效果所对应的效果选项不同。

（2）切换效果的持续时间

选中需要添加切换效果的幻灯片，单击"切换"选项卡→"速度"数值框，在数值框中输入切换效果的持续时间，这个时间以秒为单位。

（3）添加幻灯片切换声音

为了让幻灯片切换时更有效果，可在幻灯片切换时加上声音。

选中需要添加切换声音的幻灯片，单击"切换"选项卡→"声音"按钮右侧的下拉按钮，从弹出的下拉列表中选择合适的声音。

（4）设置幻灯片的自动换片时间

在演示文稿制作过程中，不仅可以设置幻灯片的切换效果，还可以设置幻灯片显示一定时长后自动切换至下一张幻灯片。选中需要添加自动换片的幻灯片，在"切换"选项卡中，勾选"自动换片时间"复选框，输入自动换片时间。

12.5.2　设计演示动画 ···□

在 WPS 演示中，可以将演示文稿中的文本、图片、形状、表格、智能图形和其他对象制作成动画，给它们添加进入、强调、退出和动作路径 4 类动画效果。其中，进入效果为对象从隐藏到显示的动画过程，主要用于对象的显示；强调效果主要用于动画已存在于屏幕时以动画方式进行强调；退出效果主要用于对象以动画方式退出屏幕；动作路径效果用于制作对象按路径运动的动画效果。

1. 添加单个动画效果

添加单个动画的操作步骤如下。

步骤 **1**：选中需要添加动画的对象，单击"动画"选项卡→动画样式列表右下角的下拉按钮，打开可选动画列表。

步骤 **2**：从列表中单击所选的动画效果。如果没有在列表中找到合适的动画效果，可单击右侧的"更多选项"按钮，在随后展开的列表中可查看更多效果。

步骤 **3**：单击"动画"选项卡→"动画属性"按钮，设置动画出现方式。

步骤 **4**：单击"动画"选项卡→"预览效果"按钮，可查看动画效果。

2. 为同一对象添加多个动画效果

在幻灯片中为了让动画效果更好，并且持续不断地以多个动画来展示，就需要按照动画的先后进行设置，如先设置动画的进入效果，再设置强调效果。操作步骤如下。

步骤 **1**：选中需要添加动画的对象，单击"动画"选项卡→动画样式列表右下角的下拉按钮，在打开的动画列表中选择需要的第 1 个动画效果。

步骤 **2**：单击"动画"选项卡→"动画窗格"按钮，打开"动画窗格"，单击"添加效果"下拉按钮，在打开的动画列表中选择需要的第 2 个动画效果。以此类推，可添加更多动画。

步骤 **3**：单击"动画"选项卡→"预览效果"按钮，可查看动画效果。

3. 编辑动画效果

为幻灯片对象添加动画效果后，对动画的运动方式、运行速度、播放顺序等进行编辑，可以让动画效果更加符合演示文稿的意图。

（1）复制动画效果

在 WPS 演示中，为对象应用动画效果后，可以使用格式刷功能，将设置的动画效果复制到其他对象上，快速为多个对象应用相同的动画效果。操作步骤如下。

步骤 **1**：选中含有要复制动画效果的对象，单击"动画"选项卡→"动画刷"按钮。

步骤 **2**：此时光标已经变成了刷子形状。

步骤 **3**：单击要添加复制动画效果的对象，即可为该对象应用相同的动画效果。

如果需要多次复制相同的动画效果，则双击"动画刷"按钮，将所选动画效果应用到其他对象上，再次单击"动画刷"按钮，即可取消动画刷状态。

（2）更改动画效果

选中需要更改对象的左上角的动画编号，单击"动画"选项卡，从列表中选择动画效果；或者，单击"动画"选项卡→"动画窗格"按钮，打开"动画窗格"，单击"更改"按钮，从列表中选择所需动画效果即可。

（3）删除动画效果

单击"动画"选项卡→"动画窗格"按钮，打开"动画窗格"，选中一个动画效果。单击"删除"按钮，或按 Delete 键。

（4）设置动画效果

在幻灯片中插入动画效果后，可以对动画效果进行更多的设置，如动画开始的时间、动画的声音、动画是否重复等。操作步骤如下。

步骤 1：单击"动画"选项卡→"动画窗格"按钮，打开"动画窗格"。

步骤 2：选中一个动画效果，单击动画列表中右侧的下拉按钮，选择"效果选项"选项，打开"效果选项"对话框，如图 12-29 所示。

图 12-29 "效果选项"对话框

步骤 3：在"效果"选项卡中，单击"声音"右侧的下拉按钮，在下拉列表中选择所需的声音效果选项，单击"声音"按钮右侧的音量图标，可设置静音。

步骤 4：在"计时"选项卡中，设置动画的开始方式、延迟等。

步骤 5：设置完成后，单击"确定"按钮，返回幻灯片，单击右侧"动画窗格"中的"播放"按钮，预览设置好的动画效果。

12.6 高 效 制 作

12.6.1 文档转演示文稿

WPS 可以快速高效地将编辑好的文档转化为演示文稿，操作方法为：打开文档，单击选择"文件"菜单→"输出为 PPTX（X）"选项，打开"Word 转 PPT"窗口，在窗口右侧选择合适的风格，单击下方的"导出 PPT"按钮，打开"另存文件"对话框，设置保存位置和演示文稿文件名，单击"保存"按钮，完成文档转化为演示文稿。

12.6.2 常用排列工具

当一张幻灯片中有多个图形需要进行排版时，可以利用排列工具对图形的位置进行调整、对齐和组合等。

1. 组合/取消组合

如果想将两个或两个以上图形作为一个整体时，可以将这些图形组合到一起。选中需要组合的多个图形，按快捷键 Ctrl+G，或单击"图形工具"选项卡→"组合"下拉按钮，在弹出的下拉列表中选择"组合"选项，或单击浮动工具条上"组合"按钮，如图 12-30（a）

所示。

　　组合后的图形也可以取消组合。选中已组合的图形，按快捷键 Ctrl+Shift+G，或单击"图形工具"选项卡→"组合"下拉按钮，在弹出的下拉列表中选择"取消组合"选项，或单击浮动工具条上"取消组合"按钮，如图 12-30（b）所示。

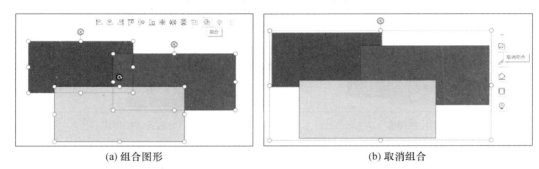

(a) 组合图形　　　　　　　　　　　　　　　(b) 取消组合

图 12-30　组合/取消组合图形

2. 对齐和分布对象

　　在制作演示文稿时，有"一齐遮百丑"的说法。某幻灯片上插入了多个对象，如果希望快速让它们排列整齐，只需按住 Ctrl 键，依次单击需要排列的对象，单击"图形工具"选项卡→"对齐"下拉按钮，在弹出的排列方式列表中任选一种合适的排列方式，或单击浮动工具条上的相应按钮，在排列方式中任选一种合适的排列方式，就可实现多个对象间隔均匀的整齐排列，如图 12-31 所示。

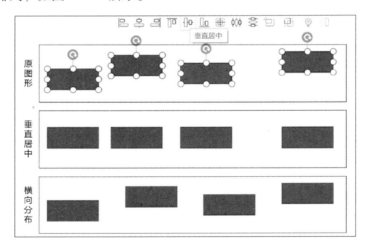

图 12-31　排列图形

3. 图片拼接与图片轮播

通过图片拼接与图片轮播，可以快速对幻灯片上的多张图片进行排版。

（1）图片拼接

选中幻灯片中的多张图片，单击"图形工具"选项卡→"图片拼接"按钮，或单击浮动工具条上的"图片拼接"的按钮，如图 12-32（a）所示，单击弹出的"稻壳图片拼图"窗口中的合适样式即可，如图 12-32（b）所示。

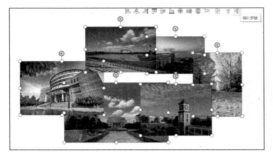 

(a) 图片拼接前   (b) 选择拼接样式

图 12-32　图片拼接

（2）图片轮播

选中幻灯片中的多张图片，单击"图形工具"选项卡→"图片轮播"下拉按钮，在弹出的下拉列表中任选一种合适的轮播方式，如图 12-33（a）所示，设置完成后，在图片的右侧会出现若干个白色的小圆圈，可以在放映时查看。设置完图片轮播后的图片效果如图 12-33（b）所示。

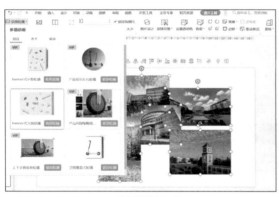 

(a) 选择轮播方式   (b) 设置效果

图 12-33　图片轮播

12.6.3　常用快捷键 ⫶⫶⫶▫

在制作文稿过程中，通过快捷键完成常用操作可提高工作效率。如复制对象和格式、恢复撤销上一步操作、放映演示等，常用的快捷键如表 12-2 所示。

表 12-2　常用快捷键

	快　捷　键	功　　能
调整对象	Ctrl+C	复制对象
	Ctrl+V	粘贴对象

续表

	快　捷　键	功　　能
调整对象	Ctrl+X	剪切对象
	Ctrl+D	创建对象副本
	Shift+拉伸对象	等比缩放
	Ctrl+Shift+拉伸对象	中心等比缩放
	Ctrl+拖动对象	复制对象
	Ctrl+Shift+拖动对象	水平/垂直复制对象
	Ctrl+Shift+C	复制对象格式
	Ctrl+Shift+V	粘贴对象格式
	Ctrl+鼠标滚轮	放大/缩小画布
	Ctrl+方向键	微调距离
文字处理	Ctrl+B	加粗
	Ctrl+I	倾斜
	Ctrl+U	下画线
	Ctrl+L	左对齐
	Ctrl+E	居中对齐
	Ctrl+R	右对齐
特殊功能	Ctrl+A	全选
	Ctrl+Z	撤销上一步操作
	Ctrl+Y	恢复上一步操作
	Ctrl+S	保存
	Ctrl+F	查找
	Ctrl+H	替换
	Ctrl+G	组合
	Ctrl+Shift+G	取消组合
放映演示	F5	从头开始放映
	Shift+F5	从当前页放映
	数字+Enter	指定放映幻灯片
	Esc	退出放映

12.7 展示演示文稿

制作完成后的演示文稿需要面对观众放映，展示内容。放映场合不同，WPS 演示提供了幻灯片放映设置。为了方便与他人共享信息，可以选择将演示文稿打包输出，或转换成其他格式输出，或进行打印等。

12.7.1 放映

演示文稿制作完成后，可通过以下方法进行放映。

1. 放映幻灯片的方式

➢ 按 F5 键，从首页开始放映。

➢ 按快捷组合键 Shift+F5，从当前页开始放映。

➢ 双击幻灯片的缩略图，从当前页开始放映。

➢ 单击幻灯片缩略图下方的放映图标，从当前页开始放映。

➢ 单击状态栏的放映图标，从当前页开始放映。

➢ 单击"放映"选项卡→"从头开始"按钮或"从当前开始"按钮，可从首页或当前页开始放映。

➢ 按 Esc 键，退出幻灯片放映。

2. 幻灯片放映类型

幻灯片的放映类型有演讲者放映和展台自动循环放映两种。选中所需放映的演示文稿，单击"幻灯片放映"选项卡→"放映设置"按钮，在弹出"设置放映方式"对话框中设置放映类型、放映选项、放映幻灯片及换片方式等，如图 12-34 所示。

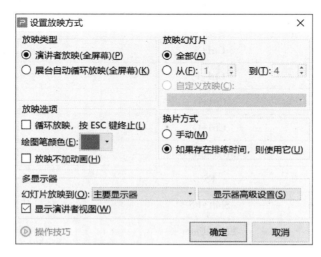

图 12-34 "设置放映方式"对话框

3. 排练计时

在公众场合进行演示文稿的演示之前，需要掌握好演示时间，以便达到预期的效果。排练计时可以较好地满足这个需求，设置排练计时的操作步骤如下。

步骤 1：打开需要排练计时的演示文稿，单击"幻灯片放映"选项卡→"排练计时"按钮，或单击"排练计时"下拉按钮，在弹出的下拉列表中选择"排练全部"选项，系统会自动切换到放映模式，并从第一张幻灯片开始放映，同时弹出"预演"对话框。

步骤 2：在"预演"对话框中，WPS 会自动计算并显示当前幻灯片的排练时间，时间以秒为单位，如图 12-35 所示。

图 12-35　"预演"对话框

步骤 3：按 Esc 键，退出排练计时。这时系统会自动弹出一个警告消息框，如图 12-36所示，显示当前幻灯片放映的总时间，单击"是"按钮，完成幻灯片的排练计时。完全退出排练计时后，在幻灯片浏览视图下，页面的左下角会显示该放映时间。

图 12-36　警告消息框

提示

在放映过程中，当需要临时查看或跳转到某一张幻灯片时，可通过"预演"对话框中的按钮来实现。这些按钮的功能如下。

➤ **下一项按钮** ▾：切换到下一张幻灯片。

➤ **重复按钮** ↻：重复排练当前幻灯片。

12.7.2　打印

步骤 1：打开演示文稿，单击执行"文件"菜单→"打印"选项→"打印"命令，弹出"打印"对话框，如图 12-37 所示。

步骤 2：在"打印"对话框的"打印机"选项区，可设置打印机属性。

步骤 3：在"打印范围"选项区，可设置打印幻灯片的范围。

步骤 4：在"份数"选项区，可设置打印份数。

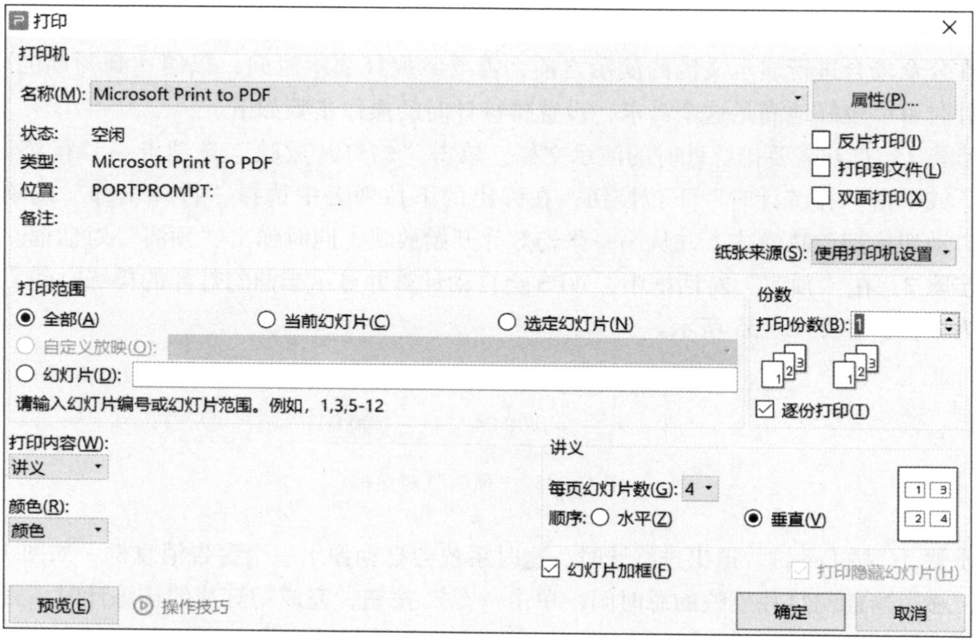

图 12-37 "打印"对话框

步骤 5：在"打印内容"下拉选项中，可设置打印"幻灯片""讲义"或"大纲视图"。如果选择打印"讲义"，可以在"讲义"选项区中设置每页幻灯片的数量和打印顺序。

步骤 6：在"颜色"下拉选项中，可设置打印颜色。

步骤 7：单击"确定"按钮，完成打印设置。

12.7.3　输出

为了解决演示文稿的共享，WPS 提供了多种方案，可将其发布为 PDF 或图片，也可将演示文稿打包到文件夹中，甚至可把 WPS 播放器和演示文稿一起打包。这样即使计算机没有安装 WPS 程序也能放映演示文稿。

1. 文件打包

文件打包是将演示文稿以及文稿中加入的音频、视频等一起打包保存到文件夹中，当用户直接复制打包文件时，所有的链接文件都不会丢失。有时因幻灯片中嵌入很多的视频或音频文件，导致整个演示文稿变得很大，这时也可以将演示文稿打包成压缩包。操作步骤如下。

步骤 1：打开需要打包的演示文稿，选择"文件"菜单→"文件打包"选项，在打开的级联菜单中选择"文件打包""将演示文稿打包成文件夹"按钮，弹出"演示文件打包"对话框，如图 12-38 所示。

步骤 2：在"演示文件打包"对话框中，在"文件夹名称"文本框中输入文件夹名称，单击"浏览"按钮设置文件保存的位置。

图 12-38　"演示文件打包"对话框

步骤 3：勾选"同时打包成一个压缩文件"复选框。

步骤 4：单击"确定"按钮进行文件打包，打包完毕后会出现"已完成打包"提示框，如图 12-39 所示。

图 12-39　"已完成打包"提示框

步骤 5：单击"已完成打包"提示框中的"打开文件夹"按钮，可查看打包好的演示文稿。

2. 文件另存

（1）输出为视频

在 WPS 演示中，可将演示文稿转换为 webm 格式的视频，观看者无须在计算机上安装 WPS 也可观看该视频。选中需要输出为视频的演示文稿，选择"文件"菜单→"另存为"命令→"保存文档副本"选项→"输出为视频"选项，如图 12-40 所示。

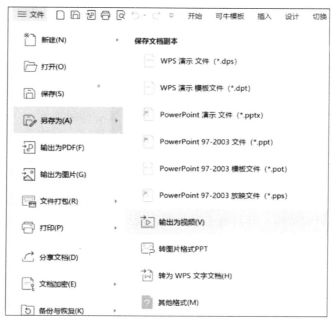

图 12-40　"另存为"窗口

（2）转换放映格式

将演示文稿转换成放映格式后，打开演示文稿后可直接进入放映状态。操作步骤如下。

步骤 1：选中需要转换放映格式的演示文稿，选择"文件"菜单→"另存为"命令→"保存文档副本"选项→"PowerPoint 97-2003 放映文件（＊.pps）"选项，如图 12-40 所示，弹出"另存文件"对话框。

步骤 2：在"另存文件"对话框中，选择保存路径，输入文件名，单击"保存"按钮。

12.8 应用案例：演示文稿美化

微视频 12-1
演示文稿美化

要制作一份完整的演示文稿，上述的技能是需要的，但更重要的是系统化思维，对整个文稿的内容需要有整体的把握，脉络要清晰，表述要精练，为了达到现场演示效果，还需要围绕内容做必要的设计。对于非专业设计人员而言，每一页幻灯片可能达不到精致专业的水准，但通过应用一些规则和技巧，仍能设计出满足日常需求的演示文稿。

12.8.1 转换思维

1. 听者思维

制作演示文稿的首要目的是使听者能够高效地获得信息，不同类别的听众，其需求不同。设计者要了解听众需求，从内容上满足听众关注点，从设计上符合听众特征，使得听众更易于与演讲者建立联系，获得共鸣和认可，演示文稿从而为听者与讲者搭建起了有效沟通的桥梁。

2. 简化思维

演示文稿的内容要化繁为简，让信息更有效传达。制作一份演示文稿，通常需要展示大量内容，文字可能密密麻麻，简化不是直接删除文字，而是需要一个精练的过程，通过分类、概括、归纳等方法将整篇内容梳理、提炼，舍去赘述，突出重点，只在幻灯片中呈现要点。

3. 结构思维

演示文稿的展示需要亮眼，使听众一目了然，所以，幻灯片应该有一定的结构。通常使用较为普遍的是层次结构，其具有主次分明，观点与论证清晰的特点，但一页幻灯片不建议使用 3 层及以上的结构，以免分散听众注意力去理解层级关系，而弱化对核心内容的关注。

12.8.2 文稿美化

上述的 3 种思维方式可以帮助我们重新规划内容，使其更好地在幻灯片中呈现，那如何利用前面章节讲述的方法来美化幻灯片呢？推荐使用 4 步美化法，具体如下。

步骤 1：选择字体。图 12-41（a）所示使用的是宋体，投影的阅读体验不是很好，此外，该页幻灯片文字之间缺乏主次，纯粹的文字堆积缺乏层次感，文字阅读不够清晰。在字体的选择上，缺少历史韵味。根据系统提供的文字搭配和对字体的理解，本案例选择"思源宋体"用于标题，"思源黑体 Light"用于正文，"思源黑体 Bold"用于关键词，这样就将标题、正文、关键词进行了明显区分。

步骤 2：文字排版。关键在于对齐和对比，保证文字按照某种对齐的规律排布，并且将标题与正文拉开形成对比，让关键信息更加突出。另外，通过调整文本的行间距，拉开文本间距，使文字不至于太过拥挤。此页底部有一句名人名言，用引号来进行强化，再添加色块进行规整，凸显关键内容，丰富画面，同时，放大左侧图片，合理布局。

步骤 3：选定配色。通过 WPS 自带的配色库或者网站，根据风格或场景来选择。此案例从人民网页面找到一组红金色的搭配，用取色器提取其中的颜色应用到幻灯片中。

步骤 4：素材装饰。如果想进一步加强设计感，可以把方方正正的图片裁剪成为其他形状，调整大小，同时添加背景纹理来增强页面的视觉效果，如图 12-41（b）所示。

(a) 美化前

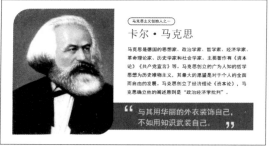

(b) 美化后

图 12-41　演示文稿案例

第 13 章
Python 在 WPS 中的应用

> Python 是一种面向对象的计算机程序设计语言，由于它语法简洁，具有丰富和强大的第三方库，同时具有跨平台、开源和高移植性等优势，目前越来越流行。本章将从零开始，带领你一步步使用 Python 语言来处理 WPS 文字生成的 docx 文件和 WPS 表格生成的 xlsx 文件。

13.1　Python 语言概述

Python 是由荷兰人吉多·范罗苏姆（Guido van Rossum）于 1989 年发明的，它是一种解释型、面向对象的计算机程序设计语言，广泛应用于计算机程序设计教学、系统管理编程、科学计算、人工智能、机器学习、大数据等领域，特别适用于快速开发应用程序。

13.1.1　Python 语言的特点

Python 语言主要有以下 6 个特点。

1. 简单易学

Python 是一种代表简单主义思想的语言，阅读一个良好的 Python 程序感觉就像是在阅读英语段落一样，尽管这个英语段落的语法要求非常严格，它使我们在开发程序时，专注的是解决问题，而不是搞明白语言本身。

2. 面向对象

Python 既支持面向过程编程，也支持面向对象编程。在"面向过程"的语言中，程序是由过程或仅仅是可重用代码的函数构建起来的。在"面向对象"的语言中，程序是由数据和功能组合而成的对象构建起来的。与其他主要的语言如 C++和 Java 相比，Python 以一种非常强大又简单的方式实现面向对象编程。

3. 可移植性

由于 Python 的开源本质，它已经被移植到许多平台上。如果小心地避免使用依赖于系统的特性，那么理论上所有的 Python 程序无须修改就可以在任何平台上运行，这些平台包括目前常用的 Linux、Windows、Mac OS 等桌面操作系统，以及 Android、iOS 等移动操作系统。

4. 开源

Python 是 FLOSS（free/libre and open source software，自由/开放源码软件）之一。简单地说，你可以自由地发布这个软件的拷贝，阅读它的源代码，对它做改动，把它的一部分用于新的自由软件中。FLOSS 是基于一个团体分享知识的概念，这就是为什么 Python 如此优秀的原因之一。

5. 可扩展性

Python 提供了丰富的 API 和工具，以便程序员能够轻松地使用 C、C++等语言来编写扩充模块，然后在 Python 中进行集成和封装。Python 编译器本身也可以被集成到其他需要脚本语言的程序中，因此很多人还把 Python 作为一种"胶水语言"使用。

6. 丰富的库

Python 标准库确实很庞大，它可以帮助你处理各种工作，包括正则表达式、文档生成、单元测试、数据库、网页浏览器、GUI 等与系统有关的操作。只要安装了 Python，所有这些功能都是可用的，这被称作 Python 的"功能齐全"理念。除了标准库以外，还有许多其他高质量的第三方库，如 pandas、matplotlib 等。

13.1.2　Python 开发环境的搭建

Python 主要包含两个系列的版本，分别是 Python 2.x 和 Python 3.x。2014 年 11 月，Python 官方宣布停止 2.x 版本的更新，希望用户尽快迁移到 Python 3.4+版本以上，所以本小节以 Windows 10 操作系统为平台，安装 Python 3.9.10 和集成开发环境 PyCharm。

1. 下载和安装 Python

在浏览器的地址栏中输入：https://www.python.org/downloads/windows/，即可打开 Python 官网的下载页面，如图 13-1 所示。

在页面中找到 Python 3.9.10 版本，然后单击"Download Windows installer（64-bit）"，开始下载。下载完成后，双击安装文件，打开安装程序向导窗口，如图 13-2 所示。在窗口中勾选"Add Python 3.9 to PATH"复选框，然后单击执行"Install Now"命令，即可开始安装。

2. 下载和安装 PyCharm

PyCharm 是一种 Python IDE（integrated development environment，集成开发环境），带有一整套可以帮助用户在使用 Python 语言进行程序开发时提高工作效率的工具，例如，调试、语法高亮、项目管理、智能提示等功能。

在浏览器的地址栏中输入：https://www.jetbrains.com/pycharm/download/，即可打开 PyCharm 官网的下载页面，如图 13-3 所示。PyCharm 提供了"Professional"（专业版）和

"Community"（社区版）两个版本，其中"Community"是免费的，单击"Download"按钮即可开始下载安装。

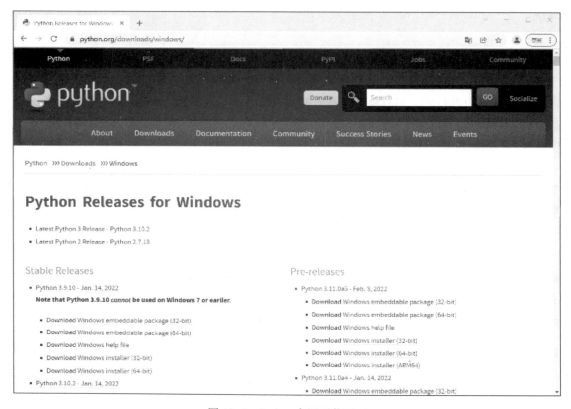

图 13-1　Python 官网下载页面

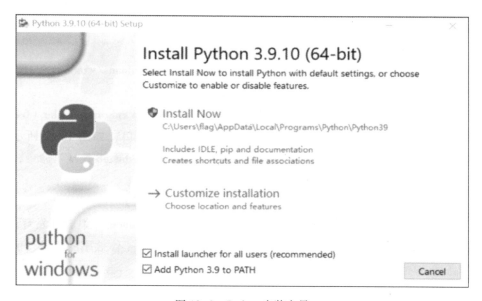

图 13-2　Python 安装向导

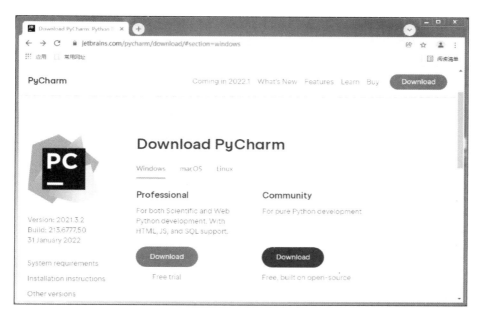

图 13-3　PyCharm 官网下载页面

安装完成后首次启动 PyCharm，需要为新项目创建文件夹，作为 Python 文件保存的默认位置。如图 13-4 所示，单击"New Project"按钮，设置项目文件夹的路径，设置完成后单击"Create"按钮，即可进入 PyCharm 操作界面，如图 13-5 所示。

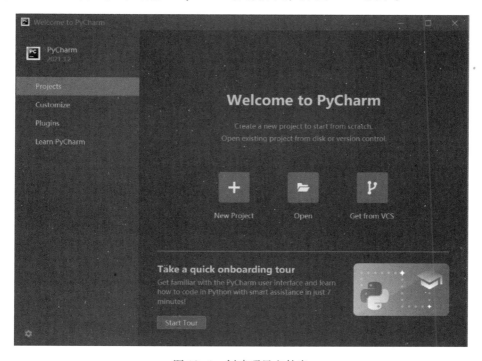

图 13-4　创建项目文件夹

图 13-5　PyCharm 操作界面

13.2　使用 Python 处理 WPS 文字文档

Python 提供了丰富的第三方库，使用这些库中提供的函数和方法，通过编写程序的方式，可以快速高效地处理 WPS 文字创建的 docx 文档。

13.2.1　提取文档各级标题 ···□

Python 中常用于处理 docx 文档的库是 python-docx。python-docx 库把文档、文档中的段落、文本、字体修饰等都看作对象，在程序中使用该库为不同文档对象提供的方法和属性，即可对 WPS 文字创建的 docx 文档内容进行处理。

1. 案例目标

本案例使用 python-docx 库，编写程序提取 WPS 文字文档的各级标题。通过本案例操作，可以了解并掌握以下内容：

（1）Python 第三方库在 PyCharm 中的安装方法；

（2）Python 遍历循环的语法结构与使用；

（3）python-docx 库中处理 WPS 文字文档常用的对象属性和方法。

2. 案例知识点

（1）安装 Python-docx 库

python-docx 属于 Python 的第三方库，在使用前需要单独安装。下面以 PyCharm 集成开发环境为例，讲解安装第三方库的具体操作步骤如下。

　　步骤 1：启动 PyCharm 软件，单击执行"File"菜单→"Settings"命令，在打开的设置对话框左侧选择"Python Interpreter"选项，然后在右侧列表框上单击"+"图标，如图 13-6 所示。

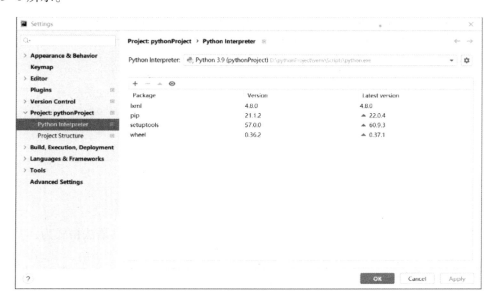

图 13-6　PyCharm 设置对话框

　　步骤 2：打开如图 13-7 所示的对话框，在搜索栏中输入要安装的库"python-docx"，系统将自动匹配安装包，单击"Install Package"按钮，开始下载安装。安装完成后，系统会在对话框左下方给出安装成功的提示信息。

图 13-7　安装 python-docx 库

步骤 3：返回 PyCharm 操作界面中，单击左下方的"Python Console"按钮，进入 Python 的交互模式。在">>>"提示符后输入导入库命令"import docx"后按 Enter 键，如果系统无报错信息，则表示安装成功，可以正常使用，如图 13-8 所示。值得注意的是，在导入模块时使用的命令是"import docx"，而不是安装时使用的"python-docx"。

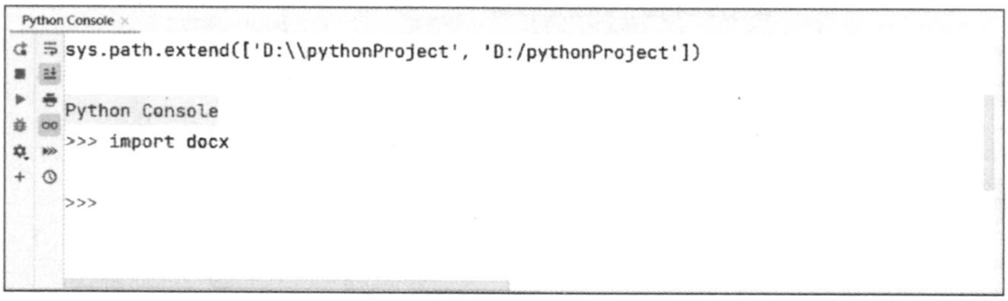

图 13-8　测试第三方库

（2）Python 遍历循环

遍历循环又叫 for 循环，用于遍历一个迭代对象的所有元素，其语法格式为：

```
for   iterating_var   in   Sequence：
        语句块
```

其中，iterating_var 是定义的一个用来赋值的变量，Sequence 是要遍历的对象。for 循环执行时逐个将迭代对象中的值赋给 iterating_var，就可以在语句块中对 iterating_var 进行操作。图 13-9 所示的是用 for 循环将列表中的元素 1~5 打印出来，代码运行结果如图 13-9 所示。

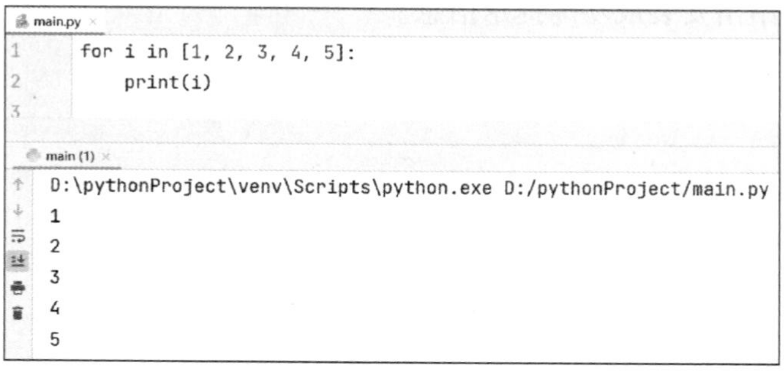

图 13-9　用 for 循环输出列表中的元素

（3）python-docx 库中常用的对象属性和方法

python-docx 库主要用于处理扩展名为 docx 的 WPS 文字文档，常用的属性和方法如下。

➢ Document：创建基于 WPS 文字文档的实例对象。

➢ paragraphs：表示 WPS 文字文档中的段落。

➢ text：表示段落中的文字内容。

➢ style. name：表示段落使用的样式名。

3. 代码实现

在使用 Python 语言编程提取 WPS 文字文档各级标题前，首先要了解文档中各级标题样式的名称，然后再使用 python-docx 库中相关的属性和方法提取各级标题。具体操作步骤如下。

步骤 1：打开 WPS 文字文档，将光标定位到各级标题的位置，然后在"开始"选项卡中查看各级标题所使用的样式名，如图 13-10 所示。从图中可以看出，文档一共有三级标题，分别将其命名为"t1""t2"和"t3"。

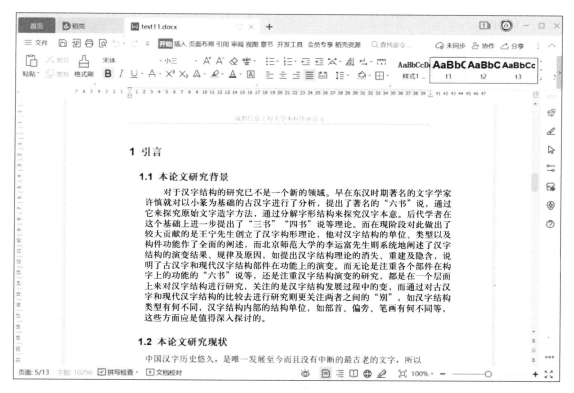

图 13-10　查看文档各级标题样式

步骤 2：启动 PyCharm，输入以下代码：

```python
import docx
file = docx.Document('d:\\test11.docx')
for p in file.paragraphs:
    if p.style.name == 't1':
        print(p.text)
    elif p.style.name == 't2':
        print(p.text)
    elif p.style.name == 't3':
        print(p.text)
```

代码分析：导入 docx 库，使用 docx 库中的 Document 方法创建表示文档"test11. docx"的文件对象并将其命名为 file。file. paragraphs 表示文档中的段落，使用 for 循环对文档进行遍历，每循环一次，变量 p 就读取一个段落，然后使用选择结构，通过 p. style. name 属性比对该段落的样式是否为 t1、t2 或 t3，如果匹配成功，通过 p. text 读取该段落的文字然后输出。

步骤 3：运行程序，即可将文档中的三级标题文字提取出来，如图 13-11 所示。

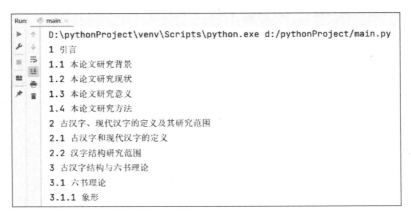

图 13-11　显示程序运行结果

13. 2. 2　文档分词处理及词频统计 ···□

分词就是将句子、段落、文章这种长文本，分解为以字词为单位的数据结构，方便后续的处理分析工作。由于英文单词之间用空格作为分隔符，例如，"China is a great country"，如果希望提取其中的单词，只需要使用 Python 提供的字符串处理方法 split( )即可，如图 13-12 所示。但是中文字词之间缺少分隔符，所以如何对中文文本切分是一个难点，再加上中文里一词多义的情况非常多，这导致很容易出现歧义。目前，在 Python 中常用于处理中文文档分词的是 jieba 库。

```
>>> "China is a great country".split()
['China', 'is', 'a', 'great', 'country']
```

图 13-12　英文分词处理

1. 案例目标

本案例使用 jieba 库，编写程序对 WPS 文字文档进行分词处理，然后根据出现的频率显示排名前十的词语。通过本案例操作，可以了解并掌握以下内容：

（1）jieba 库的安装。

（2）分词模式比较。

（3）jieba 库中常用对象方法的使用。

（4）Python 中字典的使用。

2. 案例知识点

（1）安装 jieba 库

jieba 是 Python 中一个重要的第三方中文分词库，可使用其进行中文分词。在 PyCharm 中安装 jieba 库的具体操作步骤和之前安装 python-docx 库类似，安装完成后系统会在对话框左下方给出安装成功的提示信息，如图 13-13 所示。

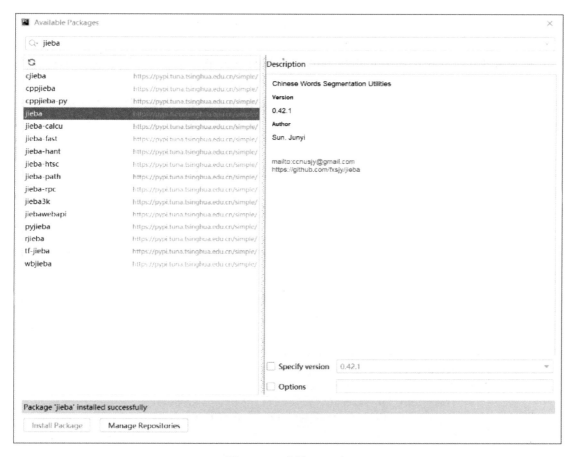

图 13-13　安装 jieba 库

返回 PyCharm 操作界面中，单击左下方的"Python Console"按钮，进入 Python 的交互模式。在">>>"提示符后输入导入 jieba 库的命令"import jieba"后按 Enter 键，然后使用 jieba 库中的 lcut 方法对中文分词进行测试，如图 13-14 所示。

（2）jieba 库分词模式比较

jieba 库的分词原理是利用一个中文词库，将待分词的内容与分词词库进行比对，通过图结构和动态规划方法找到最大概率的词组。除了分词，jieba 还提供增加自定义中文词语的功能。jieba 库有以下 3 种分词模式。

➤ 精确模式：将句子精确地切分成词，适合文本分析使用。

```
>>> import jieba
>>> jieba.lcut('中国是一个伟大的国家')
Building prefix dict from the default dictionary ...
Dumping model to file cache C:\Users\flag\AppData\Local\Temp\jieba.cache
Loading model cost 0.605 seconds.
Prefix dict has been built successfully.
['中国', '是', '一个', '伟大', '的', '国家']
```

图 13-14　测试 jieba 库

➤ 全模式：把句子中所有可以成词的词语都扫描出来，速度非常快，但是不能消除歧义。

➤ 搜索引擎模式：在精确模式的基础上，对长词再次切分，提高召回率，适合于搜索引擎分词。

（3）jieba 库中常用的对象方法

使用 jieba 库提供的 lcut 分词方法，根据使用场景选择相应的分词模式就能够较高概率识别词语，如图 13-15 所示。

➤ jieba. lcut(s)：使用精确模式，将文本 s 分词后，返回一个列表类型。

➤ jieba. lcut(s, cut_all=True)：使用全模式，输出文本 s 中所有可能的词语。

➤ jieba. lcut_for_search(s)：使用搜索引擎模式，适合利用搜索引擎建立索引分词结果。

➤ jieba. add_word(w)：向分词词典中增加新词 w。

```
>>> jieba.lcut('今天天气真好。')              # 精确模式
['今天天气', '真', '好', '。']
>>> jieba.lcut('今天天气真好。', cut_all=True)   #全模式
['今天', '今天天气', '天天', '天气', '真好', '。']
>>> jieba.lcut_for_search('今天天气真好。')        #搜索引擎模式
['今天', '天天', '天气', '今天天气', '真', '好', '。']
```

图 13-15　jieba 分词方法使用

对于无法识别的或有歧义的词语，也可以通过 jieba. add_word( ) 方法向分词库添加新的词语，如专业词语、网络词语等。启动 PyCharm，输入以下代码：

```
import jieba
word_list = jieba. lcut("我今天不处理逾期信用贷款,因为你们中国银行 APP 根本打不开")
print(" |". join(word_list))
```

运行程序后分词结果如下所示：

| 我 | 今天 | 不 | 处理 | 逾期 | 信用贷款 | , | 因为 | 你们 | 中国银行 | APP | 根本 | 打不开 |

可以看出"不处理"和"中国银行 APP"分别被拆分成了两个词，此时可以使用 jie-ba. add_word( )方法把产生歧义的词语添加到 jieba 词库中。在 PyCharm 中重新输入以下代码：

```
import jieba
jieba. add_word('不处理')
jieba. add_word('中国银行 APP')
word_list = jieba. lcut("我今天不处理逾期信用贷款,因为你们中国银行 APP 根本
打不开")
print("|". join(word_list))
```

运行程序后分词结果如下所示，此时"不处理"和"中国银行 APP"两个词语不再被拆分，分词结果更符合原文需要表达的含义。

> 我|今天|不处理|逾期|信用贷款|,|因为|你们|中国银行 APP|根本|打不开

（4）Python 中字典的使用

字典（dict）是 Python 中的一种序列数据，字典中的所有元素放在一对大括号"{}"中，每个元素由冒号分隔开的"键"和"值"两部分组成，字典不同元素之间用逗号分隔。例如，

```
info = {'name':'tom', 'age':18}
```

通过赋值定义一个字典"info"，其中包含的两个元素"name"和"age"是字典的键，"tom"和"18"分别是键对应的值。

在访问字典元素时，可以使用字典的"键"作为下标来访问对应的"值"，同时根据需要可对字典中的元素进行添加或修改。在使用赋值的方式对字典元素进行操作时，若字典的"键"存在，则表示修改该"键"对应的值；若不存在，则表示添加一个新的"键:值"对，也就是在字典中添加一个新元素。运行下面的代码：

```
info = {'name':'tom', 'age':18}
info['age'] = 20
info['ID'] = '2022001'
print(info)
```

根据下面的结果可以看出，由于键"age"在字典中存在，因此"info['age'] = 20"表示将该键对应的值修改为 20；键"ID"在原字典中不存在，因此"info['ID'] = '2022001'"表示在原字典中添加一个新的元素，该元素的"键"为"ID"，对应的"值"为"2022001"。

> {'name': 'tom', 'age': 20, 'ID': '2022001'}

字典对象的 items( )方法可以返回字典元素的键值对，在输出时可以使用 list( )函数将字典的键值对转换成列表，便于后续程序的处理，程序代码及运行结果如下。

```
info = {'name':'tom', 'age':18}
```

```
print(list(info.items()))
```

```
[('name', 'tom'), ('age', 18)]
```

字典另一个常用的是 get( )方法，用来获取指定"键"对应的"值"。该方法有两个参数，第 1 个参数为字典的"键"，第 2 个参数用于设置默认值，当指定"键"对应的值不存在，则返回该默认值，程序代码及运行结果如下。

```
info = {'name':'tom', 'age':18}
print(info.get('name'))
print(info.get('ID','1001'))
```

```
tom
1001
```

3. 代码实现

在使用 Python 语言编程对 WPS 文字文档的词频进行统计前，首先使用 python-docx 库将文档内容读出并保存到字符串中，然后使用 jibea 库进行分词处理，根据词语出现的频率将其保存到字典中，最后筛选出排名前十的词语输出。具体操作步骤如下。

步骤 1：导入 python-docx 库和 jieba 库，使用 for 循环将 WPS 文字文档中的段落文字追加到字符串"txt"中，代码如下。

```
import docx
import jieba
file = docx.Document('d:\\test11.docx')
txt = ""
for p in file.paragraphs:
    txt = txt + p.text
```

步骤 2：使用 jieba 库中的 lcut 方法将分词结果保存到列表"seg_txt"中，然后创建空字典"word_dict"。通过 for 循环遍历列表"seg_txt"中的每一个词语，如果词语长度大于 1，则将该词语当作字典元素的"键"，将该词语出现的次数作为字典元素的"值"，保存到字典"word_dict"中，代码如下。

```
seg_txt = jieba.lcut(txt)
word_dict = {}
for word in seg_txt:
    if len(word) > 1:
        word_dict[word] = word_dict.get(word, 0) + 1
```

步骤 3：将字典转换成列表，根据列表中词语出现的次数进行降序排序，然后通过 for 循环输出排名前十的词语，代码如下。

```
result = list(word_dict.items())
result.sort(key=lambda x:x[1], reverse=True)
```

```
for i in range(10):
    print(result[i][0],result[i][1])
```

13.2.3　创建基于文档的词云图片

词云又叫文字云，是对文本数据中出现频率较高的"关键词"予以视觉上的突出呈现，从而一眼就可以领略文本数据要表达的主要含义。

1. 案例目标

本案例使用 wordcloud 库，编写程序创建基于 WPS 文字文档的词云图片。通过本案例操作，可以了解并掌握以下内容：

（1）wordcloud 库的安装；

（2）wordcloud 库中常用的对象方法的使用；

（3）词云图片创建的基本方法。

2. 案例知识点

（1）安装 wordcloud 库

wordcloud 是 Python 中非常优秀的用于制作词云图片并展示的第三方库，在 PyCharm 中安装的具体操作步骤和之前安装 python-docx 库类似，安装完成后系统会在对话框左下方给出安装成功的提示信息，如图 13-16 所示。

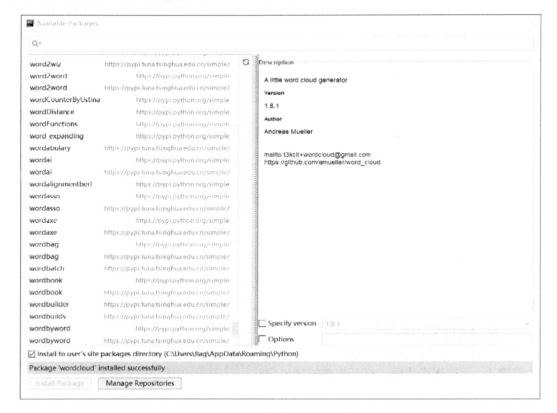

图 13-16　安装 wordcloud 库

（2）wordcloud 库常用对象方法

➤ Wordcloud：创建一个词云图片对象，并设置相关参数。

➤ generate：加载用于词云图片显示的文本。

➤ to_file：生成词云图片并保存到文件中。

3. 代码实现

使用 wordcloud 库创建基于 WPS 文字文档的词云图片，需要借助 python-docx 和 jieba 库进行分词处理，然后根据文本中词语出现的频率设置词云图片的参数、加载文本并输出图片文件，操作步骤如下。

步骤 1：分别导入 python-docx 库、jieba 库和 wordcloud 库，使用 for 循环将 WPS 文字文档中的段落文字追加到字符串 "txt" 中，然后使用 jieba 库的 lcut() 方法进行分词处理，代码如下。

```
import docx
import jieba
import wordcloud
file = docx. Document("d:\\test11. docx")
txt = " "
for p in file. paragraphs:
    txt = txt + p. text
seg_txt = ' '. join(jieba. lcut(txt))
```

步骤 2：使用 wordcloud 库的 WordCloud() 方法创建词云图片对象 "pic"，并设置相关参数。其中 "font_path" 参数用于指定词云图片中文字的字体，"width" 和 "height" 参数分别用于设置词云图片的宽和高，"background_color" 参数用于指定词云图片的背景颜色，代码如下。

```
pic = wordcloud. WordCloud(
        font_path=r'C:\windows\fonts\simhei. ttf',
        width=640,
        height=320,
        background_color='white')
```

步骤 3：使用词云对象 "pic" 的 generate() 方法将分词结果加载到词云图片中，然后使用 to_file() 方法生成词云图片文件 "img. png"。代码如下。

```
pic. generate(seg_txt)
pic. to_file('d:\\img. png')
```

步骤 4：运行程序代码，打开生成的词云图片，其效果如图 13-17 所示。

图 13-17　生成的词云图片效果

13.3　使用 Python 处理 WPS 表格

Python 中提供了很多用于操作 WPS 表格的第三方库，通过编写程序的方式，可以快速高效地处理扩展名为 xlsx 的 WPS 表格文件

13.3.1　根据关键字段拆分 WPS 表格文件

拆分 WPS 表格文件是指根据工作表中指定的关键字，将其分离成若干个结构相同、彼此独立的 xlsx 文件。在 WPS 表格中通常使用关键字筛选的方法，然后进行复制粘贴到新文件中进行保存。如果 WPS 表格文件数据量比较大，这样做费时费力。使用 Python 编写程序，可以高效快捷地完成文件的拆分操作。

1. 案例目标

图 13-18 所示是某城市各区二手房信息的 WPS 表格文件，数据保存在工作表 "data" 中。编写程序使用 openpyxl 库，根据 "区域" 把数据拆分到各个独立的 WPS 表格文件中，并以 "区域" 命名。通过本案例操作，可以了解并掌握以下内容：

（1）openpyxl 库的安装；

（2）openpyxl 库中常用的对象方法和属性。

2. 案例知识点

（1）安装 openpyxl 库

除了使用 PyCharm 的图形界面方式安装 Python 第三方库外，还可以进入 PyCharm 的终端模式，在命令提示符下输入命令 "pip install openpyxl" 安装 openpyxl 库，如图 13-19 所示。

	A	B	C	D	E	F	G	H	I
1	区域	小区名字	户型	朝向	楼层	装修	建筑面积	单价	总价
2	成明	北湾新城	2室2厅1卫	南北	低层	毛坯	99平米	10000元/平米	99万
3	明台	阳光苑	3室2厅1卫	南北	中层	毛坯	143平米	7200元/平米	102.9万
4	龙开	柏林湾	1室1厅1卫	南	高层	精装修	43.3平米	8000元/平米	34.6万
5	锦江	天月12区	2室1厅1卫	南北	高层	精装修	57平米	9500元/平米	54.2万
6	武源	高格蓝湾	3室2厅2卫	南北	高层	精装修	166平米	14000元/平米	232.4万
7	武源	夏威夷城	3室1厅1卫	南北	高层	简装修	200平米	5900元/平米	118万
8	锦江	和润府	2室1厅1卫	南北	高层	精装修	75.06平米	11191元/平米	84万
9	武源	紫盈花苑	2室2厅1卫	南北	中层	精装修	90平米	10667元/平米	96万
10	武源	铂悦山	3室2厅1卫	南	中层	精装修	99.44平米	10760元/平米	107万
11	明台	中海龙建上城	3室2厅2卫	南北	高层	精装修	156平米	13141元/平米	205万
12	明台	吾悦广场	3室2厅1卫	南北	中层	精装修	92.7平米	11327元/平米	105万
13	锦江	华润橡树湾	4室2厅2卫	南北	中层	精装修	142.1平米	13934元/平米	198万
14	青洋	二八信厢宿舍	2室1厅1卫	南北	高层	简装修	62.93平米	10329元/平米	65万
15	锦江	新气象小区	2室1厅1卫	南北	中层	精装修	70.1平米	7989元/平米	56万
16	武源	上东城市之光	2室1厅1卫	南北	中层	精装修	89平米	9551元/平米	85万
17	明台	中海国际社区	4室3厅3卫	东	高层	暂无	169.2平米	16844元/平米	285万
18	明台	中海净月华庭	2室2厅1卫	西北	中层	精装修	86.1平米	13357元/平米	115万
19	青洋	隆礼小区	3室1厅1卫	南北	中层	精装修	104平米	9327元/平米	97万
20	成明	融创上城	3室2厅2卫	南北	高层	豪华装修	167平米	12275元/平米	205万
21	锦江	龙首壹号院	4室2厅3卫	南北	中层	豪华装修	280平米	10357元/平米	290万

data

图 13-18　某城市各区二手房信息表

```
Terminal: Local
F:\PySample>pip install openpyxl
WARNING: pip is being invoked by an old script wrapper. This will fail in a future version of pip.
Please see https://github.com/pypa/pip/issues/5599 for advice on fixing the underlying issue.
To avoid this problem you can invoke Python with '-m pip' instead of running pip directly.
Collecting openpyxl
  Using cached openpyxl-3.0.9-py2.py3-none-any.whl (242 kB)
Requirement already satisfied: et-xmlfile in e:\tools\python36\lib\site-packages (from openpyxl) (1.1.0)
Installing collected packages: openpyxl
Successfully installed openpyxl-3.0.9
```

图 13-19　使用命令安装 openpyxl 库

（2）openpyxl 库中常用的对象方法和属性

openpyxl 中有 3 个不同层次的对象：Workbook 是对工作簿的抽象，Worksheet 是对工作表的抽象，Cell 是对工作表中单元格的抽象，每一个对象都包含了许多属性和方法。

1）Workbook 对象

一个 Workbook 对象代表一个 WPS 表格文档，因此在操作文档之前，都应该先创建一个 Workbook 对象。对于创建一个新的 WPS 表格文档，直接进行 Workbook 对象的调用即可；对于一个已经存在的 WPS 表格文档，可以使用 openpyxl 模块的 load_workbook( ) 方法进行读取。Workbook 对象常用的属性和方法如下。

➢ active：获取当前活跃的 Worksheet。

➢ worksheets：以列表的形式返回所有的 Worksheet。

➢ sheetnames：以列表的形式返回工作簿中的工作表名。

2）Worksheet 对象

有了 Worksheet 对象以后，我们可以通过 Worksheet 对象获取工作表的属性，得到单元格中的数据，修改表格中的内容。openpyxl 提供了非常灵活的方式来访问表格中的单元格和数据，常用的 Worksheet 属性和方法如下。

- title：获取工作表的标题。
- max_row：获取工作表的最大行。
- min_row：获取工作表的最小行。
- max_column：获取工作表的最大列。
- min_column：获取工作表的最小列。
- rows：按行获取单元格（Cell 对象）。
- columns：按列获取单元格（Cell 对象）。
- values：按行获取工作表的数据。
- append：在工作表末尾添加数据。

3）Cell 对象

Cell 对象比较简单，常用的属性如下。

- row：获取单元格所在的行。
- column：获取单元格坐在的列。
- value：获取单元格的值。
- coordinate：获取单元格的坐标。

3. 代码实现

编写程序拆分 WPS 表格文件的基本思路是使用 for 循环遍历工作表数据，在新建的空字典中以工作表的"区域"字段作为键名，在该键名下添加与该区域相关的所有数据行，从而实现按"区域"进行归类。在创建多个 WPS 表格文件时，则根据键名（区域）在每个工作簿的活动工作表中直接添加该键名的所有键值，最后将其保存为扩展名为 xlsx 的 WPS 表格文件。具体操作步骤如下。

步骤 1：导入 openpyxl 库，使用 load_workbook( )方法创建基于 WPS 表格文件的 Workbook 对象，然后将工作表"data"中数据读出并转换成列表"Gzbiao_data"，列表的每个元素均为工作表的每一行数据。代码如下。

```
import openpyxl
Gzbu = openpyxl. load_workbook('d:\\二手房信息 . xlsx')
Gzbiao = Gzbu['data']
print(Gzbiao. max_row)
Gzbiao_data = list(Gzbiao. values)
```

步骤 2：创建空字典"newDict"，使用 for 循环从列表"Gzbiao_data"的第 2 个元素开始遍历（第 1 个元素为工作表标题行）。每读入工作表的一行数据，以工作表中"区域"字段作为键名，在字典"newDict"中添加与该"区域"相关的所有数据行。代码如下。

```
newDict = {}
for gzbRow in Gzbiao_data[1:]:
    if gzbRow[0] in newDict.keys():
        newDict[gzbRow[0]] += [gzbRow]
    else:
        newDict[gzbRow[0]] = [gzbRow]
```

运行上面的代码，输出字典"newDict"的内容，可以看到已按关键字"区域"进行归类，如图 13-20 所示。

['成明'：[('成明'，'北湾新城'，'2室2厅1卫'，'南北'，'低层'，'毛坯'，'99平米'，'10000元/平米'，
'99万'），('成明'，'融创上城'，'3室2厅2卫'，'南北'，'高层'，'豪华装修'，'167平米'，'12275元/平米'，
'205万'），('成明'，'华润凯旋门'，'2室2厅1卫'，'南北'，'低层'，'精装修'，'91平米'，'13187元/平米'，
'120万'），('成明'，'北湾新城'，'2室1厅1卫'，'南北'，'中层'，'毛坯'，'82平米'，'8537元/平米'，
'70万'），('成明'，'新星宇和悦'，'2室1厅1卫'，'南北'，'高层'，'精装修'，'65.1平米'，'11982元/平米'，
'78万'），('成明'，'奥体玉园'，'3室2厅2卫'，'南北'，'低层'，'精装修'，'126平米'，'10000元/平米'，
'126万'），('成明'，'怡众名城'，'1室1厅1卫'，'南北'，'中层'，'精装修'，'58.1平米'，'11188元/平米'，
'65万'），('成明'，'领秀蓝珀湖'，'2室2厅1卫'，'南北'，'高层'，'精装修'，'83.8平米'，'13007元/平米'，
'109万'），('成明'，'吉大菲尔瑞特'，'1室1厅1卫'，'南'，'高层'，'精装修'，'56平米'，'10000元/平米'，
'56万'），('成明'，'北湾新城'，'2室2厅1卫'，'南北'，'低层'，'精装修'，'94.6平米'，'10782元/平米'，
'102万'），('成明'，'筑业阳光经典'，'1室1厅1卫'，'东'，'低层'，'精装修'，'43平米'，'8372元/平米'，

图 13-20　显示字典内容

步骤 3：循环遍历字典"newDict"，每循环一次都会创建一个新的扩展名为 xlsx 的文件，然后在活动工作表中添加与关键字"区域"相关的数据行，最后设置工作表名并将 WPS 表格文件保存到指定的路径中。代码如下。

```
for key,value in newDict.items():
    New_gzbu = openpyxl.Workbook()
    New_gzbiao = New_gzbu.active
    New_gzbiao.append(Gzbiao_data[0])
    for gzbRow in value:
        New_gzbiao.append(gzbRow)
        New_gzbiao.title = key + '区二手房'
    gzbuPath ='d:\\result\\'+key+'区二手房信息.xlsx'
    New_gzbu.save(gzbuPath)
```

步骤 4：运行程序，然后在计算机中打开指定的文件夹，拆分后的 WPS 表格文件如图 13-21 所示。双击打开任一文件，即可查看到以"区域"为关键字的该区域所有二手房的相关信息。

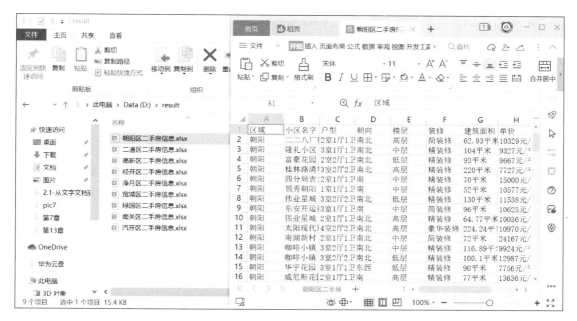

图 13-21　显示拆分后的文件和数据

13.3.2　编程处理 WPS 表格数据与可视化操作

pandas 是 Python 中用于数据处理的第三方库，使用它提供的函数和方法，可以快速高效地对 WPS 表格数据进行读取、过滤、分析等一系列操作。matplotlib 是 Python 中用于数据可视化的第三方库，使用它可以把处理得到的数据用图形的方式直观地呈现出来。

1. 案例目标

以 13.3.1 节中某城市各区二手房信息的 WPS 表格文件为例，编写程序使用 pandas 库对工作表中的数据进行处理，获取各区域二手房的均价，然后使用 matplotlib 库创建基于该数据的柱形图。通过本案例操作，可以了解并掌握以下内容：

（1）pandas 库和 matplotlib 库的安装；

（2）pandas 库的常用对象方法；

（3）matplotlib 库的常用对象方法。

2. 案例知识点

（1）pandas 库和 matplotlib 库的安装

由于 pandas 库和 matplotlib 库都依赖于 numpy 库，所以在安装这两个库前，需要首先安装 numpy 库。安装方法与之前类似，不再赘述。

（2）pandas 库的常用对象方法

在进行数据处理和数据分析时，很少有数据能够被直接使用，在使用之前基本上都需要进行一定的预处理，例如，处理重复值、异常值、缺失值以及不规则的数据，pandas 库提供了大量的函数和对象方法来支持这些操作。本例中将使用到以下函数和方法：

➤ read_excel：读入扩展名为 xlsx 的 WPS 表格文件，并创建基于该文件的文件对象。

➤ head：显示文件对象的前 5 行数据。

➤ map：把一个函数映射到一个序列的每个元素中。

➤ astype：将数据转换为指定的数据类型。

➤ groupby：根据条件对数据进行分组。

➤ mean：求平均值。

（3）matplotlib 库的常用对象方法

数据的可视化是数据处理的一个重要步骤，它可以让人们用更直观、形象的方式来观察数据。matplotlib 库主要通过 pyplot 模块进行绘图，操作过程一般为：首先生成或读入数据，然后根据实际需要绘制折线图、散点图、柱状图、饼状图等，接下来设置图形属性，最后显示或保存绘图结果。本例中将使用到以下 matplotlib 库的函数和方法：

➤ bar：根据给定的数据绘制柱状图。

➤ figure：根据不同的参数设置绘图属性，例如，图形的尺寸、分辨率等。

➤ text：显示图例数据。

➤ xlabel：设置图表 x 坐标轴标签及相关属性。

➤ ylabel：设置图表 y 坐标轴标签及相关属性。

➤ title：设置图表标题。

➤ show：显示生成的图表。

3. 代码实现

图 13-22 所示的是某城市各区二手房信息的 WPS 表格文件数据，一共有 2 551 行，从图中可以看出"单价"列的数据格式无法进行均价计算，因此需要对工作表中不规则的数据进行预处理，然后再进行绘图操作。具体的操作步骤如下所示。

	区域	小区名字	户型	朝向	楼层	装修	建筑面积	单价	总价
0	成明	北湾新城	2室2厅1卫	南北	低层	毛坯	99平方米	10000元/平方米	99万元
1	明台	阳光苑	3室2厅1卫	南北	中层	毛坯	143平方米	7200元/平方米	102.9万元
2	龙开	柏林湾	1室1厅1卫	南	高层	精装修	43.3平方米	8000元/平方米	34.6万元
3	锦江	天月12区	2室1厅1卫	南北	高层	精装修	57平方米	9500元/平方米	54.2万元
4	武源	高格蓝湾	3室2厅2卫	南北	高层	精装修	166平方米	14000元/平方米	232.4万元
...	...	...					...		...
2546	明台	诺丁山	3室2厅2卫	南北	低层	精装修	155平方米	13000元/平方米	201.5万元
2547	武源	建发路州府	2室2厅1卫	南北	中层	精装修	92平方米	10931元/平方米	100.5万元
2548	龙开	宝山小区	2室2厅1卫	南北	中层	精装修	110平方米	7500元/平方米	82.5万元
2549	大面	碧水源小区	2室2厅1卫	南北	中层	精装修	110平方米	9300元/平方米	102.3万元
2550	武源	保利花语	2室2厅1卫	南北	高层	精装修	61平方米	12000元/平方米	73.2万元

图 13-22　显示 WPS 表格数据

　　步骤 1：导入 pandas 库，使用 read_excel( )方法读入 WPS 表格文件并创建文件对象，然后使用 map( )函数对"单价"列数据进行替换操作，将"元/平方米"删除。由于该列的数据类型为字符串，因此需要使用 astype( )函数将其转换为浮点型数据，便于其后的均值计算。代码如下。

```
import pandas as pd
data = pd. read_excel('d:\二手房信息 . xlsx')
data['单价'] = data['单价']. map(lambda d：d. replace('元/平方米', ''))
data['单价'] = data['单价']. astype(float)
print(data. head( ))
```

　　运行上面的代码显示修改后的前 5 行数据，如图 13-23 所示，可以看到"单价"列的数据类型已被修改成浮点型。

	区域	小区名字	户型	朝向	楼层	装修	建筑面积	单价	总价
0	成明	北湾新城	2室2厅1卫	南北	低层	毛坯	99平米	10000.0	99万
1	明台	阳光苑	3室2厅1卫	南北	中层	毛坯	143平米	7200.0	102.9万
2	龙开	柏林湾	1室1厅1卫	南	高层	精装修	43.3平米	8000.0	34.6万
3	锦江	天月12区	2室1厅1卫	南北	高层	精装修	57平米	9500.0	54.2万
4	武源	高格蓝湾	3室2厅2卫	南北	高层	精装修	166平米	14000.0	232.4万

图 13-23　显示处理后的数据

　　步骤 2：由于需要获取各区域二手房的均价，因此使用 pandas 库提供的 groupby( )函数对"区域"字段进行分组，然后对同一区域的"单价"列数据进行求均值计算，并将计算结果转换为整型数据，便于在柱形图中显示，分组计算结果如图 13-24 所示。将"区域"列和"单价"列的数据分别赋值给变量"region"和"avg_price"，作为绘图的数据源。代码如下。

	单价
区域	
三台	8062
大面	9178
成明	11009
明台	12446
武源	9652
金阳	9654
锦江	10604
青洋	14328
龙开	9374

图 13-24　显示分组计算结果

```
result = data. groupby('区域'). mean( ). astype( int)
print( result)
region = result. index
avg_price = result['单价']
```

步骤3：导入 matplotlib 库的绘图模块 pyplot 并命名为"plt"，依次设置图形中显示的中文字体、图形的宽与高、坐标轴标签以及图形标题，最后通过循环读出数据源中的数据，生成对应的柱形图，并显示图例数据。代码如下。

```
import matplotlib. pyplot as plt
plt. rcParams['font. sans-serif'] = ['SimHei']
plt. figure( figsize = (12,6))
plt. xlabel('区域', fontsize = 12)
plt. ylabel('均价', fontsize = 12)
plt. title('各区二手房均价', fontsize = 20)
for x, y in zip( region, avg_price):
    plt. bar( x, y, width = 0. 4)
    plt. text( x, y, y, horizontalalignment = 'center')
plt. show( )
```

运行以上代码，各区域二手房的均价柱形图如图 13-25 所示。

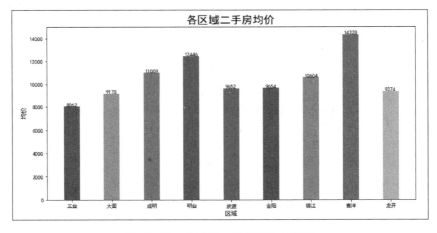

图 13-25　各区域二手房均价柱形图

读者意见反馈

为收集对教材的意见建议，进一步完善教材编写并做好服务工作，读者可将对本教材的意见建议通过如下渠道反馈至我社。

咨询电话　400-810-0598
反馈邮箱　gjdzfwb@pub.hep.cn
通信地址　北京市朝阳区惠新东街 4 号富盛大厦 1 座
　　　　　　高等教育出版社工科事业部
邮政编码　100029

防伪查询说明

用户购书后刮开封底防伪涂层，使用手机微信等软件扫描二维码，会跳转至防伪查询网页，获得所购图书详细信息。

防伪客服电话　（010）58582300

网络增值服务使用说明

一、注册/登录

访问 http://abooks.hep.com.cn/，点击"注册"，在注册页面输入用户名、密码及常用的邮箱进行注册。已注册的用户直接输入用户名和密码登录即可进入"我的课程"页面。

二、课程绑定

点击"我的课程"页面右上方"绑定课程"，正确输入教材封底防伪标签上的 20 位密码，点击"确定"完成课程绑定。

三、访问课程

在"正在学习"列表中选择已绑定的课程，点击"进入课程"即可浏览或下载与本书配套的课程资源。刚绑定的课程请在"申请学习"列表中选择相应课程并点击"进入课程"。

如有账号问题，请发邮件至：abook@hep.com.cn。